CAMADAS NÃO LIGADAS
EM PAVIMENTOS RODOVIÁRIOS
ESTUDO DO COMPORTAMENTO

ROSA CONCEIÇÃO LUZIA
PhD, Professor Adjunto do DEC da ESTCB

CAMADAS NÃO LIGADAS EM PAVIMENTOS RODOVIÁRIOS
ESTUDO DO COMPORTAMENTO

Versão Editada da Tese com o título "Estudo do Comportamento de Materiais Britados não Ligados em Pavimentos Rodoviários", defendida a 25 de Setembro de 2006 na Universidade de Coimbra, para obtenção do grau de Doutor em Engenharia Civil, na Especialidade de Urbanismo, Ordenamento do Território e Transportes, com orientação do Professor Doutor Luís de Picado Santos

CAMADAS NÃO LIGADAS EM PAVIMENTOS RODOVIÁRIOS
ESTUDO DO COMPORTAMENTO

AUTOR
ROSA CONCEIÇÃO LUZIA

EDITOR
EDIÇÕES ALMEDINA, SA
Av. Fernão Magalhães, n.º 584, 5.º Andar
3000-174 Coimbra
Tel.: 239 851 904
Fax: 239 851 901
www.almedina.net
editora@almedina.net

PRÉ-IMPRESSÃO | IMPRESSÃO | ACABAMENTO
G.-C. GRÁFICA DE COIMBRA, LDA.
Palheira – Assafarge
3001-453 Coimbra
producao@graficadecoimbra.pt

Março, 2008

DEPÓSITO LEGAL
272629/08

Os dados e as opiniões inseridos na presente publicação
são da exclusiva responsabilidade do(s) seu(s) autor(es).

Toda a reprodução desta obra, por fotocópia ou outro qualquer
processo, sem prévia autorização escrita do Editor, é ilícita
e passível de procedimento judicial contra o infractor.

Biblioteca Nacional de Portugal - Catalogação na Publicação

LUZIA, Rosa Conceição

Camadas não ligadas em pavimentos rodoviários : estudo do comportamento
ISBN 978-972-40-3225-2

CDU 625.021
625.03

PREFÁCIO

A rede nacional de estradas é um património público de elevadíssimo valor o qual tem de ser construído e mantido em condições suficientes para que fique assegurada a movimentação de pessoas e mercadorias, actividade essencial a um desenvolvimento sustentado da economia do país.

Tal como em todos os países da Comunidade Europeia, a rede nacional tem cada vez mais de fazer face a um nível elevado de deterioração provocado pelo tráfego. Esta afirmação é suportada pelo aumento dos veículos pesados e da carga transportada ocorrido na última década do século passado, em que houve um acréscimo de 13% nos veículos matriculados para o conjunto dos países da União (12% em Portugal) e um aumento de cerca de 3% ao ano no mesmo período para as mercadorias transportadas (tonelada x km), sendo cerca de 40% do total da carga transpotado por estrada. Esta infraestrutura suportou ainda cerca de 90% do tráfego de passageiros, com 10% a serem atribuídos a transporte pesado público. Ora, as projecções conhecidas para a presente década e para a seguinte vão no mesmo sentido, apontando mesmo para um aumento do crescimento, embora não muito significativo.

Aquela deterioração dos pavimentos é ainda agravada pelo aumento da carga transportada por eixo, usando veículos mais preparados para tal, dotados de rodados mais agressivos, como aqueles que são constituídos por pneus simples que usam uma pressão de enchimento elevada. Os pavimentos rodoviários em geral têm de ser preparados para garantir uma resposta adequada ao agravamento das condições mecânicas de solicitação.

Não podendo o país esbanjar recursos, estes quando aplicados na construção de pavimentos devem ser aplicados naqueles que tenham um comportamento eficiente dentro do prazo para que são projectados. Esta é uma questão decisiva no correcto encaminhamento do investimento público e na sua rentabilidade.

Os pavimentos rodoviários em Portugal continuam a ser construídos, quase exclusivamente, recorrendo a agregados naturais, pelo que os materiais britados de granulometria extensa continuam a ter uma grande aplicação nas camadas granulares não ligadas, nomeadamente em sub-base e base granulares.

O comportamento destes materiais naquele tipo de camadas, em especial o seu comportamento mecânico não se encontra ainda suficientemente tratado, sobretudo por razões que se prendem com a heterogeneidade dos maciços donde são provenientes.

O projecto de investigação que a autora concluiu concretizou essa caracterização mecânica dos materiais britados a utilizar em sub-base e base granular não ligada de pavimentos rodoviários e estabeleceu modelos típicos de comportamento para as diferentes litologias utilizadas neste tipo de camadas em Portugal. Com base nessa modelação propõe uma metodologia para a determinação dos valores de módulo resiliente, para aquele tipo de camadas, a utilizar no dimensionamento de pavimentos rodoviários.

Sendo verdade que contribuí para a concretização deste trabalho com a supervisão do projecto de investigação que lhe deu origem e, portanto, correndo o risco de poder ser acusado de julgamento em causa própria, gostaria de terminar esta apresentação que me foi solicitada dizendo que o conteúdo desta edição evidencia, para além dos conhecimentos da sua autora, uma muito boa capacidade de análise e uma grande seriedade de processos, contribuindo de forma indelével para o avanço dos conhecimentos actuais no domínio tratado.

Coimbra, 17 de Julho de 2007
Luís de Picado Santos

RESUMO

Os materiais britados de granulometria extensa têm uma ampla aplicação nas camadas granulares não ligadas de pavimentos rodoviários, nomeadamente em sub-base e base granular. No entanto e apesar dos esforços realizados nesse sentido, o comportamento destes materiais naquele tipo de camadas não se encontra ainda suficientemente caracterizado, em especial no que diz respeito ao seu comportamento mecânico.

Com o presente trabalho, cujo objectivo principal foi a caracterização e elaboração de modelos típicos de comportamento para materiais britados de diferentes litologias, aflorantes em Portugal continental, passíveis de serem utilizados em sub-base e base de pavimentos rodoviários, pretendeu contribuir-se para esse estudo.

Após verificação de que os materiais britados mais frequentemente utilizados naquele tipo de camadas eram o calcário e o granito, foram seleccionadas três obras, em construção à data do início do presente estudo e nas quais foram utilizados calcário e granito britados, o tipo de materiais mais utilizados naquele tipo de camadas, bem como as pedreiras fornecedoras das mesmas. Procedeu-se depois à caracterização geotécnica e mecânica dos respectivos materiais em laboratório, bem como à caracterização do comportamento mecânico *in situ*, com a realização do "Ensaio de Carga com o Deflectómetro de Impacto".

A partir dos resultados da caracterização mecânica dos materiais em laboratório procedeu-se à modelação do seu comportamento mecânico resiliente recorrendo a cinco modelos, encontrou-se a melhor simulação para cada um deles e, de entre estes, o que apresentava valores de módulo reversível mais conservadores.

Fazendo a aplicação da modelação encontrada a situações típicas de dimensionamento, verificou-se que o valor do módulo resiliente das camadas do tipo das estudadas, obtido recorrendo ao modelo estabelecido e às tensões instaladas (estas, por sua vez, obtidas através de cálculo estrutural dos pavimentos em causa), apresentava valores 3 a 4 vezes inferiores aos geralmente considerados no dimensionamento de pavimentos e, de resto, encontrados com a realização dos ensaios triaxiais cíclicos e dos ensaios não destrutivos *in situ*. A explicação mais plausível para este facto, no caso dos ensaios *in situ*, está relacionada com fenómenos de sucção que se desenvolvem nos materiais granulares quando colocados naquele tipo de camadas e, no caso dos ensaios triaxiais cíclicos, com as tensões de confinamento usadas, de acordo com a norma americana seguida.

Os factos assinalados conduziram à percepção de que as camadas granulares, de facto, mobilizam geralmente uma rigidez bastante inferior à considerada em processos tradicionais de dimensionamento empírico-mecanicista. Isto significa que muda a forma como ela tem de ser considerada nestes processos.

O estudo conduziu, finalmente, a uma proposta de que o dimensionamento passe a ser conduzido com valores iguais de rigidez (módulo de deformabilidade) para as camadas não aglutinadas (camadas granulares e solo de fundação). Esta rigidez seria estabelecida através da sua modelação para camadas granulares usando ensaios triaxiais cíclicos e função do estado de tensão calculado como é usual num processo de dimensionamento como o referido. Isto, sem prejuízo da necessidade de avaliar mais eficazmente, no futuro, a influência do teor em água do material no seu comportamento mecânico.

ABSTRACT

Coarse aggregate is widely used in the unbound granular layers (UGM) of roads, in particular as granular sub-base and base. However, although various studies have been conducted on these materials, their mechanical behaviour still has not been properly characterized, in Portuguese conditions.

This work was developed with the intention of improving knowledge of this behaviour. The main objectives are the mechanical characterization of two materials, granite and limestone, outcrops of which occur in Portugal, and the establishment of behaviour models for them when they are used as unbound base and sub-base layers of Portuguese roads.

The mechanical behaviour was determined in the laboratory, using Cyclic Triaxial Tests, according to the AASHTO TP 46 standard, and in situ, using techniques such as the Falling Weight Deflectometer test. The geotechnical characterization of the material was also carried out in the laboratory, using the Methylene Blue and the Micro-Deval tests, among others.

The results of cyclic tri-axial tests are modelled by five different models from which the one giving the most conservative values for the reversible modulus was chosen. That is, the model adopted was the one whose determination coefficient is closer to 1, and which gives lower values for the resilient modulus.

Applying the developed model to typical design situations, it was found that the value of the resilient modulus for the type of layers studied, obtained from the established model and the installed stresses (themselves determined from the structural calculation of the roads in question), had values 3 to 4 times lower than those usually considered in road design, or than found with the cyclic tri-axial tests and the *in situ* non-destructive tests. The most plausible explanation for this, in the case of the *in situ* tests, is related to suction phenomena that occur in the granular materials included in that type of layer, and, in the case of the cyclic tri-axial tests, to the confining stresses used under the American norm standard followed.

These facts led to the perception that the granular layers do, in fact, usually give rise to rigidity considerably below that assumed in traditional empirical-mechanicist design processes. This means changing the way it should be considered in these processes.

The study ultimately leads to a proposal that the design should be led by similar rigidity values (deformability module) for the unbound layers (granular layers and foundation soil). This rigidity would be established by modelling granular layers using cyclical tri-axial tests and the function of the stress state, calculated as is usual in a design process like that mentioned. But this should not prejudice the need to evaluate the influence of the moisture content on the material's mechanical behaviour more efficiently in the future.

AGRADECIMENTOS

Ao concluir esta dissertação desejo expressar publicamente os meus agradecimentos a algumas das pessoas que mais contribuíram para que a mesma fosse uma realidade.

Ao Professor Doutor Luís de Picado Santos, Professor Auxiliar com Agregação do Departamento de Engenharia Civil da Faculdade de Ciências e Tecnologia da Universidade de Coimbra, orientador do trabalho que agora se apresenta e responsável pelo meu interesse pela área de mecânica dos pavimentos desde 1996, após a leccionação da disciplina de Vias de Comunicação II por si coordenada, na então ESTIG do Instituto Politécnico de Castelo Branco e posterior aceitação da orientação da minha dissertação de Mestrado, gostaria de agradecer por tudo isso, pela sugestão do tema do presente trabalho, pela disponibilização de todos os meios necessários para a sua realização, pelo apoio incondicional e pela sua amizade.

Ao Professor Doutor Luís Carlos da Gama Pereira, Professor Associado do Departamento de Ciências da Terra da FCT da Universidade de Coimbra, pela leitura do capítulo 2, pelos seus conselhos e pela disponibilidade demonstrada para troca de impressões sobre alguns aspectos do mesmo capítulo.

Ao Celestino Marques, técnico do laboratório de mecânica de pavimentos rodoviários do Departamento de Engenharia Civil da Faculdade de Ciências e Tecnologia da Universidade de Coimbra, pela ajuda inestimável na realização da parte experimental, pelo seu apoio em alguns momentos complicados, bem como pela sua amizade.

À SCUTVIAS – Auto-estradas da Beira Interior, S.A., na pessoa do Director Geral da Área de Produção de Castelo Branco, Eng.º Gil Conde, pela disponibilidade para colaborar no desenvolvimento deste trabalho, permitindo o acesso a dados relativos ao troço Castelo Branco Sul – Fratel, da Auto-estrada A23, bem como a realização de ensaios no mesmo.

À GAPROBRA – Gestão e Promoção de Obras, S.A., na pessoa do Eng.º José Armando Godinho Simões, pela disponibilização de documentação, autorizada pela

SCUTVIAS, relativa ao troço Castelo Branco Sul – Fratel, da Auto-estrada A23, bem como pela criação de condições para a recolha de material e acompanhamento na realização de ensaios no mesmo troço.

À empresa Ramalho Rosa Cobetar, Sociedade de Construções, S.A., na pessoa do Eng.º António Ribeiro Mendes e da Engª Técnica Sónia Velez, pela disponibilidade de meios para recolha de material no troço Castelo Branco Sul – Fratel, da Auto-estrada A23.

À Iberobrita – Produtora de Inertes, S.A., pelas facilidades concedidas na recolha de material da pedreira Barrocal n.º 2, em Pombal, por aquela explorada.

À Escola Superior de Tecnologia de Castelo Branco bem como ao Instituto Politécnico de Castelo Branco, por concederem à autora dispensa de serviço integral por 3 anos o que lhe permitiu usufruir de uma bolsa, pelo mesmo período, no âmbito do Programa para o Desenvolvimento Educativo em Portugal (PRODEP III), Medida 5 – Acção 5.3 – Formação Avançada de Docentes do Ensino Superior, o que foi decisivo no desenvolvimento deste trabalho.

Ao Departamento de Engenharia Civil da Escola Superior de Tecnologia de Castelo Branco, pelas facilidades concedidas no desenvolvimento deste trabalho, incluindo a realização de alguns ensaios no Laboratório de Geotecnia.

Um agradecimento especial para os colegas da Área Científica de Geotecnia do Curso de Engenharia Civil da ESTCB, pelo apoio na realização de certas tarefas dentro da área, ao longo dos últimos meses, o que me possibilitou uma maior disponibilidade para a conclusão deste trabalho.

Ao Departamento de Engenharia Civil da Faculdade de Ciências e Tecnologia da Universidade de Coimbra, em especial ao Laboratório de Vias de Comunicação, Urbanismo e Transportes, pelas facilidades concedidas ao longo da realização deste trabalho.

Por fim agradeço à minha família, em especial aos meus Pais, Padrinhos e Irmã por todo o apoio, incentivo e carinho que sempre me deram, principalmente durante a realização deste trabalho.

ÍNDICE

PREFÁCIO	5
RESUMO	7
ABSTRACT	9
AGRADECIMENTOS	11
ÍNDICE	13
ÍNDICE DE FIGURAS	17
ÍNDICE DE QUADROS	23
ABREVIATURAS	31
SÍMBOLOS	33
SÍMBOLOS GREGOS	35
1. INTRODUÇÃO	37
1.1. Considerações Iniciais	37
1.2. Objectivos e Metodologia	37
1.3. Organização do Trabalho	38
1.4. Referências Bibliográficas	39
2. BREVE INTRODUÇÃO À GEOLOGIA DE PORTUGAL	
2.1. Considerações Iniciais	41
2.2. Península Ibérica – Unidades Estruturais Fundamentais	41
2.3. Unidades Estruturais Fundamentais em Portugal – Breve Caracterização Geológica	44
2.3.1. Considerações Iniciais	44
2.3.2. Zona Centro – Ibérica	46
2.3.3. Zona de Ossa Morena	48
2.3.4. Zona Sul Portuguesa	49
2.3.5. Orla Ocidental	50
2.3.6. Orla Meridional ou Algarvia	51
2.3.7. Bacias Cenozóicas do Tejo – Sado, de Alvalade e do Guadiana	51
2.4. Materiais Utilizados. Caracterização Geológica	52
2.5. Referências Bibliográficas	56
3. CONSIDERAÇÕES SOBRE O COMPORTAMENTO MECÂNICO DE AGREGADOS	57
3.1. Considerações Iniciais	57

3.2. Factores com Influência no Comportamento Mecânico dos Pavimentos 60
    3.2.1. Comportamento Resiliente 60
    3.2.2. Comportamento Plástico 64
3.3. Modelação do Comportamento Mecânico a partir do Módulo Resiliente 68
    3.3.1. Considerações Iniciais 68
    3.3.2. Modelo de *Dunlap* ou da Tensão de Confinamento 68
    3.3.3. Modelo do Primeiro Invariante do Tensor das Tensões ou Modelo k-θ .. 69
    3.3.4. Modelo da Tensão Deviatória 69
    3.3.5. Modelo Tensão Média Normal/Tensão Deviatória 70
    3.3.6. Modelo de *Pezo* 70
    3.3.7. Modelo de *Uzan* 70
    3.3.8. Modelo de *Boyce* 71
3.4. Modelação do Comportamento Mecânico a partir da Extensão Vertical 77
    3.4.1. Considerações Iniciais 77
    3.4.2. Modelo de *Sweere* 77
    3.4.3. Modelo de *Barksdale* 78
    3.4.4. Modelo de *Wolff* e *Visser* 78
    3.4.5. Modelos de *Paute* 79
    3.4.6. Modelo de *Veverka* 79
    3.4.7. Modelo de *Vuong* 80
3.5. Considerações Finais 80
3.6. Referências Bibliográficas 81

4. BREVE APRESENTAÇÃO DOS ENSAIOS REALIZADOS NA CARACTERIZAÇÃO DOS MATERIAIS 83
    4.1. Considerações Iniciais 83
    4.2. Ensaios Utilizados na Caracterização Geotécnica 83
        4.2.1. Introdução 83
        4.2.2. Análise Granulométrica 83
        4.2.3. Limites de consistência 84
        4.2.4. Compactação 84
        4.2.5. Ensaio de CBR 84
        4.2.6. Ensaio de Adsorção de Azul de Metileno 84
        4.2.7. Equivalente de Areia 86
        4.2.8. *Los Angeles* 87
        4.2.9. Micro-*Deval* 87
        4.2.10. *Slake Durability Test* 90
        4.2.11. Índices de Forma 92
    4.3. Ensaios Utilizados na Caracterização Mecânica em Laboratório 93
    4.4. Ensaios Utilizados na Caracterização Mecânica *in situ* 100
    4.5. Referências Bibliográficas 103

5. ESPECIFICAÇÕES E RECOMENDAÇÕES PARA A CARACTERIZAÇÃO DE AGREGADOS BRITADOS NÃO LIGADOS 105
    5.1. Considerações Iniciais 105
    5.2. Situação em Portugal 105
        5.2.1. Considerações Iniciais 105

  5.2.2. "Solos. Classificação para Fins Rodoviários" Especificação LNEC E 240 – 1970.. 106
  5.2.3. Manual de Concepção de Pavimentos para a Rede Rodoviária Nacional 106
  5.2.4. Caderno de Encargos da JAE (actual EP-E.P.E.)................................ 107
 5.3. Situação na Europa 109
  5.3.1. Considerações iniciais.. 109
  5.3.2. "COST 337: Unbound Granular Materials for Road Pavements" 110
  5.3.3. "COURAGE: COnstruction with Unbound Road Aggregates in Europe". 118
 5.4. Situação nos Estados Unidos... 122
  5.4.1. Considerações Iniciais.. 122
  5.4.2. "Standard Practice for Classification of Soils for Engineering Purposes (Unified Soil Classification System)". ASTM Designation: D 2487 – 00 122
  5.4.3. "Standard Specification for Materials for Soil-Aggregate Subbase, Base and Surface Courses." ASTM Designation: D 1241 – 68 (Reapproved 1994).... 124
  5.4.4. "Standard Specification for Graded Aggregate Material for Bases or Subbases for Highways or Airports". ASTM Designation: D2940 – 98 . 125
  5.4.5. "Standard Specification for Materials for Aggregate and Soil-Aggregate Subbase, Base and Surface Courses." AASHTO Designation: M 147-65 126
  5.4.6. "Performance-Related Tests of Aggregates for Use in Unbound Pavement Layers". NCHRP Report 453... 127
 5.5. Referências Bibliográficas.. 128

6. OUTROS TRABALHOS REALIZADOS COM MATERIAIS BRITADOS 131
 6.1. Considerações Iniciais 131
 6.2. Em Portugal 132
  6.2.1. Considerações Iniciais.. 132
  6.2.2. Trabalho "Contribuição para a Modelação do Comportamento Estrutural de Pavimentos Rodoviários Flexíveis".. 132
  6.2.3. Trabalho "Estudo do comportamento Mecânico de Camadas Granulares do Pavimento da Auto-Estrada A6, Sublanço Évora – Estremoz" 143
  6.2.4. Trabalho "Estudo da influência de uma contaminação no comportamento mecânico de um agregado calcário de granulometria extensa" 148
  6.2.5. Trabalho "Estudos Relativos a Camadas de Pavimentos Constituídos por Materiais Granulares" 155
 6.3. Estados Unidos da América.. 168
  6.3.1. Considerações Iniciais.. 168
  6.3.2. Trabalho "Development of Resilient Modulus Prediction. Models for Base and Subgrade Pavement layers from In Situ Devices Test Results" 169
  6.3.3. Trabalho "Material Properties for Implementation of Mechanistic-Empirical (M-E) Pavement Design Procedures" 172
 6.4. Referências Bibliográficas.. 178

7. ESTUDO EXPERIMENTAL: MATERIAIS ENSAIADOS E RESULTADOS DA CARACTERIZAÇÃO GEOTÉCNICA E MECÂNICA.. 181
 7.1. Considerações Iniciais 181
 7.2. Materiais Ensaiados e Obras Correspondentes.. 181
 7.3. Materiais Ensaiados. Caracterização Geológica.. 184

7.4. Resultados da Caracterização Geotécnica 186
    7.4.1. Introdução 186
    7.4.2. Análise Granulométrica 187
    7.4.3. Limites de Consistência 188
    7.4.4. Compactação 190
    7.4.5. Ensaio de CBR 195
    7.4.6. Ensaio de Adsorção de Azul de Metileno 201
    7.4.7. Equivalente de Areia 202
    7.4.8. *Los Angeles* 204
    7.4.9. Micro-*Deval* 205
    7.4.10. *Slake Durability Test* 207
    7.4.11. Índices de Forma 208
7.5. Resultados da Caracterização Mecânica em Laboratório 209
    7.5.1. Considerações Iniciais 209
    7.5.2. Resultados do Módulo Resiliente 211
    7.5.3. Resultados da Extensão Vertical 219
    7.5.4. Modelação do Comportamento Mecânico a partir do Módulo Resiliente 224
    7.5.5. Modelação do Comportamento Mecânico a partir da Extensão Vertical. 251
7.6. Resultados da Caracterização Mecânica *in situ* 265
    7.6.1. Considerações Iniciais 265
    7.6.2. Resultados Auto-estrada A 23 267
    7.6.3. Resultados "Obra n.º 3" 271
7.7. Aplicação dos Resultados 274
    7.7.1. Considerações Iniciais 274
    7.7.2. Especificações e Recomendações 274
    7.7.3. Comparação das Características Mecânicas com as dos Materiais de Outros Trabalhos 284
7.8. Considerações Finais 297
7.9. Referências Bibliográficas 301

8. APLICAÇÕES E RECOMENDAÇÕES 305
    8.1. Considerações Iniciais 305
    8.2. Aplicação dos Modelos Encontrados a um Pavimento Tipo 305
    8.3. Estudo Paramétrico Realizado para as Estruturas do Manual de Concepção de Pavimentos para a Rede Rodoviária Nacional 320
    8.4. Considerações Finais 323
    8.5. Referências Bibliográficas 324

9. CONCLUSÕES GERAIS. TRABALHO FUTURO 325
    9.1. Conclusões Gerais 325
    9.2. Trabalho Futuro 328
    9.3. Considerações Finais 329
    9.4. Referências Bibliográficas 329

BIBLIOGRAFIA 331

ÍNDICE DE FIGURAS

Figura 2.1	– Zonas tectónicas e paleogeográficas do Maciço Hespérico segundo Julivert et al., 1974 (Sequeira e Sousa, 1991)	43
Figura 2.2	– Zonas tectónicas e paleogeográficas do Maciço Hespérico segundo Julivert et al. (Julivert et al., 1974) e depressões terciárias e periféricas (adapt. de IGM/INETI @, 2005)..	43
Figura 2.3	– Esquema Tectono – Estratigráfico de Portugal, (adapt. da Carta Geológica de Portugal, escala 1:500000, Oliveira et al., 1992 e Ferreira, 2000)...	45
Figura 2.4	– Carta geológica de Portugal (adapt. de IGM/INETI @, 2005).............	46
Figura 2.5	– Carta geológica de Portugal (adapt. de IGM/INETI @, 2005) e localização dos locais de recolha dos três materiais	53
Figura 2.6	– Carta da Distribuição dos Calcários Jurássicos de Portugal (adapt. de Manuppella, G.; Moreira, J. C. B., 1975)	55
Figura 3.1	– Solicitações induzidas no pavimento pela passagem de uma carga rolante e consequente rotação das tensões principais (adap. Lekarp et al., 2000a)...	58
Figura 3.2	– Deformação sofrida pelos materiais granulares durante a aplicação de um ciclo de carga-descarga (adap. Lekarp et al., 2000a).....................	58
Figura 3.3	– Evolução da deformação de um material granular com o número de ciclos (adapt. IMT, 2001)...	59
Figura 3.4	– Influência da drenagem na evolução da extensão vertical (Dawson, 1990, adapt. de Lekarp et al. 2000b)..	66
Figura 4.1	– Papel de filtro usado na realização do ensaio de adsorção de azul de metileno pelo método da mancha, sobre uma amostra de calcário........	85
Figura 4.2	– Equipamento para ensaio de micro-*Deval*, do Laboratório de Mecânica de Pavimentos do DECUC	88
Figura 4.3	– Material, tambor e carga abrasiva a utilizar no ensaio de micro-*Deval*	88
Figura 4.4	– Provete mais carga abrasiva a utilizar no ensaio de micro-*Deval*	89
Figura 4.5	– Junção de água ao material e carga abrasiva a utilizar no ensaio de micro-*Deval*	89
Figura 4.6	– a) Provete de calcário antes do *slake durability test*, b) após o 7.º ciclo	91
Figura 4.7	– Equipamento *slake durability test*, do Laboratório de Geotecnia do DEC, ESTCB	91
Figura 4.8	– Dispositivos para determinar os índices de forma: a) e b) índice de lamelação; c) e d) índice de alongamento...	92
Figura 4.9	– Caminhos de tensões seguidos durante o ensaio triaxial cíclico............	94
Figura 4.10	– Níveis de tensão p/q aplicados durante o ensaio de módulos................	95

Figura 4.11 – Carregamento função do tempo (adapt. LTPP Protocol P46, FHWA, 1996) 96
Figura 4.12 – Carregamento sinusoidal com repouso, aplicado no ensaio triaxial cíclico, segundo a norma AASHTO TP 46 – 94 (adapt. *LTPP Protocol P46*, FHWA, 1996) 96
Figura 4.13 – Deformação função do tempo (adapt. *LTPP Protocol P46*, FHWA, 1996) 97
Figura 4.14 – Evolução da deformação de um material granular com o número de ciclos (adapt. IMT, 2001) 97
Figura 4.15 – Equipamento existente no Laboratório de Mecânica de Pavimentos do Departamento de Engenharia Civil da FCT da Universidade de Coimbra 98
Figura 4.16 – Localização dos LVDTs para medição dos deslocamentos verticais. 99
Figura 4.17 – Deflectómetro de Impacto dos DEC da FCTUC e da UM 101
Figura 4.18 – Deflectómetro de Impacto dos DEC da FCTUC e da UM, onde se pode ver a placa de 450 mm e os geofones. 102
Figura 4.19 – Representação esquemática dos geofones do FWD e curva de deflexão 102
Figura 5.1 – Fuso granulométrico a respeitar pelos materiais granulares britados, sub-base e base, segundo o CEJAE (JAE, 1998) 108
Figura 6.1 – Trajectórias de tensões aplicadas durante os ensaios triaxiais cíclicos (Neves, 2001) 135
Figura 6.2 – Ajuste do modelo de Paute às extensões verticais, material AGE1 (Neves, 2001) 138
Figura 6.3 – Ajuste do modelo de Paute às extensões verticais, material AGE2 (Neves, 2001) 138
Figura 6.4 – Previsão das deformações reversíveis segundo o modelo de Boyce, AGE1 (Neves, 2001) 140
Figura 6.5 – Previsão das deformações reversíveis segundo o modelo de Boyce, AGE2 (Neves, 2001) 140
Figura 6.6 – Previsão das deformações reversíveis, modelo de Boyce com anisotropia, AGE1 (Neves, 2001) 141
Figura 6.7 – Previsão das deformações reversíveis, modelo de Boyce com anisotropia, AGE2 (Neves, 2001) 141
Figura 6.8 – Esquematização da evolução da carga aplicada com o tempo (Luzia, 1998). 144
Figura 6.9 – Representação gráfica dos caminhos de tensão usados no estudo do comportamento reversível dos agregados não ligados (AFNOR, 1994b) 154
Figura 6.10 – Módulos reversíveis e leis de comportamento dos materiais da VLA, nível de tensão 1, modelo de *Dunlap* (Freire, 1994) 164
Figura 6.11 – Módulos reversíveis e leis de comportamento dos materiais da VLA, nível de tensão 1, modelo do primeiro invariante do tensor das tensões (Freire, 1994) 165
Figura 6.12 – Extensões verticais obtidas para os materiais da VLA, modelo de *Barskdale* (Freire, 1994) 167
Figura 6.13 – Módulos resilientes do calcário britado 1 (adap. de Gudishala, 2004).. 171
Figura 6.14 – Módulos resilientes do calcário britado 1 vs primeiro invariante do ten-

		sor das tensões (θ), para tensão de confinamento constante, σ_c (adap. de Gudishala, 2004)..	171
Figura 7.1	–	Material calcário...	182
Figura 7.2	–	Material granítico da zona de Celorico da Beira................................	182
Figura 7.3	–	Material granítico da zona de Braga	183
Figura 7.4	–	Localização dos três locais de recolha dos materiais ensaiados (adapt. de EP @, 2005)...	184
Figura 7.5	–	Traçado da A23 e localização do início do troço Castelo Branco Sul – Fratel	185
Figura 7.6	–	Amostras de mão dos três materiais em estudo	185
Figura 7.7	–	Curvas granulométricas e fuso granulométrico apresentado no caderno de encargos tipo da JAE (JAE, 1998), actual EP, para o calcário........	189
Figura 7.8	–	Curvas granulométricas e fuso granulométrico apresentado no caderno de encargos tipo da JAE (JAE, 1998), actual EP, para o granito	189
Figura 7.9	–	Martelo vibro – compressor utilizado na compactação.....................	191
Figura 7.10	–	Teor em água óptimo do calcário, para as três granulometrias consideradas...	192
Figura 7.11	–	Peso específico seco máximo do calcário, para as três granulometrias consideradas...	193
Figura 7.12	–	Teor em água óptimo amostras G1 e G2, para as três granulometrias consideradas...	193
Figura 7.13	–	Peso específico seco máximo, amostras G1 e G2, para as três granulometrias consideradas..	194
Figura 7.14	–	CBR com embebição do calcário, para as três granulometrias consideradas...	196
Figura 7.15	–	Percentagem de água absorvida pelo calcário, para as três granulometrias consideradas...	196
Figura 7.16	–	Compactação relativa das amostras de calcário, para as três granulometrias consideradas...	197
Figura 7.17	–	CBR com embebição das amostras G1 e G2, para as três granulometrias consideradas...	197
Figura 7.18	–	Percentagem de água absorvida pelas amostras G1 e G2, para as três granulometrias consideradas...	197
Figura 7.19	–	Compactação relativa das amostras de granito, para as três granulometrias consideradas...	198
Figura 7.20	–	Resultados do ensaio de CBR imediato, realizado sobre as amostras C1 e C2, para as 3 granulometrias	198
Figura 7.21	–	Resultados do ensaio de CBR imediato, realizado sobre as amostras C3 e C4, para as 3 granulometrias	199
Figura 7.22	–	Resultados do ensaio de CBR imediato, realizado sobre a amostra C5, para as 3 granulometrias..	199
Figura 7.23	–	Resultados do ensaio de CBR imediato, realizado sobre as amostras de granito G1 e G2, para as 3 granulometrias...	199
Figura 7.24	–	Equipamento para ensaio de micro-*Deval*, do Laboratório de Mecânica de Pavimentos do DECUC	205
Figura 7.25	–	Caminhos de tensões seguidos durante o ensaio triaxial cíclico............	210
Figura 7.26	–	Níveis de tensão q/p aplicados durante o ensaio de módulos................	212

Figura 7.27 – Módulo resiliente para condições de laboratório vs condições de campo, calcário 216
Figura 7.28 – Módulo resiliente para condições de laboratório vs condições de campo, G3 216
Figura 7.29 – Relação módulo resiliente teor em água de compactação, para cada sequência de carga, condições de laboratório 218
Figura 7.30 – Relação módulo resiliente teor em água de compactação, para cada sequência de carga, condições de campo 219
Figura 7.31 – Evolução da extensão vertical, entre os 1000 e 2500 ciclos de carga – descarga, para o calcário compactado para condições de laboratório 220
Figura 7.32 – Evolução da extensão vertical, entre os 1000 e 2500 ciclos de carga – descarga, para o calcário compactado para condições de campo 221
Figura 7.33 – Evolução da extensão vertical, entre os 1000 e 2500 ciclos de carga – descarga, para o granito compactado para condições de laboratório 222
Figura 7.34 – Evolução da extensão vertical, entre os 1000 e 2500 ciclos de carga – descarga, para o granito compactado para condições de campo 223
Figura 7.35 – Leis de comportamento segundo o modelo $Mr = k_1 \sigma_3^{k2}$, para 3 NT, condições de laboratório... 226
Figura 7.36 – Leis de comportamento segundo o modelo $Mr = k_1 \sigma_3^{k2}$, para 3 NT, condições de campo 226
Figura 7.37 – Leis de comportamento segundo o modelo $Mr = k_3 \theta^{k4}$, para 3 NT, condições de laboratório... 229
Figura 7.38 – Leis de comportamento segundo o modelo $Mr = k_3 \theta^{k4}$, para 3 NT, condições de campo 229
Figura 7.39 – Leis de comportamento segundo o modelo $Mr = k_5 \sigma_d^{k6}$, para 3 NT, condições de laboratório... 232
Figura 7.40 – Leis de comportamento segundo o modelo $Mr = k_5 \sigma_d^{k6}$, para 3 NT, condições de campo 232
Figura 7.41 – Evolução de ε_{v1} e ε_v, ε_{q1} e ε_q para $\nu = 0{,}49$, amostra C1A................. 241
Figura 7.42 – Evolução de ε_{v1} e ε_v, ε_{q1} e ε_q, para $\nu = 0{,}49$, amostra C2A................ 242
Figura 7.43 – Evolução de ε_{v1} e ε_v, ε_{q1} e ε_q para $\nu = 0{,}49$, amostra C3A................. 243
Figura 7.44 – Evolução de ε_{v1} e ε_v, ε_{q1} e ε_q para $\nu = 0{,}49$, amostra C4A................. 243
Figura 7.45 – Evolução de ε_{v1} e ε_v, ε_{q1} e ε_q para $\nu = 0{,}49$, amostra C5A................. 243
Figura 7.46 – Evolução de ε_{v1} e ε_v, ε_{q1} e ε_q para $\nu = 0{,}49$, amostra C1B................. 244
Figura 7.47 – Evolução de ε_{v1} e ε_v, ε_{q1} e ε_q para $\nu = 0{,}49$, amostra C2B................. 244
Figura 7.48 – Evolução de ε_{v1} e ε_v, ε_{q1} e ε_q para $\nu = 0{,}49$, amostra C3B................. 244
Figura 7.49 – Evolução de ε_{v1} e ε_v, ε_{q1} e ε_q para $\nu = 0{,}49$, amostra C4B................. 245
Figura 7.50 – Evolução de ε_{v1} e ε_v, ε_{q1} e ε_q para $\nu = 0{,}49$, amostra G1A 245
Figura 7.51 – Evolução de ε_{v1} e ε_v, ε_{q1} e ε_q para $\nu = 0{,}49$, amostra G2A 245
Figura 7.52 – Evolução de ε_{v1} e ε_v, ε_{q1} e ε_q para $\nu = 0{,}49$, amostra G3A 246
Figura 7.53 – Evolução de ε_{v1} e ε_v, ε_{q1} e ε_q para $\nu = 0{,}49$, amostra G3B 246
Figura 7.54 – Evolução Mr e E para $\nu = 0{,}49$, amostras C1A e C2A......................... 246
Figura 7.55 – Evolução Mr e E para $\nu = 0{,}49$, amostras C3A e C4A......................... 247
Figura 7.56 – Evolução Mr e E para $\nu = 0{,}49$, amostra C5A 247
Figura 7.57 – Evolução Mr e E para $\nu = 0{,}49$, amostras C1B e C2B 247
Figura 7.58 – Evolução Mr e E para $\nu = 0{,}49$, amostras C3B e C4B 248
Figura 7.59 – Evolução Mr e E para $\nu = 0{,}49$, amostras G1A e G2A 248

Figura 7.60 – Evolução Mr e E para ν = 0,49, amostras G3A e G3B........................ 248
Figura 7.61 – Leis de comportamento segundo o modelo $\varepsilon_{1P} = a_1 N^{b1}$, para o calcário, condições de laboratório................. 253
Figura 7.62 – Leis de comportamento segundo o modelo $\varepsilon_{1P} = a_1 N^{b1}$, para o calcário, condições de campo 253
Figura 7.63 – Leis de comportamento segundo o modelo $\varepsilon_{1P} = a_1 N^{b1}$, para o granito, condições de laboratório................. 254
Figura 7.64 – Leis de comportamento segundo o modelo $\varepsilon_{1P} = a_1 N^{b1}$, para o granito, condições de campo 254
Figura 7.65 – Leis de comportamento segundo o modelo $\varepsilon_{1P} = a_2 + b_2 \log N$, para o calcário, condições de laboratório................. 256
Figura 7.66 – Leis de comportamento segundo o modelo $\varepsilon_{1P} = a_2 + b_2 \log N$, para o calcário, condições de campo................. 256
Figura 7.67 – Leis de comportamento segundo o modelo $\varepsilon_{1P} = a_2 + b_2 \log N$, para o granito, condições de laboratório 257
Figura 7.68 – Leis de comportamento segundo o modelo $\varepsilon_{1P} = a_2 + b_2 \log N$, para o granito, condições de campo 257
Figura 7.69 – Leis de comportamento segundo o modelo $\varepsilon_{1P} = (c_1 N + a_3)(1 - e^{-(b3N)})$, para o calcário, condições de laboratório................. 259
Figura 7.70 – Leis de comportamento segundo o modelo $\varepsilon_{1P} = (c_1 N + a_3)(1 - e^{-(b3N)})$, para o calcário, condições de campo................. 259
Figura 7.71 – Leis de comportamento segundo o modelo $\varepsilon_{1P} = (c_1 N + a_3)(1 - e^{-(b3N)})$, para o granito, condições de laboratório 260
Figura 7.72 – Leis de comportamento segundo o modelo $\varepsilon_{1P} = (c_1 N + a_3)(1 - e^{-(b3N)})$, para o granito, condições de campo 260
Figura 7.73 – Leis de comportamento segundo o modelo $\varepsilon_{1P} = (A_1 * N^{1/2})/(N^{1/2} + D)$, para o calcário, condições de laboratório................. 262
Figura 7.74 – Leis de comportamento segundo o modelo $\varepsilon_{1P} = a_4 \varepsilon_{1r} N^{b4}$, para o calcário, condições de laboratório 263
Figura 7.75 – Leis de comportamento segundo o modelo $\varepsilon_{1P} = \varepsilon_{1r}(a_5/b_5)N^{C2}$, para o calcário, condições de laboratório 265
Figura 7.76 – Medição de temperaturas a diferentes profundidades do pavimento..... 266
Figura 7.77 – Deflectómetro de Impacto dos DEC da FCTUC e da UM, posicionado para a realização de um ensaio na camada de desgaste da A23 269
Figura 7.78 – Estruturas de pavimento consideradas no tratamento dos resultados dos ensaios com o deflectómetro de impacto realizados na A23 269
Figura 7.79 – Estrutura de pavimento considerada no tratamento dos resultados dos ensaios com o deflectómetro de impacto realizados na "obra n.º 3"..... 271
Figura 7.80 – Relação entre o módulo resiliente condições de campo (MrCC) e o módulo de deformabilidade obtido com o FWD (E FWD), para os materiais da A23 e da "obra n.º 3" 273
Figura 7.81 – Curvas granulométricas e fuso granulométrico apresentado para o material I A, para o calcário................. 277
Figura 7.82 – Curvas granulométricas e fuso granulométrico apresentado para o material I A, para o granito 278
Figura 7.83 – Curvas granulométricas e fuso granulométrico apresentado para o material I B, para o calcário................. 278

Figura 7.84 – Curvas granulométricas e fuso granulométrico apresentado para o material I B para o granito 279

Figura 7.85 – Curvas granulométricas e fuso granulométrico apresentado para o material a usar em base, para o calcário 279

Figura 7.86 – Curvas granulométricas e fuso granulométrico apresentado para o material a usar em base, para o granito 280

Figura 7.87 – Curvas granulométricas e fuso granulométrico apresentado para o material a usar em sub-base, para o calcário 280

Figura 7.88 – Curvas granulométricas e fuso granulométrico apresentado para o material a usar em sub-base, para o granito 281

Figura 7.89 – Curvas granulométricas e fuso granulométrico apresentado para o material A, para o calcário 282

Figura 7.90 – Curvas granulométricas e fuso granulométrico apresentado para o material A, para o granito 282

Figura 7.91 – Curvas granulométricas e fuso granulométrico apresentado para o material B, para o calcário 283

Figura 7.92 – Curvas granulométricas e fuso granulométrico apresentado para o material B, para o granito 283

Figura 7.93 – Modelos de comportamento ($M_r = f(\theta)$) dos materiais analisados no presente trabalho, condições de laboratório, e calcário da A6 287

Figura 7.94 – Modelos de comportamento ($M_r = f(\theta)$) dos materiais analisados no presente trabalho, condições de campo, e calcário da A6 288

Figura 7.95 – Modelos de comportamento ($M_r = f(\sigma_3)$) dos materiais analisados no presente trabalho, condições de laboratório, e calcário da VLA 290

Figura 7.96 – Modelos de comportamento ($M_r = f(\sigma_3)$) dos materiais analisados no presente trabalho, condições de campo, e calcário da VLA 291

Figura 7.97 – Modelos de comportamento ($M_r = f(\theta)$) dos materiais analisados no presente trabalho, condições de laboratório, e calcário da VLA 291

Figura 7.98 – Modelos de comportamento ($M_r = f(\theta)$) dos materiais analisados no presente trabalho, condições de campo, e calcário da VLA 292

Figura 7.99 – Modelos de comportamento ($M_r = f(\theta)$) dos materiais analisados no presente trabalho, condições de laboratório, e projectos 1, 5A, 7 e 8 ... 294

Figura 7.100 – Modelos de comportamento ($M_r = f(\theta)$) dos materiais analisados no presente trabalho, condições de campo, e projectos 1, 5A, 7 e 8 295

Figura 7.101 – Valores médios do módulo resiliente para os materiais dos projectos 2A, 2B, 3A, 3B, 3C, 4A, 4B, 4C, 5B, 5C, 5D, 9A e 9B 296

Figura 7.102 – Valores médios do módulo resiliente para os materiais em estudo, condições de laboratório e de campo 296

Figura 8.1 – Estrutura de pavimento tipo 306

Figura 8.2 – Relação tensão deviatória/deformação axial resiliente para ensaio normalizado e não normalizado e lei de comportamento 312

Figura 8.3 – Lei de comportamento segundo o modelo k-θ, amostra C2, condições de laboratório, ensaio triaxial cíclico não normalizado 313

Figura 8.4 – Lei de comportamento segundo o modelo da tensão deviatória, amostra C2, condições de laboratório, ensaio triaxial cíclico não normalizado.. 314

Figura 8.5 – Variação típica da deformação vertical resiliente num pavimento com camada betuminosa (adapt. de Brown, 1996) 318

ÍNDICE DE QUADROS

Quadro 2.1	– Tabela cronoestratigráfica simplificada, adap. de Fossil @, 2005	42
Quadro 2.2	– Sequência litoestatigráfica da Mancha de Condeixa-Serra de Sicó – Alvaiázere – Tomar, de calcários do Jurássico	54
Quadro 3.1	– Definições usadas ao longo do trabalho..	60
Quadro 4.1	– Características do martelo vibro-compressor a utilizar na compactação, segundo a norma BS 1377: Parte 4	84
Quadro 4.2	– Classificação de material granular com base no "Vam" (adapt. de Pereira e Picado-Santos, 2002)	86
Quadro 4.3	– Classificação de material granular com base no EA................................	87
Quadro 4.4	– Critério de durabilidade para rochas a partir do segundo ciclo de desgaste em meio húmido, Id_2 (%), segundo *Gamble*	92
Quadro 4.5	– Características do martelo vibro-compressor, a utilizar na compactação, segundo a norma AASHTO TP 46..	93
Quadro 4.6	– Condições de carregamento dos ensaios triaxiais cíclicos....................	94
Quadro 4.7	– Níveis de tensão p/q aplicados durante o ensaio de módulos...............	95
Quadro 4.8	– Extracto de um ficheiro de resultados do ensaio triaxial cíclico	100
Quadro 5.1	– Características a apresentar pelos materiais granulares britados segundo o MACOPAV (JAE, 1995)	107
Quadro 5.2	– Fuso granulométrico a respeitar pelos materiais granulares britados, sub-base e base, segundo o CEJAE (JAE, 1998)..	108
Quadro 5.3	– Características a respeitar pelos materiais granulares britados segundo o CEJAE (JAE, 1998)	109
Quadro 5.4	– Grupos constituídos e tarefas desenvolvidas no âmbito da acção COST 337	111
Quadro 5.5	– Variações sazonais do teor em água em relação ao óptimo em camadas granulares de pavimentos de 5 países europeus	119
Quadro 5.6	– Classificação das misturas solo-agregado para sub-base e base (ASTM, 2001b)..	124
Quadro 5.7	– Fusos granulométricos materiais tipo I e tipo II (ASTM, 2001b)	124
Quadro 5.8	– Requisitos gerais para os agregados a utilizar em sub-base e base (ASTM, 2001c)..	125
Quadro 5.9	– Fusos granulométricos e tolerâncias para base e sub-base (ASTM, 2001c)	126
Quadro 5.10	– Requisitos gerais para os agregados a utilizar em sub-base e base (AASHTO, 2003)	126
Quadro 5.11	– Fusos granulométricos a respeitar pelo agregado (AASHTO, 2003)	127

Quadro 5.12	– Ensaios recomendados para determinação das propriedades dos agregados que afectam o comportamento dos pavimentos (NCHRP, 2001)	128
Quadro 6.1	– Características geotécnicas base dos materiais granulares....................	134
Quadro 6.2	– Resultados do controlo da compactação dos materiais granulares........	134
Quadro 6.3	– Composições granulométricas dos materiais granulares.......................	136
Quadro 6.4	– Características do pilão vibrador..	136
Quadro 6.5	– Características de compactação dos materiais	136
Quadro 6.6	– Características de compactação dos provetes..	137
Quadro 6.7	– Parâmetros do modelo das extensões verticais	137
Quadro 6.8	– Parâmetros do modelo do primeiro invariante do tensor das tensões, AGE1	139
Quadro 6.9	– Parâmetros do modelo do primeiro invariante do tensor das tensões, AGE2	139
Quadro 6.10	– Parâmetros dos modelos de Boyce e Boyce com anisotropia para AGE1	139
Quadro 6.11	– Parâmetros dos modelos de Boyce e Boyce com anisotropia para AGE2	140
Quadro 6.12	– Estrutura do pavimento dos trechos experimentais...............................	141
Quadro 6.13	– Resultados dos ensaios com deflectómetro de impacto, CRIL1	142
Quadro 6.14	– Resultados dos ensaios com deflectómetro de impacto, CRIL2	143
Quadro 6.15	– Características geotécnicas base dos materiais granulares da A6.........	144
Quadro 6.16	– Níveis de tensão usados no estudo do comportamento reversível.........	145
Quadro 6.17	– Características de compacidade e teor em água dos provetes ensaiados	145
Quadro 6.18	– Módulo resiliente dos materiais da A6..	146
Quadro 6.19	– Leis encontradas para o módulo resiliente dos materiais da A6...........	147
Quadro 6.20	– Condições de ensaio às extensões verticais	147
Quadro 6.21	– Extensões verticais aos 20000 ciclos para os materiais da A6	147
Quadro 6.22	– Localização, material e características de compactação do material nos troços em que se realizaram ensaios de carga com o deflectómetro de impacto	148
Quadro 6.23	– Módulos de deformabilidade obtidos dos ensaios de carga com o deflectómetro de impacto na A6	148
Quadro 6.24	– Valores de adsorção de azul de metileno das amostras de rocha moídas	150
Quadro 6.25	– Valores do ensaio de desgaste em meio húmido das amostras de rocha (material passado)..	150
Quadro 6.26	– Análise granulométrica do agregado...	151
Quadro 6.27	– Caracterização do agregado quanto ao seu estado de limpeza	151
Quadro 6.28	– Caracterização do agregado quanto à dureza das suas partículas.........	151
Quadro 6.29	– Índices de forma	152
Quadro 6.30	– Proporções de cada uma das fracções granulométricas dos provetes do ensaio de compactação e resultados do ensaio...	152
Quadro 6.31	– Identificação dos provetes utilizados nos ensaios triaxiais cíclicos......	153
Quadro 6.32	– Características de compactação pretendidas para os provetes de ensaio	153
Quadro 6.33	– Parâmetros do modelo das extensões verticais	154
Quadro 6.34	– Indicador de extensões verticais $\varepsilon_1^{P*}(20000)$	155
Quadro 6.35	– Parâmetros do modelo de Boyce e valores característicos de E e ν	155
Quadro 6.36	– Análise granulométrica do grauvaque rolado..	157
Quadro 6.37	– Granulometria das fracções constituintes do grauvaque e calcário britados..	157

Quadro 6.38 –	Composição ponderal do grauvaque e calcário britados, aplicados na camada de base	158
Quadro 6.39 –	Resultados do ensaio de *Los Angeles*	158
Quadro 6.40 –	Índices de lamelação e alongamento	158
Quadro 6.41 –	Resultados do equivalente de areia para os três materiais	159
Quadro 6.42 –	Valores de adsorção de azul de metileno obtidos pelo método Turbidimétrico.	159
Quadro 6.43 –	Misturas utilizadas no ensaio de compactação	160
Quadro 6.44 –	Técnicas utilizadas nos ensaios de compactação por apiloamento	160
Quadro 6.45 –	Características do pilão vibrador	160
Quadro 6.46 –	Resumo dos resultados obtidos no ensaio de compactação	161
Quadro 6.47 –	Composição ponderal da mistura de agregados ensaiados	162
Quadro 6.48 –	Níveis de tensão aplicados no estudo do comportamento reversível	162
Quadro 6.49 –	Características dos provetes ensaiados	163
Quadro 6.50.–	Módulos reversíveis obtidos nos ensaios triaxiais cíclicos	163
Quadro 6.51 –	Leis de comportamento para o grauvaque e calcário britados, modelo de *Dunlap*	164
Quadro 6.52 –	Leis de comportamento para o grauvaque e calcário britados, modelo do primeiro invariante do tensor das tensões	164
Quadro 6.53 –	Condições de ensaio às extensões verticais	165
Quadro 6.54 –	Características dos provetes ensaiados	165
Quadro 6.55 –	Extensões verticais obtidas para os dois materiais	166
Quadro 6.56 –	Leis de comportamento para os materiais da VLA, modelo de *Barksdale*	166
Quadro 6.57 –	Localização, material, camadas ensaiadas e características do material nos troços em que se realizaram ensaios de carga com o deflect. de impacto	168
Quadro 6.58 –	Módulos de deformabilidade obtidos com o deflectómetro de impacto	168
Quadro 6.59 –	Características geotécnicas dos materiais granulares	170
Quadro 6.60 –	Resultados dos ensaios com o LFWD	172
Quadro 6.61 –	Módulo resiliente para 3 materiais de Ohio	174
Quadro 6.62 –	Módulo resiliente para 3 materiais de Ohio	175
Quadro 6.63 –	Módulo de deformabilidade obtido por análise inversa, material Item 304	175
Quadro 6.64 –	Resumo do módulo resiliente, agregado denso para base (DGAB, Item 304)	177
Quadro 6.65 –	Resumo do módulo resiliente de vários agregados britados utilizados no Ohio	177
Quadro 7.1 –	Resultados da análise granulométrica, coeficiente de uniformidade e coeficiente de curvatura do material calcário	187
Quadro 7.2 –	Resultados da análise granulométrica, coeficiente de uniformidade e coe-ficiente de curvatura do material granítico	188
Quadro 7.3 –	Classificações para fins rodoviários e unificada dos materiais calcário e granítico	190
Quadro 7.4 –	Características do martelo vibro-compressor utilizado na compactação	191
Quadro 7.5 –	Resultados do ensaio de compactação realizado sobre as amostras de calcário	192
Quadro 7.6 –	Resultados do ensaio de compactação realizado sobre as amostras de granito	193

Quadro 7.7	– Resultados do ensaio de CBR com embebição, sobre as amostras de calcário...	195
Quadro 7.8	– Resultados do ensaio de CBR com embebição, sobre as amostras de granito..	196
Quadro 7.9	– Teores em água óptimo e correspondente ao CBR imediato mais elevado..	200
Quadro 7.10	– Resultados do ensaio de adsorção de azul de metileno, amostras de calcário...	202
Quadro 7.11	– Resultados do ensaio de adsorção de azul de metileno, amostras de granito..	202
Quadro 7.12	– Resultados do ensaio de equivalente de areia, material calcário..........	203
Quadro 7.13	– Resultados do ensaio de equivalente de areia, material granítico.........	203
Quadro 7.14	– Resultados do ensaio de *Los Angeles*, material calcário.....................	204
Quadro 7.15	– Resultados do ensaio de *Los Angeles*, material granítico....................	204
Quadro 7.16	– Resultados do ensaio de micro-*Deval*, material calcário.....................	206
Quadro 7.17	– Resultados do ensaio de micro-*Deval*, material granítico....................	206
Quadro 7.18	– Resultados do ensaio de desgaste em meio húmido, material calcário	207
Quadro 7.19	– Resultados do ensaio de desgaste em meio húmido, material granítico	207
Quadro 7.20	– Resultados do índice de lamelação e índice de alongamento................	208
Quadro 7.21	– Sequências de carga aplicadas durante o ensaio triaxial cíclico............	210
Quadro 7.22	– Níveis de tensão p/q aplicados durante o ensaio de módulos................	211
Quadro 7.23	– Teor em água e peso específico seco de compactação dos provetes de calcário, usados no ensaio triaxial cíclico, condições de laboratório	212
Quadro 7.24	– Teor em água e peso específico seco de compactação dos provetes de calcário, usados no ensaio triaxial cíclico, condições de campo	213
Quadro 7.25	– Teor em água e peso específico seco de compactação dos provetes de granito, usados no ensaio triaxial cíclico, condições de laboratório......	213
Quadro 7.26	– Teor em água e peso específico seco de compactação dos provetes de granito, usados no ensaio triaxial cíclico, condições de campo............	213
Quadro 7.27	– Valores do módulo resiliente obtidos para o calcário, condições de laboratório..	214
Quadro 7.28	– Valores do módulo resiliente obtidos para o calcário, condições de campo	214
Quadro 7.29	– Valores do módulo resiliente obtidos para o granito, condições de laboratório..	215
Quadro 7.30	– Valores do módulo resiliente obtidos para o granito, condições de campo	215
Quadro 7.31	– Evolução da extensão vertical, entre os 1000 e 2500 ciclos de carga – descarga, para o calcário compactado para condições de laboratório ...	220
Quadro 7.32	– Evolução da extensão vertical, entre os 1000 e 2500 ciclos de carga – descarga, para o calcário compactado para condições de campo	221
Quadro 7.33	– Evolução da extensão vertical, entre os 1000 e 2500 ciclos de carga – descarga, para o granito compactado para condições de laboratório.....	222
Quadro 7.34	– Evolução da extensão vertical, entre os 1000 e 2500 ciclos de carga – descarga, para o granito compactado para condições de campo............	223
Quadro 7.35	– Parâmetros do modelo $Mr = k_1 \sigma_3^{k2}$, para 3 NT	225
Quadro 7.36	– Parâmetros do modelo $Mr = k_1 \sigma_3^{k2}$, para NT1, NT2 e NT3.................	227
Quadro 7.37	– Amostras que apresentam a melhor e a pior simulações da variação de Mr com σ_3, função dos níveis de tensão..	227

Quadro 7.38 –	Parâmetros do modelo $Mr = k_3\theta^{k4}$, para 3 NT	228
Quadro 7.39 –	Parâmetros do modelo $Mr = k_3\theta^{k4}$, para NT1, NT2 e NT3	230
Quadro 7.40. –	Amostras que apresentam a melhor e a pior simulações da variação de Mr com θ, função dos níveis de tensão	230
Quadro 7.41 –	Parâmetros do modelo $Mr = k_5\sigma_d^{k6}$, para 3 NT	231
Quadro 7.42 –	Parâmetros do modelo $Mr = k_5\sigma_d^{k6}$, para NT1, NT2 e NT3	233
Quadro 7.43 –	Amostras que apresentam a melhor e a pior simulações da variação de Mr com σ_d, função dos níveis de tensão	233
Quadro 7.44 –	Parâmetros do modelo $Mr = k_7(p/q)^{k8}$, para 3 NT	234
Quadro 7.45 –	Parâmetros do modelo $Mr = k_7(p/q)^{k8}$, para NT1, NT2 e NT3	235
Quadro 7.46 –	Parâmetros do modelo $Mr = k_9 q^{k10}\sigma_3^{k11}$, para 3 NT	235
Quadro 7.47 –	Parâmetros do modelo $Mr = k_9 q^{k10}\sigma_3^{k11}$, para NT1, NT2 e NT3	236
Quadro 7.48 –	Amostras que apresentam a melhor e a pior simulações da variação de Mr com σ_d e σ_3, função dos níveis de tensão	237
Quadro 7.49 –	Parâmetros do modelo $Mr = k_{12}\theta^{k13}q^{k14}$, para 3 NT	237
Quadro 7.50 –	Parâmetros do modelo $Mr = k_{12}\theta^{k13}q^{k14}$, para NT1, NT2 e NT3	238
Quadro 7.51 –	Amostras que apresentam a melhor e a pior simulações da variação de Mr com θ e q, função dos níveis de tensão	238
Quadro 7.52 –	Parâmetros modelo de *Boyce*, NT1, NT2 e NT3, calcário c. de laboratório	240
Quadro 7.53 –	Parâmetros modelo de *Boyce*, NT1, NT2 e NT3, calcário c. de campo	240
Quadro 7.54 –	Parâmetros modelo de *Boyce*, NT1, NT2 e NT3, granito c. de laboratório	241
Quadro 7.55 –	Parâmetros modelo de *Boyce*, NT1, NT2 e NT3, granito c. de campo	241
Quadro 7.56 –	Coeficientes de determinação entre E e Mr, ε_v e ε_{v1} e ε_q e ε_{q1}, para o coeficiente de *Poisson* de 0,49, para os materiais calcário e granítico, NT1, NT2 e NT3	242
Quadro 7.57 –	Valores máximos e mínimos dos parâmetros do modelo de *Boyce*, calcário	249
Quadro 7.58 –	Valores máximos e mínimos dos parâmetros do modelo de *Boyce*, granito	249
Quadro 7.59 –	Valores máximos e mínimos de r^2, para as relações $\varepsilon_v/\varepsilon_{v1}$; $\varepsilon_q/\varepsilon_{q1}$ e E/Mr, obtidos no modelo de *Boyce*, calcário	251
Quadro 7.60 –	Valores máximos e mínimos de r^2, para as relações $\varepsilon_v/\varepsilon_{v1}$; $\varepsilon_q/\varepsilon_{q1}$ e E/Mr, obtidos no modelo de *Boyce*, granito	251
Quadro 7.61 –	Parâmetros do modelo $\varepsilon_{1P} = a_1 N^{b1}$, para o calcário e granito, condições de laboratório e de campo.	252
Quadro 7.62 –	Amostras que apresentam a melhor e a pior simulações da variação de ε_{1P} com N	254
Quadro 7.63 –	Parâmetros do modelo $\varepsilon_{1P} = a_2 + b_2 \log N$, para o calcário e o granito, condições de laboratório e de campo	255
Quadro 7.64 –	Amostras que apresentam a melhor e a pior simulações da variação de ε_{1P} com log(N)	258
Quadro 7.65 –	Parâmetros do modelo $\varepsilon_{1P} = (c_1 N + a_3)(1 - e^{-(b3N)})$, para o calcário e o granito, condições de laboratório e de campo	258

Quadro 7.66 – Amostras que apresentam as melhor e pior simulações da variação de ε_{1P} pelo modelo de *Wolff e Visser* 261

Quadro 7.67 – Parâmetros do modelo $\varepsilon_{1P} = (A_1 * N^{1/2})/(N^{1/2}+D)$, para o calcário e o granito, condições de laboratório e de campo 261

Quadro 7.68 – Amostras que apresentam a melhor e a pior simulações da variação de ε_{1P} para o modelo de *Paute* 262

Quadro 7.69 – Parâmetros do modelo $\varepsilon_{1P} = a_4 \varepsilon_{1r} N^{b4}$, para o calcário e o granito, condições de laboratório e de campo 263

Quadro 7.70 – Amostras que apresentam a melhor e a pior simulações da variação de ε_{1P} com ε_{1r} e N 264

Quadro 7.71 – Parâmetros do modelo $\varepsilon_{1P} = \varepsilon_{1r}(a_5/b_5)N^{C2}$, para o calcário e o granito, condições de laboratório e de campo 264

Quadro 7.72 – Amostras que apresentam a melhor e a pior simulações da variação de ε_{1P} para o modelo de *Vuong* 265

Quadro 7.73 – Forças de pico aplicadas em cada altura de queda 267

Quadro 7.74 – Temperatura do pavimento aquando da realização de FWD, A23 268

Quadro 7.75 – Características de compactação apresentadas pela sub-base granular, A23 268

Quadro 7.76 – Módulos de deformabilidade obtidos após tratamento dos resultados do FWD, altura de queda 2, estrutura de pavimento A), A23 270

Quadro 7.77 – Módulos de deformabilidade obtidos após tratamento dos resultados do FWD, altura de queda 2, estrutura de pavimento B), A23 270

Quadro 7.78 – Temperatura do pavimento aquando da realização de FWD, "obra n.º 3" 271

Quadro 7.79 – Características de compactação apresentadas pela sub-base granular, "obra n.º 3" 272

Quadro 7.80 – Módulos de deformabilidade obtidos após tratamento dos resultados do FWD, altura de queda 1, "obra n.º 3" 272

Quadro 7.81 – Características a apresentar pelos materiais granulares britados segundo o MACOPAV (JAE, 1995) e características apresentadas pelas amostras em estudo 274

Quadro 7.82 – Características a respeitar pelos materiais granulares britados segundo o CEJAE (JAE, 1998) 275

Quadro 7.83 – Deflexões medidas nos ensaios com deflectómetro de impacto, na A23 e "obra n.º 3" 285

Quadro 8.1 – Módulo resiliente para um pavimento tipo pelo modelo da equação (8.1), Mr misturas betuminosas 4000 MPa, 1ª iteração 307

Quadro 8.2 – Módulo resiliente para um pavimento tipo pelo modelo da equação (8.1), Mr misturas betuminosas 4000 MPa, 3ª iteração 308

Quadro 8.3 – Módulo resiliente para um pavimento tipo pelo modelo da equação (8.1), Mr misturas betuminosas 2000 MPa, 1ª iteração 309

Quadro 8.4 – Módulo resiliente para um pavimento tipo pelo modelo da equação (8.1), Mr misturas betuminosas 2000 MPa, 4ª iteração 310

Quadro 8.5 – Sequências de carga aplicadas durante o ensaio triaxial cíclico não normalizado 311

Quadro 8.6 – Valores do módulo resiliente obtidos para a amostra C2, condições de laboratório no ensaio triaxial cíclico não normalizado 312

Quadro 8.7 – Modelos encontrados para a amostra C2, ensaio triaxial cíclico não normalizado 313

Quadro 8.8 –	Valores do módulo resiliente para o modelo da equação (8.1), para o estado de tensão real aplicado à amostra C2, ensaio triaxial cíclico não normalizado	315
Quadro 8.9 –	Módulo de deformabilidade da A23 pelo modelo da equação (8.1), 1ª iteração	316
Quadro 8.10 –	Módulo de deformabilidade da A23 pelo modelo da equação (8.1), 6ª iteração	316
Quadro 8.11 –	Módulos para as estruturas do MACOPAV, pelo modelo da equação (8.1), base betuminosa...	320
Quadro 8.12 –	Módulos para as estruturas do MACOPAV, pelo modelo da equação (8.1), base granular...	321
Quadro 8.13 –	Estruturas do MACOPAV, após dimensionamento, base betuminosa ..	322
Quadro 8.14 –	Estruturas do MACOPAV, após dimensionamento, base granular...........	322

ABREVIATURAS

AASHTO	*American Association of State Highway and Transportation Officials*
AFNOR	*Association Française de Normalisation*
ASTM	*American Society for Testing and Materials*
BSI	*British Standards Institution*
CBR	*California Bearing Ratio*
CEJAE	Caderno de Encargos Tipo da Junta Autónoma de Estradas (actual Estradas de Portugal)
CEN	*Comité Européen de Normalisation*
DEC	Departamento de Engenharia Civil
DECUC	Departamento de Engenharia Civil da Universidade de Coimbra
DGAB	*Dense Graded Aggregate Base*
EP	EP – Estradas de Portugal, E.P.E.
ESTCB	Escola Superior de Tecnologia de Castelo Branco
FEHRL	*Forum of European National Highway Research Laboratories*
FWD	*Falling Weight Deflectometer*
GPL	*German Plate Load*
IGM	Instituto Geológico e Mineiro
IGPAI	Inspecção Geral dos Produtos Agrícolas e Industriais
IMT	*Instituto Mexicano del Transporte*
INETI	Instituto Nacional de Engenharia, Tecnologia e Inovação, I.P.
IPCB	Instituto Politécnico de Castelo Branco
IPQ	Instituto Português da Qualidade
ISRM	*International Society for Rock Mechanics*
IST	Instituto Superior Técnico
JAE	Junta Autónoma de Estradas
LCPC	*Laboratoire Central des Points et Chaussés*
LFHWD	*Light Falling Weight Deflectometer*
LNEC	Laboratório Nacional de Engenharia Civil
LTPP	*Long-Term Pavement Performance*
LVDT	*Linear Variable Differential Transformer*

MA	Milhões de anos
MACOPAV	Manual de Concepção de Pavimentos para a Rede Rodoviária Nacional
NCHRP	*National Cooperative Highway Research Program*
ODOT	*Ohio Department of Transportation*
RICCC	*Roller Integrated Continuous Compaction Control*
SbG	Sub-base granular
SERRP	*Strategic European Road Research Programme*
SETRA	*Service d'Études Techniques des Routes et des Aérodromes*
SSG	*Soil Stiffness Gage*
UC	Universidade de Coimbra
UM	Universidade do Minho
VLA	Via Longitudinal do Algarve

SÍMBOLOS

A_{1C}	Extensão permanente característica
a_i	Parâmetro de modelo
A_i	Parâmetro do modelo de *Paute*
B	Parâmetro do modelo de Paute
BG	Base granular
b_i	Parâmetro de modelo
CBR	*California Bearing Ratio*
Cc	Coeficiente de curvatura
c_i	Parâmetro de modelo
CR	Compactação relativa (relação entre o peso volúmico obtido no ensaio e o peso volúmico seco máximo)
Cu	Coeficiente de uniformidade
D	Parâmetro do modelo de *Paute*
DGAB	Dense Graded Aggregate Base
$D_{máx}$	Dimensão máxima do agregado
DP	Desvio Padrão
E	Módulo de *Young*
E*	Módulo de *Young* (modelo de Boyce anisotrópico)
E(x)	Valor médio
EA	Equivalente de Areia
E_c	Módulo de elasticidade característico (p = 250 kPa e q = 500 kPa)
e_{nr}	Altura não recuperada
Expans.	Expansibilidade
f'	Percentagem de finos (< 0,075 mm)
FWD	*Falling Weight Deflectometer*
g	Grama
G	Módulo de distorção secante
G*	Módulo de distorção secante (modelo de *Boyce* anisotrópico)
G_1	Módulo de distorção [$G_1 = q/3\varepsilon_q$]
G_1^*	Módulo de distorção (modelo de Boyce anisotrópico)
G_a	Parâmetro do modelo de Boyce
GC	Grau de compactação
H	Profundidade
I_{Along}	Índice de alongamento

Id_j	Índice de desgaste em meio húmido, após o ciclo j
I_{Lam}	Índice de lamelação
IP	Índice de plasticidade
ipm	Impactos por minutos
K	Módulo de compressibilidade secante
K^*	Módulo de compressibilidade secante (modelo de Boyce anisotrópico)
K_1	Módulo de compressibilidade [$K_1 = p/\varepsilon v$]
K_1^*	Módulo de compressibilidade (modelo de Boyce anisotrópico)
K_a	Parâmetro do modelo de Boyce
kg	Quilograma
k_i	Parâmetro de modelo
L	Altura inicial do provete
LA	Coeficiente *Los Angeles*
m	Metro
M	Número de provetes ensaiados por amostra, no ensaio de carga pontual
Máx	Máximo
M_{DE}	Coeficiente micro-*Deval* (com agregado húmido)
M_{DS}	Coeficiente micro-*Deval* (com agregado seco)
Min	Mínimo
Mr i	Módulo resiliente de partida
M_r	Módulo resiliente
N	Número de ciclos de carga – descarga
p	Tensão normal média [$1/3\,(\sigma_1+\sigma_2+\sigma_3)$]
p^*	Tensão normal média (modelo de Boyce anisotrópico)
q	Tensão deviatória [$\sigma_1-\sigma_3$]
q^*	Tensão deviatória (modelo anisotrópico)
r	Coeficiente de correlação
r^2	Coeficiente de determinação
rpm	Rotações por minuto
$TMDA_p$	Tráfego Médio Diário Anual de Veículos Pesados
Vam	Valor de adsorção de azul de metileno
Vamc	Valor de adsorção de azul de metileno corrigido
V_{Bt}	Valor de adsorção de azul de metileno obtido pelo Método Turbidimétrico
w	Teor em água
$wCBR_{max}$	Teor em água para o qual se obteve o CBR imediato máximo
w_{com}	Teor em água após compactação
w_L	Limite de liquidez
w_{opt}	Teor em água óptimo
w_P	Limite de plasticidade
y	Coeficiente de anisotropia

SÍMBOLOS GREGOS

β	Parâmetro do modelo de Boyce
$\Delta\sigma^i$	Variação de tensão na descarga
$\Delta\varepsilon_r^i$	Variação de extensão reversível na descarga
ε	Extensão
$\varepsilon_1^{P(i)}$	Extensão vertical aos i ciclos de carga – descarga
ε_1^{P*}	Extensão vertical medida a partir dos 100 ciclos
$\varepsilon_{1P}, \varepsilon_1^P, \varepsilon_P$	Extensão vertical
ε_{1r}	Deformação axial resiliente
ε_{3r}	Deformação radial resiliente
ε_q	Extensão distorcional reversível (modelo)
ε_q^*	Extensão distorcional reversível (modelo) (modelo de Boyce anisotrópico)
ε_{q1}	Extensão distorcional reversível [$\varepsilon_q = 2/3\,(\varepsilon_1-\varepsilon_3)$]
ε_{q1}^*	Extensão distorcional reversível (modelo de Boyce anisotrópico)
ε_v	Extensão volumétrica reversível (modelo)
ε_v^*	Extensão volumétrica reversível (modelo) (modelo de Boyce anisotrópico)
ε_{v1}	Extensão volumétrica reversível [$\varepsilon_v = \varepsilon_1+2\varepsilon_3$]
ε_{v1}^*	Extensão volumétrica reversível (modelo de Boyce anisotrópico)
$\varepsilon_{1máx}$	Deformação total (deformação correspondente $\sigma_{1máx}$)
ε_{1min}	Extensão vertical (deformação correspondente σ_{1min})
γ	Peso específico
$\gamma_{dmáx}$	Peso específico seco máximo
ν	Coeficiente de *Poisson*
ν^*	Coeficiente de *Poisson* (modelo de Boyce anisotrópico)
ν_c	Coeficiente de *Poisson* característico (p = 250 kPa e q = 500 kPa)
θ	Primeiro invariante do tensor das tensões [$\theta = \sigma_1+\sigma_2+\sigma_3 = \sigma_1+2\sigma_3$]
$\sigma_1 - \sigma_3$	Tensão deviatória
σ_1	Tensão axial
$\sigma_{1máx}$	Tensão axial máxima (tensão máxima na fase de carga)
σ_{1min}	Tensão axial mínima (tensão mínima na fase de descarga)
σ_3	Tensão de confinamento

$\sigma_{cíclica}$	Tensão axial cíclica ou resiliente ($\sigma_{máx}$-$\sigma_{contacto}$)
$\sigma_{contacto}$	Tensão de contacto
σ_d	Tensão deviatória [σ_1 _σ_3]
σ_h	Tensão horizontal
$\sigma_{máx}$	Tensão axial máxima
σ_v	Tensão vertical
τ	Tensão tangencial

1. INTRODUÇÃO

1.1. Considerações Iniciais

Continuando os pavimentos rodoviários em Portugal a ser construídos, quase exclusivamente, recorrendo a agregados naturais, verifica-se que os materiais britados de granulometria extensa continuam a ter uma grande aplicação nas camadas granulares não ligadas, nomeadamente em sub-base e base granulares.

No entanto e apesar dos esforços realizados nesse sentido, o comportamento destes materiais naquele tipo de camadas e por razões que se prendem sobretudo com a heterogeneidade dos maciços donde são provenientes, não se encontra ainda suficientemente caracterizado, em especial no que diz respeito ao seu comportamento mecânico.

Por se entender que o comportamento mecânico deve ser melhor estabelecido já que disso depende, em boa medida, a capacidade de previsão do comportamento em serviço dos pavimentos rodoviários e tentando, assim, contribuir para o melhor conhecimento desse comportamento, desenvolveu-se o trabalho que agora se apresenta, cujo principal objectivo foi a caracterização mecânica e a elaboração de modelos típicos de comportamento para materiais britados provenientes de diferentes litologias, aflorantes nas regiões norte e centro de Portugal, passíveis de serem utilizados em sub-base e base não ligadas de pavimentos rodoviários, nomeadamente calcário e granito.

1.2. Objectivos e Metodologia

Este trabalho teve como objectivo fundamental a caracterização e elaboração de modelos típicos de comportamento de materiais britados de granulometria extensa de diferentes litologias, aflorantes em Portugal, passíveis de serem utilizados em sub-base e base de pavimentos rodoviários.

Para cumprir este objectivo procedeu-se à identificação dos materiais britados de granulometria extensa mais frequentemente utilizados naquele tipo de camadas. Seleccionaram-se obras em que os mesmos estavam a ser utilizados, procedeu-se à recolha de amostras e à sua caracterização, geotécnica e mecânica, em laboratório.

A parte experimental do trabalho ficou concluída com a realização de ensaios de carga com o deflectómetro de impacto, nas obras em que foi recolhido material, entre elas o troço Castelo Branco Sul – Fratel, da Auto-estrada A 23.

A partir dos resultados dos ensaios realizados, foi modelado o comportamento mecânico dos materiais em estudo. Em função das especificidades evidenciadas por esta modelação decidir-se-ia pela condução dos trabalhos para obter uma orientação prática quanto à resistência a adoptar para as camadas granulares quando inseridas na avaliação para dimensionamento de pavimentos rodoviários flexíveis.

1.3. Organização do Trabalho

O trabalho encontra-se dividido em nove capítulos, cujos conteúdos se apresentam seguidamente.

A este capítulo inicial no qual se faz uma breve introdução ao trabalho desenvolvido, segue-se o capítulo 2, onde se faz uma breve introdução à geologia de Portugal. A apresentação deste segundo capítulo justifica-se pela possibilidade de assinalar a grande diversidade de afloramentos, com diferentes idades, dos materiais em estudo.

No capítulo 3 tecem-se algumas considerações sobre o comportamento mecânico dos agregados britados não ligados, fazendo-se uma breve apresentação dos modelos geralmente utilizados na modelação do mesmo (Lekarp et al., 2000a; Lekarp et al., 2000b e Cost 337, 2002).

O capítulo 4 diz respeito aos ensaios, de laboratório e *in situ*, que foram realizados no âmbito do trabalho, dos quais se faz uma breve apresentação.

No capítulo 5 faz-se uma breve exposição sobre Especificações e Recomendações gerais, para este tipo de materiais, usadas em Portugal, a nível da Europa Comunitária e nos Estados Unidos da América.

No capítulo 6 faz-se a apresentação de outros trabalhos de investigação realizados sobre este tipo de materiais tanto em Portugal como nos Estados Unidos da América. O objectivo do capítulo é poder comparar as metodologias e resultados desses trabalhos com os do trabalho agora desenvolvido.

No capítulo 7 são apresentados os resultados do estudo experimental, incluindo a caracterização do comportamento mecânico através de ensaios triaxiais cíclicos, de acordo com a norma AASHTO TP 46 (AASHTO, 1994) e ensaios *in situ*, nomeadamente ensaio de carga com o deflectómetro de impacto, e respectiva modelação. Na parte final do capítulo analisa-se a aplicação das Especificações e Recomendações, descritas no capítulo 5 aos resultados dos ensaios realizados e faz-se a comparação do comportamento mecânico destes materiais com o apresentado por materiais semelhantes e caracterizados no âmbito de outros trabalhos, conforme consta do capítulo 6. Por fim apresentam-se as primeiras conclusões relativas ao comportamento dos materiais estudados.

No capítulo 8 faz-se a aplicação dos modelos de comportamento mecânico encontrados a um pavimento tipo português e apresentam-se os resultados do ensaio triaxial cíclico realizado para um estado de tensão inferior ao indicado na norma AASHTO TP 46 (AASHTO, 1994). Tecem-se considerações sobre o comportamento mecânico do pavimento tipo referido bem como os factores que o influenciam. Por fim, propõe-se uma metodologia para o dimensionamento de pavimentos rodoviários flexíveis que é função de um estudo paramétrico efectuado com as estruturas do MACOPAV (JAE, 1995), actual EP.

Por último e no capítulo 9, apresentam-se as conclusões gerais e algumas recomendações com vista ao prosseguimento dos estudos iniciados com este trabalho.

No que diz respeito à bibliografia consultada, ela é apresentada de dois modos diferentes, consoante foi ou não referida ao longo do trabalho. Deste modo, no final de cada capítulo apresentam-se, sob a forma de Referências Bibliográficas, todos os trabalhos aí citados. No final da dissertação apresenta-se a bibliografia consultada mas não referida no texto em nenhum dos capítulos.

1.4. Referências Bibliográficas

AASHTO (1994). "Standard test method for determining the resilient modulus of soils and aggregate materials". TP 46, American Association of State Highway and Transportation Officials, USA.

Cost 337 (2002). "Cost 337 – Construction with unbound road aggregates in Europe", Final Report of the Action, European Commission, Luxembourg.

JAE (1995). "Manual de Concepção de Pavimentos para a Rede Rodoviária Nacional". Junta Autónoma de Estradas, Lisboa.

LEKARP, F.; ISACSSON, U.; DAWSON, A. (2000a). "State of the art. I: Resilient response of unbound aggregates". *Journal of Transportation Engeneering*, American Society of Civil Engineers, Vol. 126, n.º 1, pp. 66-75.

LEKARP, F.; ISACSSON, U.; DAWSON, A. (2000b). "State of the art. II: Permanent strain response of unbound aggregates". *Journal of Transportation Engineering*, American Society of Civil Engineers, Vol. 126, n.º 1, pp. 66-75.

2. BREVE INTRODUÇÃO À GEOLOGIA DE PORTUGAL

2.1. Considerações Iniciais

Os materiais em estudo no presente trabalho, o calcário da zona de Pombal e o granito das zonas de Celorico da Beira e Braga, ocorrem em duas diferentes zonas tectónicas de Portugal, Orla Ocidental Portuguesa e Maciço Hespérico, respectivamente.

No entanto, estes tipos de materiais afloram em outras zonas do país, correspondendo-lhes, na maioria das situações, idades diferentes da atribuída aos materiais agora em estudo.

Nos pontos seguintes começa por se fazer uma breve apresentação, do ponto de vista tectónico, da Península Ibérica e em particular de Portugal, apresenta-se de seguida e de um modo genérico a geologia de Portugal Continental e, por fim, caracterizam-se, quanto à sua natureza geológica, os materiais em estudo.

2.2. Península Ibérica – Unidades Estruturais Fundamentais

Em termos estruturais pode dividir-se a Península Ibérica, segundo Teixeira (Teixeira, 1981), em quatro unidades fundamentais:

- Maciço Hespérico;
- Depressões terciárias e periféricas;
- Cordilheiras e rebordos alpinos;
- Alinhamentos montanhosos principais.

O Maciço Hespérico, designação proposta por E. Hernadez Pacheco (Pacheco, 1931, ref. por Teixeira, 1981), forma o núcleo rígido da Península Ibérica e é cons-tituído por terrenos Pré-Câmbricos e Paleozóicos (Quadro 2.1), frequentemente recobertos por depósitos mais modernos e intruído ainda por diversas rochas eruptivas.

Em função da Paleogeografia, do estilo tectónico, do magmatismo e do metamorfismo, o Maciço Hespérico foi dividido em várias zonas. A primeira divisão foi proposta por Lotze em 1945, tendo posteriormente sido modificada por Julivert (Julivert et al., 1974), donde resultou uma simplificação da primeira e que consiste nas zonas, Figura 2.1 e Figura 2.2:

- Cantábrica;
- Astúrica Ocidental Leonesa;
- Centro-Ibérica;
- Ossa-Morena;
- Sul Portuguesa.

QUADRO 2.1 – Tabela cronoestratigráfica simplificada, adap. de Fossil @, 2005

Era	Período		Época	Cronologia (MA)
Cenozóico	Holocénico			0,01
	Plistocénico			2
	Terciário	Neogénico	Pliocénico	5
			Miocénico	25
		Paleogénico	Oligocénico	38
			Eocénico	55
			Paleocénico	65
Mesozóico	Cretácico			144
	Jurássico	Malm		161
		Dogger		176
		Lias		213
	Triássico			248
Paleozóico	Pérmico			286
	Carbónico		Pensilvaniano	320
			Mississipiano	360
	Devónico			408
	Silúrico			438
	Ordovícico			505
	Câmbrico			590
Pré-Câmbrico	Proterozóico			2500
	Arqueozóico			4600

Mas a NW da zona Centro-Ibérica, dadas as suas características específicas, Julivert et al. (Julivert et al., 1974) propõem ainda uma subzona que denominam de Galiza Média – Trás-os-Montes. No entanto, na Carta Geológica de Portugal, escala 1:500000 de 1992 (Oliveira et al., 1992) este sector foi incluído na Zona Centro – Ibérica.

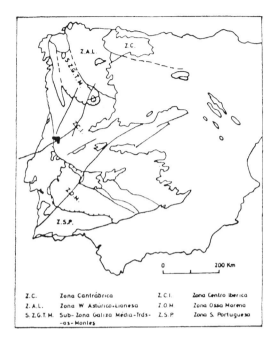

FIGURA 2.1 – Zonas tectónicas e paleogeográficas do Maciço Hespérico segundo Julivert et al., 1974 (Sequeira e Sousa, 1991)

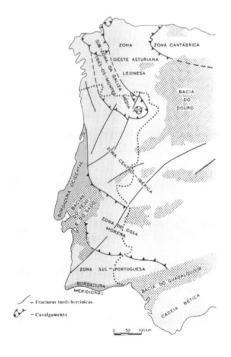

FIGURA 2.2 – Zonas tectónicas e paleogeográficas do Maciço Hespérico segundo Julivert et al. (Julivert et al., 1974) e depressões terciárias e periféricas (adapt. de IGM/INETI @, 2005)

As duas primeiras zonas, Cantábrica e Astúrica Ocidental Leonesa, encontram-se apenas em Espanha, enquanto as restantes se estendem por Portugal e Espanha.

Deste modo, em Portugal e segundo a Carta Geológica de Portugal, escala 1:500000 de 1992 (Oliveira et al., 1992) encontram-se as seguintes unidades estruturais:

- Zona Centro-Ibérica (que inclui a subzona Galiza Média – Trás-os-Montes);
- Zona de Ossa-Morena;
- Zona Sul Portuguesa;
- Depressões terciárias e periféricas
  - Orla Ocidental Portuguesa;
  - Bacias Cenozóicas do Tejo e do Sado, de Alvalade e do Guadiana;
  - Orla Meridional ou Algarvia.

Na Figura 2.3 estão identificadas estas unidades estruturais, não se evidenciando, no entanto, as Bacias Cenozóicas.

2.3. Unidades Estruturais Fundamentais em Portugal – Breve Caracterização Geológica

2.3.1. *Considerações Iniciais*

A geologia presente em cada uma das unidades estruturais referidas é bastante diferenciada, já que, tendo idades diferentes, apresentam características litológicas e estruturais também diferentes.

O Maciço Hespérico ou soco Hercínico forma, como se disse, o núcleo rígido da Península Ibérica e é constituído fundamentalmente por terrenos pré-Câmbricos e paleozóicos (Quadro 2.1). É formado, essencialmente, por rochas eruptivas e rochas metamórficas, que constituem o Complexo Xisto-Grauváquico ante-Ordovícico (Oliveira et al., 1992).

As Orlas Ocidental e Algarvia são, por sua vez, constituídas por terrenos com idades compreendidas entre o Triássico e o Quaternário (Quadro 2.1), formados por rochas sedimentares, sobretudo calcários, margas, argilas, arenitos e conglomerados, por vezes recortados por pequenas intrusões eruptivas e escoadas de lava (Oliveira et al., 1992).

As Bacias Cenozóicas do Tejo e do Sado, de Alvalade e do Guadiana são, por seu lado, constituídas por terraços, aluviões, arenitos e cascalheiras de idades mais recentes.

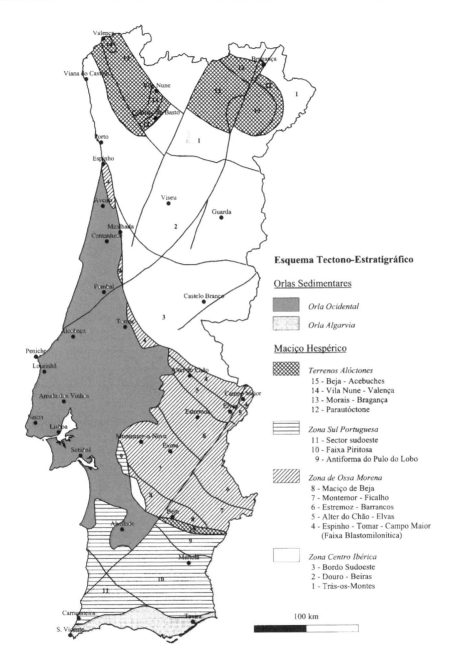

Figura 2.3 – Esquema Tectono – Estratigráfico de Portugal
(adapt. da Carta Geológica de Portugal, escala 1:500000, Oliveira et al., 1992 e Ferreira, 2000)

Na Figura 2.4 apresenta-se a carta geológica de Portugal (IGM/INETI @, 2005), na qual, se podem identificar as principais unidades litológicas a que se fará referência nos pontos seguintes.

2.3.2. *Zona Centro – Ibérica*

Do ponto de vista paleogeográfico, a zona Centro Ibérica (Figura 2.3 e Figura 2.4) é caracterizada pela discordância do quartzito armoricano sobre uma sequência de tipo "Flysch" (Pré-Câmbrico e Câmbrico Inferior?), designado por Complexo Xisto – Grauváquico ante-Ordovícico, o que implica a presença de uma fase de deformação anterior à deposição do Ordovícico, localizado por uns no fim do Cadomiano (Gama Pereira, 1987) e por outros no fim do Câmbrico (Ribeiro et al., 1979).

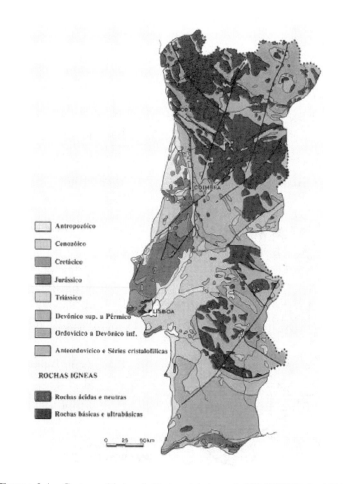

FIGURA 2.4 – Carta geológica de Portugal (adapt. de IGM/INETI @, 2005)

O metamorfismo regional é plurifásico e abarca os tipos Barroviano ou de Baixa – Pressão, que está mais intimamente ligado às fases que antecedem as intrusões dos granitóides. As relações deformação – cristalização metamórfica e magmática indicam que a subida das isogeotérmicas aconteceu também ao longo da segunda fase de deformação bem como nos seus estádios finais.

A implantação dos diversos granitos surgiu antes, durante e depois desta segunda fase, tendo dado lugar aos granitos autóctones deformados, parautóctones deformados ou alóctones praticamente não deformados (Ribeiro et al., 1979; Ferreira, 2000).

Junto às intrusões epizonais, as isogradas dispõem-se paralelamente aos contactos dos granitos, discordantes relativamente à estrutura do encaixante. Podem distinguir-se, dos granitos para o exterior, as zonas da silimanite cordierite, andaluzite cordierite e biotite, reflectindo condições de metamorfismo de contacto de muito baixa pressão (Ribeiro et al., 1979; Ferreira, 2000).

O magmatismo sinorogénico da zona Centro – Ibérica compreende sobretudo granitóides da série alcalina e da série calco-alcalina, sendo que as rochas básicas aparecem bastante subordinadas.

As características da série alcalina são a existência de plagioclases, nomeadamente albite e/ou oligoclase ácida, predominância dos tipos de duas micas, leucocratas com teor de moscovite equivalente ao de biotite e, ainda, apatite comum (Ribeiro et al., 1979; Ferreira, 2000).

Os granitos desta série têm tendência a acompanhar os períodos de deformação por compressão e podem ser subdivididos em três tipos (Ribeiro et al., 1979; Ferreira, 2000):

- Granitos gnaissicos de idade 350 ± 10 MA;
- Granitos de duas micas autóctones ligados aos migmatitos e aos granitos de anatexia e parautóctones, mais ou menos deformados e contemporâneos da segunda fase hercínica, de idade 300 ± 10 MA;
- Granitos de duas micas e com megacristais, alóctones um pouco mais tardios.

A série calco – alcalina apresenta plagioclase de composição oligoclase – andesina, biotite predominante sobre a moscovite, precursores básicos comuns e enclaves microdioríticos abundantes, carácter mosocrata, mirmequite e pertite de exsolução comuns, minerais acessórios abundantes e variados entre os quais titanite, apatite e opacos. Os membros desta série formam dois grupos bem distintos (Ribeiro et al., 1979; Ferreira, 2000):

- Granitos com megacristais e com biotite – oligoclase, deformados pela segunda fase hercínica e de idade 320 ± 10 MA;
- granitos pós – tectónicos em maciços circunscritos, de idade 280 ± 10 MA, onde se podem distinguir, do mais antigo ao mais recente, os seguintes sub – tipos:
  – Granitos calco – alcalinos a alcalinos, de grão médio a fino, de duas micas, por vezes com megacristais;
  – Granitos calco – alcalinos com megacristais, de grão grosseiro e com biotite.

A implantação de granitos pós – tectónicos surge associada a diferentes processos, entre eles, incorporação a grande escala do encaixante, subsidência e injecção forçada durante o período de fracturação tardi – hercínica que controlou a sua instalação.

2.3.3. *Zona de Ossa-Morena*

Na zona de Ossa-Morena (Figura 2.3 e Figura 2.4) a sequência começa por um Pré – câmbrico polimetamórfico, seguido por um Pré – câmbrico superior, recoberto pelo conglomerado de base do Câmbrico que apresenta fácies de plataforma, Câmbrico inferior (Quadro 2.1), seguido de uma espessa sequência pelito – quartzítica com intercalações de espilitos (Ribeiro et al., 1979; Ferreira, 2000).

O Ordovícico apresenta-se com uma fácies pelítica de água mais profunda que o quartzito armoricano e o Silúrico é rico em rochas vulcânicas ácidas e ásicas.

O Devónico inferior e médio com fácies de plataforma está separado do "Flysch" do Devónico superior por uma importante discordância que denuncia a primeira fase de deformação hercínica.

Do ponto do vista tectónico é de salientar a presença da Faixa Blastomilonítica de Córdoba – Badajoz – Portalegre – Abrantes, de orientação NW-SE. Esta faixa é limitada por cisalhamentos abruptos onde se encontram intrusões de granitos e de sienitos calco – alcalinos e peralcalinos pertencentes ao Ordovícico superior e separa domínios com inclinações opostas e da primeira fase de deformação hercínica (Ribeiro et al., 1979; Ferreira, 2000).

A norte de Abrantes as estruturas da zona de Ossa-Morena têm praticamente uma orientação N-S, no bordo ocidental do Maciço Hespérico, prolongando-se até Espinho, formando uma estreita faixa entre a zona Centro Ibérica a Este e a cobertura meso – cenozóica a Oeste (Ribeiro et al., 1979; Ferreira, 2000).

O metamorfismo regional restringe-se a duas cinturas, a cintura NE que se orienta sobre a Faixa Blastomilonítica Córdoba-Abrantes e o seu prolongamento para norte. O metamorfismo é do tipo Barroviano, incluindo isogradas entre a da almandina e a da silimanite, onde se verifica metamorfismo retrógrado nas zonas da clorite e da biotite.

As estruturas blastomiloníticas foram produzidas nas rochas de elevado grau de metamorfismo. Neste polimetamorfismo não se conseguem separar os eventos pré – câmbricos dos hercínicos, no entanto, pode afirmar-se que a deformação e o metamorfismo regional hercínicos aumentam paralelamente às estruturas na direcção NW (Ribeiro et al., 1979; Ferreira, 2000).

A cintura SW corresponde a um alinhamento de plumas térmicas (Aracena, Serpa) e alarga-se em direcção a NW (Maciço de Évora – Beja). O metamorfismo é do tipo de baixa pressão com isogradas entre a zona da clorite e da silimanite, com migmatização por vezes abundante nesta última. As relações cristalização – deformação indicam que o pico do metamorfismo foi atingido depois da segunda fase hercínica (Ribeiro et al., 1979; Ferreira, 2000).

O magmatismo sinorogénico da zona de Ossa-Morena apresenta algumas características muito particulares. A NE existe um domínio de transição com a zona Centro Ibérica, onde se encontram granitóides que se integram no esquema estabelecido para esta zona. No Maciço de Évora encontram-se granitóides de duas micas, de origem palingenética que se assemelham à série alcalina do norte e centro da Península. Mais para SW a produção de intrusões básicas aumenta consideravelmente, podendo distinguir-se vários tipos de quimismo predominante calco – alcalino (Ribeiro et al., 1979; Ferreira, 2000):

- Intrusões lopolíticas de noritos e gabros com hiperstena em Campo Maior, e um complexo de gabros e dioritos estratificado com leitos de serpentinitos e anortositos intercalados e zonas de cisalhamento que traduzem a segunda fase hercínica na região de Beja;
- Complexo subvulcânico com textura porfirítica dominante e de composição muito variada, tal como dioritos, quartzodioritos, gabros, microgranitos e granofiros, na região a NW de Beja. Aqui a segunda fase hercínica traduz-se pela existência de zonas de cisalhamento de carácter semi-frágil;
- Intrusões de gabro – dioritos, granodioritos, tonalitos e mais raramente de granitos, todos posteriores à segunda fase de deformação.

O contacto entre as zonas de Ossa-Morena e Sul Portuguesa dá-se por intermédio de um cavalgamento que mergulha fortemente na direcção NE (Figura 2.1 e Figura 2.2). Encontram-se aí flasergabros e serpentinitos sin-metamórficos sugerindo que se trata de uma falha que atravessa toda a crosta. Com a aproximação ao cavalgamento, as rochas vão-se transformando em protomilonitos, blastomilonitos e pseudotaquilitos, numa faixa com uma largura que pode atingir 1 km mostrando uma rede, cada vez mais densa, de zonas de cisalhamento subparalelas ao acidente principal (Ribeiro et al., 1979; Ferreira, 2000).

2.3.4. *Zona Sul Portuguesa*

Na zona Sul Portuguesa (Figura 2.3 e Figura 2.4), as rochas de idade Devónico superior são as mais antigas (Quadro 2.1). Na parte NE da Faixa Piritosa apresenta um vulcanismo ácido e máfico muito importante, de idade Tournaciano e Viseano inferior, a que se segue o "Culm". Seguindo para SW, as séries são mais reduzidas, apresentando fácies de plataforma do Fameniano e Namuriano, ao que se segue um "Flysch" Vestefaliano A (Ribeiro et al., 1979; Ferreira, 2000).

Sob o ponto de vista tectónico, a Faixa Piritosa constitui um complexo imbricado e tombado para SW. Em geral, a estrutura imbricada deve-se a falhas inversas abruptas, posteriores à clivagem principal, que mergulha fortemente para NE. As características desta zona podem ser explicadas por um modelo que reflicta um processo contínuo desde a sedimentação até à deformação fracturante de rochas endurecidas, passando por deslizamentos e deformação de rochas não consolidadas, sinsedimentares (Ribeiro et al., 1979; Ferreira, 2000).

O tipo de metamorfismo regional varia consoante o sector da zona Sul Portuguesa. A NE encontra-se a fácies dos xistos verdes, zona da clorite. Na Faixa Piritosa encontram-se paragéneses de fácies prenite – pumpelite, bem definidas nas rochas básicas e intermédias. Os minerais desenvolvem-se durante e após o início da clivagem xistosa primária e são deformados pela crenulação da segunda fase (Ribeiro et al., 1979; Ferreira, 2000).

Comparando, sob o ponto de vista paleogeográfico e tectónico, as zonas de Ossa-Morena e Sul Portuguesa, verifica-se que a idade do "Flysch" é cada vez mais recente quando se caminha para SW, o mesmo acontecendo com a deformação principal. Esta migração para SW da orogenia hercínica é simétrica da migração para NE que se verifica no ramo setentrional da cadeia (Ribeiro et al., 1979; Ferreira, 2000).

2.3.5. *Orla Ocidental*

Durante o Mesozóico instalou-se na Orla Ocidental (Figura 2.3 e Figura 2.4) um fosso alongado com direcção NNE-SSW e onde os sedimentos apresentam uma espessura máxima.

As contribuições de materiais fizeram-se a partir do Maciço Hespérico, situado a Este, e de uma área continental, situada a Oeste, da qual apenas resta o arquipélago das Berlengas. Este fosso apresenta nas suas margens sedimentação nerítica, seguindo-se uma sedimentação recifal de espessura reduzida, 500 a 1000 m, apresentando no eixo fácies mais espessas, por vezes pelágicas (Ribeiro et al., 1979; Ferreira, 2000).

O estilo tectónico da Orla Ocidental caracteriza-se pela presença de famílias de falhas de direcções variáveis, que em grande parte correspondem ao rejogo pós--hercínico da rede de fracturas tardi-hercínicas. Ao longo destes acidentes, a cobertura está fortemente deformada com dobras e falhas que delimitam os blocos, no interior dos quais a cobertura mantém um estilo sub-tabular. As principais direcções de fracturação são (Ribeiro et al., 1979; Ferreira, 2000):

- N-S, correspondente a deslocações submeridianas na margem Oeste do Maciço Hespérico (falha de Coimbra);
- ENE-WSW, correspondente aos acidentes de direcção bética, Lousã – Pombal – Nazaré, Serra d'Aire – Serra de Montejunto e Serra d'Arrábida, de idade miocénica superior;
- NNE-SSW, que é a direcção predominante dos acidentes de tipo diapírico (diapiros de Leiria, Matacães e Sesimbra) de idade provável entre o Dogger e o Miocénico;

- NW-SE, que é a orientação da fracturação secundária no interior dos blocos limitados pelos acidentes maiores;
- NNW-SSE, direcção do alinhamento dos maciços anulares subvulcânicos de Sintra, Sines e Monchique.

2.3.6. *Orla Meridional ou Algarvia*

Na Orla Algarvia (Figura 2.3 e Figura 2.4), a paleogeografia é dominada pela existência de um talude de direcção ENE-WSW, fazendo com que as séries sejam mais espessas e de fácies mais profundas para Sul.

Sob o ponto de vista estrutural, podem distinguir-se duas zonas principais com flexuras. Uma de direcção ENE-WSW, Sagres – Algoz – Vila Real, e outra de direcção E-W, Albufeira – Guilhim – Luz de Tavira. A norte da primeira, a cobertura é sub-tabular e não apresenta complexo evaporítico. Entre as duas encontra-se uma faixa de terrenos moderadamente dobrados, com os anticlinais inclinados para Sul, por vezes com cavalgamento (Ribeiro et al., 1979; Ferreira, 2000).

O complexo evaporítico é injectado nos acidentes principais, como em Albufeira, aflorando também nalguns nós anticlinais diapíricos (Loulé). Deverá também preencher várias estruturas detectadas por anomalias negativas de Bouguer.

A flexura da Carrapateira, de direcção NNE-SSW, é acompanhada de actividade vulcânica básica de idade kimeridgiana e o cortejo filoniano da zona litoral mostra uma disposição radial que é uma característica das flexuras em regime de distensão (Ribeiro et al., 1979; Ferreira, 2000).

A actividade tectónica ocorreu após o Cretácico inferior e médio, que se apresenta dobrado e basculado, sobretudo ao longo das linhas de flexura principais. O Miocénico apresenta-se praticamente tabular e assenta no substrato por intermédio de uma grande discordância angular, diapiro de Albufeira, no entanto, ao longo das flexuras principais verifica-se que também esta unidade está tectonicamente afectada (Ribeiro et al., 1979; Ferreira, 2000).

A estrutura geral do Algarve, que se traduz no geral por um monoclinal simples que mergulha para Sul, foi explicada pela separação da cobertura sobre o complexo evaporítico e seu deslizamento por gravidade para Sul, deslizamento esse responsável pelo encurtamento dessa mesma cobertura.

A existência de um sistema de falhas inversas mergulhando para N deverá ser explicado pela proximidade do limite das placas europeia e africana durante o Neogénico e o Holocénico.

2.3.7. *Bacias Cenozóicas do Tejo – Sado, de Alvalade e do Guadiana*

Os depósitos das Bacias do Baixo Tejo e do Sado (Figura 2.3 e Figura 2.4) são compostos essencialmente por séries detríticas continentais de idade, paleogénico-

-neogénica e neogénica, respectivamente, com intercalações marinhas e salobras correspondentes aos máximos das transgressões do Miocénico (Quadro 2.1), podendo atingir espessuras de 1400 metros.

Na margem Este estas séries estão depositadas directamente sobre o soco, enquanto que mais para Oeste aparecem sobre as formações do Mesozóico da Orla Ocidental (Ribeiro et al., 1979; Ferreira, 2000).

A estrutura da bacia, bastante simples, apresenta sempre camadas sub – horizontais e as margens coincidem com falhas normais, produto da subsidência da bacia, excepto na margem NW da bacia do Tejo, ao longo da qual a cobertura mesozóica da Orla Ocidental cavalga o Cenozóico da bacia (Ribeiro et al., 1979; Ferreira, 2000).

A Bacia do Baixo Tejo é um fosso alongado e que aumenta de profundidade de NE para SW. Dos dois lados do fosso verifica-se que os sedimentos se estendem alguns quilómetros para lá das falhas marginais da bacia, embora com uma espessura muito mais reduzida que no eixo da mesma.

A bacia do Sado surge como um fosso alongado de NW para SE, na qual a margem SE corresponde a um semi-graben e as camadas mergulham na direcção da Falha da Messejana. Com o recurso à gravimetria foi possível identificar outros acidentes com direcção NW-SE.

Podem encontrar-se a recobrir o Maciço Hespérico diversas bacias com sedimentos cujas idades vão desde o Cretácico superior até ao Holocénico, embora com extensões e espessuras pequenas. As principais encontram-se nos limites NW e SE da Cordilheira Central, tendo funcionado como bacias de subsidência associadas à elevação daquela cordilheira.

Existem, ainda, bacias de dimensões mais reduzidas que correspondem a grabens ou semi-grabens sobre os grandes acidentes tardi-hercínicos (Ribeiro et al., 1979; Ferreira, 2000).

2.4. Materiais Utilizados. Caracterização Geológica

Os materiais a estudar no presente trabalho, calcários da zona de Pombal (Serra de Sicó) e granitos das zonas de Celorico da Beira e Braga (Figura 2.5), afloram, respectivamente, na Orla Ocidental Portuguesa e no Maciço Hespérico, e neste, mais concretamente na Zona Centro – Ibérica.

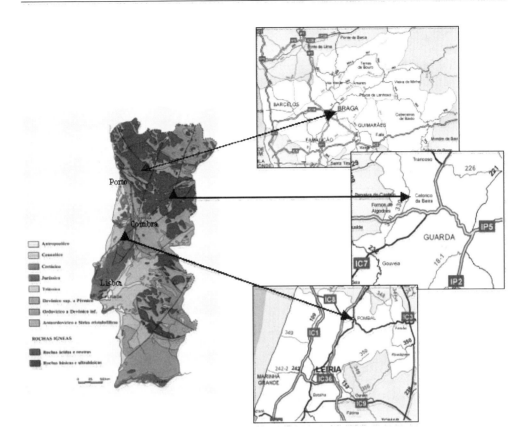

FIGURA 2.5 – Carta geológica de Portugal (adapt. de IGM/INETI @, 2005)
e localização dos locais de recolha dos três materiais

Deste modo, vai fazer-se uma apresentação mais pormenorizada da geologia daqueles locais e, portanto, dos materiais utilizados.

As rochas intrusivas da zona de Celorico da Beira, de acordo com a Carta Geológica de Portugal, escala 1:500000 de 1992 (Oliveira et al., 1992), são granitóides relacionados com cisalhamentos dúcteis, tardi a pós-tectónicos da série tardia, denominados granitos monzoníticos porfiróides.

As rochas intrusivas da zona de Braga, de acordo com a Carta Geológica de Portugal, escala 1:500000 de 1992 (Oliveira et al., 1992), são também granitóides relacionados com cisalhamentos dúcteis, sintectónicos com F3, da série intermédia, denominados granitos e granodioritos porfiróides.

Por fim, os calcários da zona de Pombal, Serra de Sicó, são denominados na Carta Geológica de Portugal, escala 1:500000 de 1992 (Oliveira et al., 1992), como calcários de Sicó pertencentes ao Jurássico.

De acordo com Manuppella e Moreira (Manuppella, G.; Moreira, J. C. B., 1975), estes calcários fazem parte da Mancha de Condeixa – Serra de Sicó – Alvaiázere – Tomar; são calcários do Jurássico, identificados com o n.º 3 na Figura 2.6. De acordo com aqueles autores, esta mancha é constituída por um mais acentuado desenvolvimento dos calcários do Lias e do Dogger (Quadro 2.1), aparecendo as formações calcárias do Malm apenas a sul de Pombal.

As séries mais importantes que afloram naquela faixa apresentam a sequência litoestatigráfica indicada no Quadro 2.2 (Manuppella, G. e Moreira, J. C. B. 1975).

QUADRO 2.2 – Sequência litoestatigráfica da Mancha de Condeixa – Serra de Sicó – Alvaiázere – Tomar, de calcários do Jurássico

Período		Espessura (m)	Constituição (do topo para a base)
Malm		≈ 700	- Argilas vermelhas e acinzentadas, com intercalações de grés finos; - Sedimentos margo-gresosos, com intercalações calcárias na sua zona superior; - Calcários compactos com intercalações margo-argilosas na zona média inferior.
Dogger		≈ 450	- Predominantemente calcário, é constituído por calcários compactos e duros, calciclásticos, oolíticos e microcristalinos; - Na passagem do Batoniano ao Bajociano dá-se uma variação das fácies litológicas, em sentido margoso, aumentando a predominância dos calcários margosos para a base, sendo esta uma característica dominante do Lias
Lias	Entre Condeixa e sul do Rabaçal	≈ 300	- É constituído por uma litologia calco-margosa, com excepção da base, essencialmente dolomítica;
	Área de Tomar	≈150	- Apresenta-se calco-margoso até ao Carixiano e dolomítico na restante série até à base do Sinemuriano.

Breve introdução à geologia de Portugal

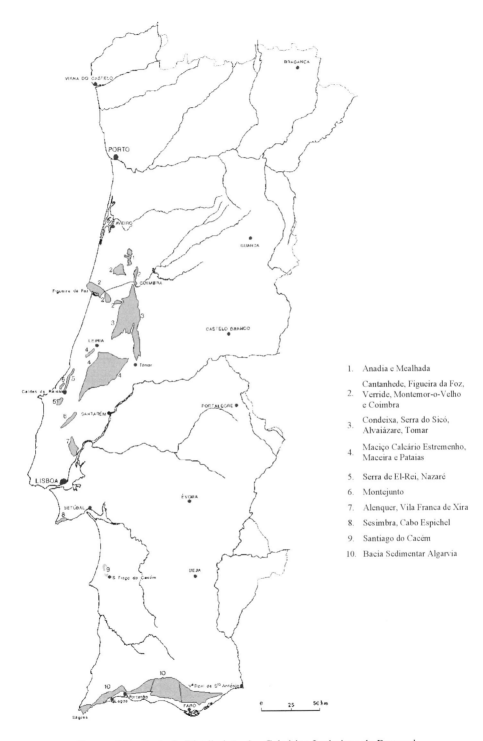

FIGURA 2.6 – Carta da Distribuição dos Calcários Jurássicos de Portugal
(adapt. de Manuppella, G.; Moreira, J. C. B., 1975)

2.5. Referências Bibliográficas

FERREIRA, A. M. (2000). "Dados Geoquímicos de Base de Sedimentos Fluviais de Amostragem de Baixa Densidade de Portugal Continental: Estudo de Factores de Variação Regional". Tese de Doutoramento, Departamento de Geociências, Universidade de Aveiro, Aveiro.

Fossil @ (2005). http://fossil.uc.pt/pags/escala.dwt. Fossil, Universidade de Coimbra, Coimbra.

GAMA PEREIRA, L. C. (1987): "Tipologia e evolução da sutura entre a ZCI e a ZOM no sector entre Alvaiázere e Figueiró dos Vinhos (Portugal Central)". Tese de Doutoramento, Universidade de Coimbra.

IGM/INETI @ (2005). http://www.igm.ineti.pt/almanaque/rochas_orn/historia.htm. Instituto Geológico e Mineiro/Instituto Nacional de Engenharia, Tecnologia e Inovação, I.P. (página Internet oficial), Lisboa.

JULIBERT, M.; FONTBOTE, J. M.; RIBEIRO, A.; CONDE, L. (1974). "Mapa Tectonico de la Península Ibérica y Baleares". Instituto Geologico y Minero de Espña, Servicio de Publicaciones Ministerio de Industria.

LUZIA, R. C. (1998). "Fundação de Pavimentos Rodoviários. Estudo da Utilização de Materiais Xisto – Grauváquicos". Dissertação de Mestrado, Departamento de Engenharia Civil da F. C.T. da Universidade de Coimbra, Coimbra.

MANUPPELLA, G. E MOREIRA, J. C. B. (1975). "Panorama dos Calcários Jurássicos Portugueses." Comunicação apresentada ao II Congresso Ibero-Americano de Geologia Económica. Buenos Aires, Argentina. Versão *Online* no site do IGM (http://www.igm.pt/edicoes_online/diversos/artigos/calcarios_jurassico.htm).

MEDINA, J. M. P. G. (1996). "Contribuição para o conhecimento da geologia do Grupo das Beiras (CXG) na Região do Caramulo-Buçaco (Portugal Central)". Tese de Doutoramento, Departamento de Geociências, Univ. de Aveiro.

OLIVEIRA, J. T.; PEREIRA, E.; RAMALHO, M.; ANTUNES, M. T.; MONTEIRO, J. H. (1992). "Carta Geológica de Portugal, escala 1/500000". Serviços Geológicos de Portugal (actualmente IGM/INETI), 5ª edição, Lisboa.

RIBEIRO, A.; ANTUNES, M. T.; FERREIRA, M. P.; ROCHA, R. B.; SOARES, A. F.; ZBYSZEWSKI, G.; MOITINHO DE ALMEIDA, F.; DE CARVALHO, D. E MONTEIRO, J. H. (1979). "Introduction à la Géologie Général du Portugal", Serviços geológicos de Portugal, Lisboa.

SEQUEIRA, A. J. D.; SOUSA, M. B. (1991): "O Grupo das Beiras (Complexo Xisto-Grauváquico) da região de Coimbra – Lousã". Memórias e Notícias, Publ. Mus. Mineral. Geol., Univ. de Coimbra, 112, pp. 1-13.

TEIXEIRA, C. (1981). "Geologia de Portugal". Fundação Calouste Gulbenkian, Vol. 1 – Precâmbrico, Paleozóico; Lisboa.

UAF @ (2005). http://www.uaf.edu/geology/reference/geo_time.html. University of Alaska Fairbanks (página internet oficial), Alaska, USA.

3. CONSIDERAÇÕES SOBRE O COMPORTAMENTO MECÂNICO DE AGREGADOS

3.1. Considerações Iniciais

As camadas granulares não tratadas, sub-base e/ou base, têm um papel relevante no comportamento estrutural de pavimentos flexíveis.

O estado de tensão induzido pela passagem dos veículos, carga rolante, em qualquer ponto do pavimento, é extremamente complexo. Na Figura 3.1 (Lekarp et al., 2000a) pode ver-se a variação do estado de tensão num elemento provocada pela passagem de um pneu, carga rolante, no pavimento. Nesta situação, o elemento é submetido a três tipos de tensões:

- Tensão vertical, $\sigma_1 = \sigma_v$
- Tensão horizontal, $\sigma_3 = \sigma_h$
- Tensão tangencial, τ

As tensões tangenciais são nulas quando a carga se situa na vertical do elemento e, nessa situação, as tensões verticais, σ_v, e horizontais, σ_h, são as tensões principais. Nas restantes posições da carga o estado de tensão é mais complexo, envolvendo a rotação das tensões principais.

A resposta das camadas granulares de pavimentos, ao carregamento repetido provocado pelo tráfego, é bem caracterizada por uma deformação recuperável (resiliente) e por uma deformação residual (permanente), como se mostra na Figura 3.2, sendo que, após um elevado número de ciclos de carga-descarga e não havendo rotura estrutural, a deformação em cada ciclo passa a ser totalmente recuperada, pelo que o material passa a ter um comportamento resiliente e o módulo secante é igual ao módulo resiliente, Figura 3.3.

A deformação resiliente é importante do ponto de vista da capacidade resistente imediata do pavimento, enquanto a deformação permanente caracteriza o comportamento do pavimento a longo prazo (Lekarp et al., 2000b).

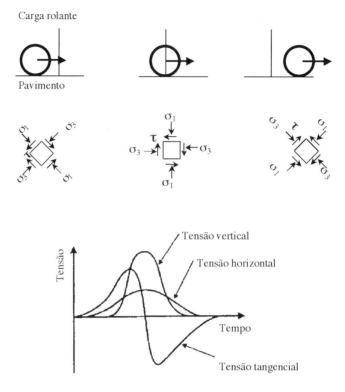

FIGURA 3.1 – Solicitações induzidas no pavimento pela passagem de uma carga rolante e consequente rotação das tensões principais (adap. Lekarp et al., 2000a)

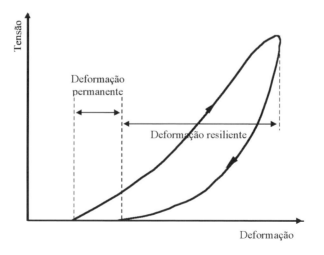

FIGURA 3.2 – Deformação sofrida pelos materiais granulares durante a aplicação de um ciclo de carga-descarga (adap. Lekarp et al., 2000a)

Ainda assim, a verdadeira natureza do mecanismo de deformação dos agregados quando colocados em camadas granulares não tratadas não é, ainda, totalmente dominado. *Luong* refere (Luong, 1982, ref. por Lekarp et al., 2000a) que a deformação de materiais granulares quando sujeitos a uma dada carga é o resultado de três mecanismos: consolidação, distorção e atrito.

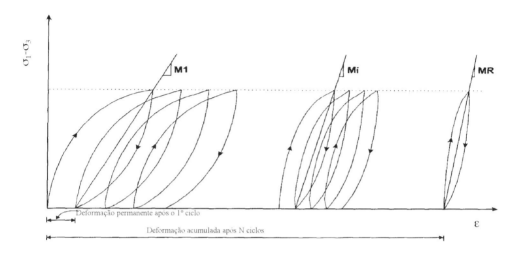

FIGURA 3.3 – Evolução da deformação de um material granular com o número de ciclos (adapt. IMT, 2001)

Ao longo dos anos muitos outros investigadores se dedicaram ao estudo do comportamento mecânico dos materiais granulares, recorrendo quer a ensaios de laboratório quer a ensaios *in situ*.

A partir daqueles trabalhos, chegaram a algumas conclusões tanto no que diz respeito aos factores com influência no comportamento mecânico dos materiais granulares não ligados como relativamente ao modo como se comportam quando sujeitos a determinadas condições, tendo, deste modo, sido apresentados vários modelos de comportamento.

Nos pontos seguintes faz-se uma breve apresentação dos factores que afectam o comportamento mecânico dos agregados não ligados bem como de alguns dos referidos modelos de comportamento, o que se baseia, essencialmente, em duas publicações de *Lekarp et al.* (Lekarp et al., 2000a e Lekarp et al., 2000b), já que as mesmas apresentam uma extensa compilação do estado da arte no que respeita ao comportamento mecânico dos materiais granulares não tratados.

Ao longo deste capítulo bem como em todo o trabalho, usam-se as definições apresentadas no Quadro 3.1.

QUADRO 3.1 – Definições usadas ao longo do trabalho

Grandeza	Símbolo	Definição
Tensão axial	σ_1	Tensão axial aplicada sobre um provete, ou seja, tensão principal máxima
Tensão axial máxima	$\sigma_{máx}$	Tensão axial total aplicada a um provete durante o ensaio triaxial cíclico (norma AASHTO TP 46) incluindo a tensão de contacto e a tensão axial cíclica ($\sigma_{máx} = \sigma_{cíclica} + \sigma_{contacto} = \sigma_1 - \sigma_3 + \sigma_{contacto}$)
Tensão axial cíclica (Tensão deviatória no ensaio triaxial cíclico)	$\sigma_{cíclica} = \sigma_{máx} - \sigma_{contacto}$ $\sigma_{cíclica} = \sigma_1 - \sigma_3$	Tensão cíclica aplicada a um provete durante o ensaio triaxial cíclico (norma AASHTO TP 46)
Tensão de confinamento	σ_3	Tensão radial total (σ_h), ou seja, tensão principal mínima; no ensaio triaxial cíclico (norma AASHTO TP 46) é a tensão aplicada na câmara triaxial
Tensão deviatória	$q = \sigma_d = \sigma_1 - \sigma_3$	Tensão axial aplicada sobre um provete subtraída da tensão de confinamento; no ensaio triaxial cíclico (norma AASHTO TP 46) é a tensão axial cíclica
Primeiro invariante do tensor das tensões	$\theta = \sigma_1 + \sigma_2 + \sigma_3$	Soma das tensões principais máxima (σ_1), mínima (σ_3) e intermédia (σ_2)
Tensão normal média	$p = 1/3\,(\sigma_1 + \sigma_2 + \sigma_3)$	Tensão relativa a 1/3 do primeiro invariante do tensor das tensões se $\sigma_2 = \sigma_3$ (caso dos ensaios triaxiais), então $p = 1/3\,(\sigma_1 + 2\sigma_3)$
Extensão vertical	$\varepsilon_p = e_{nr}/L$	Redução de altura não recuperada (e_{nr}), em relação à altura inicial (L), sofrida por um provete durante o ensaio triaxial cíclico
Deformação Permanente		Assentamento verificado à superfície de um pavimento devido à deformação de uma (ou mais) das suas camadas

3.2. Factores com Influência no Comportamento Mecânico dos Pavimentos

3.2.1. *Comportamento Resiliente*

Introdução

Desde os anos 60 do século XX que vários esforços têm sido feitos a nível da investigação com vista à caracterização do comportamento resiliente dos materiais granulares. Sabe-se que as camadas granulares não ligadas de pavimentos apresentam uma resposta não linear e elasto-plástica à passagem do tráfego.

Dos vários estudos realizados (Lekarp et al., 2000a) parece poder concluir-se que o comportamento resiliente dos materiais granulares não tratados é afectado, embora com diferentes graus de importância, por vários factores, os quais se apresentam nos pontos seguintes.

Estado de Tensão

Os trabalhos de investigação levados a cabo por diferentes autores e desde os mais antigos, realizados nos anos 60 do século XX, até aos mais recentes, por exemplo os realizados por *Kolisoja* (Kolisoja, 1997, ref. por Lekarp et al., 2000a), mostram que o nível de tensão é o factor com maior impacto nas propriedades resilientes dos materiais granulares.

Vários estudos realizados entre os anos 60 e os anos 90 do século XX, entre eles *Monismith* (Monismith et al 1967, ref. por Lekarp et al., 2000a), *Hicks* (Hicks, 1970, ref. por Lekarp et al., 2000a), *Uzan* (Uzan, 1985, ref. por Lekarp et al., 2000a) e *Sweere* (Sweere, 1990, ref. por Lekarp et al., 2000a), mostraram que o módulo resiliente tem um muito elevado grau de dependência da tensão de confinamento e do primeiro invariante do tensor das tensões.

Destes estudos concluiu-se que o módulo resiliente dos materiais granulares aumentava significativamente com aumento da tensão de confinamento e com o primeiro invariante do tensor das tensões.

Uma destas situações foi apresentada por *Monismith* (Monismith et al. 1967, ref. por Lekarp et al., 2000a) em que foi obtido um aumento de cerca de 50% no módulo resiliente quando a tensão de confinamento foi aumentada de 70 kPa para 140 kPa.

Em alguns outros estudos foi comparada a influência da tensão de confinamento e da tensão deviatória no valor do módulo resiliente, tendo-se concluído que a tensão deviatória tem uma muito menor influência do que a tensão de confinamento (Lekarp et al., 2000a).

Ainda a partir de alguns dos estudos realizados com materiais granulares, foi concluído que o estado de tensão aplicado teria também influência no coeficiente de *Poisson*. Nomeadamente dos estudos realizados por *Hicks* (Hicks, 1970, ref. por Lekarp et al., 2000a) e *Kolisoja* (Kolisoja, 1997, ref. por Lekarp et al., 2000a), entre outros, foi concluído que o coeficiente de *Poisson* dos materiais granulares não tratados aumentava com o aumento da tensão deviatória e com a diminuição da tensão de confinamento.

Compacidade

É sabido que a resposta de um material granular a uma carga estática é função do seu estado de compacidade, ou seja, quanto maior o grau de compactação, mais resistente será o material e, por consequência, melhor será a sua resposta a uma força estática.

Uma das questões que se tem levantado é saber se o material responde do mesmo modo a uma força dinâmica, cíclica, como é o caso das solicitações do tráfego nos pavimentos.

De vários estudos realizados (Hicks, 1970; Rada e Witczak, 1981; Kolisoja, 1997, ref. por Lekarp et al., 2000a) parece ter sido concluído que e de um modo geral, o módulo resiliente aumenta com o aumento da compacidade do material.

No entanto, com o evoluir da investigação vai-se chegando a outras conclusões, umas concordantes com aquela constatação genérica outras fazendo depender aquele facto de outros factores. Assim, *Lekarp* (Lekarp et al., 2000a) refere, como conclusões de diferentes autores:

- Em ensaios de cargas repetidas realizados sobre uma areia uniforme, para pequenas cargas, concluiu-se que o módulo resiliente aumenta cerca de 50%

quando se utilizam provetes pouco densos e provetes compactados, respectivamente;
- O efeito da compacidade no módulo resiliente é mais importante em agregados parcialmente britados do que em agregados 100% britados;
- O efeito da variação da compacidade no módulo resiliente diminui consoante a percentagem de finos no agregado aumenta;
- O módulo resiliente aumenta significativamente com o aumento da compacidade apenas para valores baixos da tensão normal média. Para estados de tensão elevados, o efeito do grau de compactação parece ser menos importante;
- Para valores de peso específico próximo do valor óptimo o módulo resiliente não é muito sensível à compacidade ou grau de compactação do material.

À semelhança do que se passa com o estado de tensão, alguns estudos levaram a concluir que a compacidade também tem influência no coeficiente de *Poisson*. Alguns autores (Hicks, 1970; Allen, 1973 e Allen e Thompson, 1974, ref. por Lekarp et al., 2000a) referem que essa influência é pequena, não apresentando uma variação consistente, enquanto outros (Hicks e Monismith, 1971 e Kolisoja, 1997, ref. por Lekarp et al., 2000a) concluem que o coeficiente de *Poisson* diminui ligeiramente com o aumento da compacidade do material.

Granulometria, Percentagem de Finos e Máxima Dimensão do Agregado
Sendo os agregados britados de granulometria extensa compostos por partículas de diferentes dimensões, um dos aspectos que tem sido objecto de estudo é a influência da dimensão das partículas no módulo resiliente. Assim e apesar de se continuar a desenvolver trabalho com vista à clarificação deste aspecto, pensa-se que, de facto, a dimensão das partículas tem influência no módulo resiliente (Lekarp et al., 2000a).

No que diz respeito à percentagem de finos do agregado, alguns autores (Thom and Browm, 1987; Kamal et al., 1993, ref por Lekarp et al., 2000a) têm referido que, de um modo geral, o módulo resiliente diminui com o aumento da percentagem de finos. No entanto, *Hicks* e *Monismith* (Hicks e Monismith, 1971, ref. por Lekarp et al., 2000a) e para materiais britados, observaram alguma redução no módulo resiliente com o aumento da percentagem de finos, verificando-se o efeito oposto quando a junção de finos se fazia em agregados 100% britados.

Noutro sentido, para agregados com a mesma percentagem de finos e com distribuição granulométrica semelhante, verificou-se que o módulo resiliente aumentava quando se aumentava a dimensão máxima das partículas (Gray, 1962; Thom, 1988; Kolisoja, 1997, ref. por Lekarp et al., 2000a). Esta resposta do material foi explicada por *Kolisoja* (Kolisoja, 1997, ref. por Lekarp et al., 2000a) como sendo devida ao facto de a maior parte da carga aplicada num material granular ser trans-mitida pelos contactos entre partículas. Quando a carga é transmitida por partículas mais grosseiras o menor número de contactos entre partículas resulta numa menor deformação e por consequência, numa maior rigidez do material.

No que diz respeito à distribuição granulométrica do agregado, pensa-se que terá alguma influência no módulo resiliente, no entanto, é geralmente considerada como de menor importância (Lekarp et al., 2000a).

Hicks (Hicks, 1970, ref. por Lekarp et al., 2000a) estudou a influência da percentagem de finos no coeficiente de *Poisson*, tendo concluído que e de um modo geral, o aumento da percentagem de finos leva à diminuição do mesmo.

Por outro lado, *Kolisoja* (Kolisoja, 1997, ref. por Lekarp et al., 2000a) verificou alguma influência da distribuição granulométrica no coeficiente de *Poisson*, sendo este um pouco maior para os materiais mais finos do que para os materiais mais grosseiros.

Teor em Água

Dos vários estudos realizados concluiu-se que, em muitos materiais granulares não tratados o teor em água afecta a resposta resiliente do material, quer em laboratório quer *in situ*. É, de um modo geral, aceite (Smith e Nair, 1973; Vuong, 1992, ref. por Lekarp et al., 2000a) que a resposta resiliente de materiais secos ou parcialmente saturados é semelhante, sendo aquela resposta bastante afectada quando o material se encontra próximo da saturação.

Segundo alguns autores (Hicks e Monismith, 1971; Barksdale e Itani, 1989; Dawson et al., ref. por Lekarp et al., 2000a) que estudaram o comportamento dos materiais granulares para elevados teores em água, o módulo resiliente é muito dependente do teor em água do material, diminuindo com o aumento daquele.

O teor em água parece também ter influência no coeficiente de *Poisson* do material, já que alguns autores (Hicks, 1970; Hicks e Monismith, 1971; ref. por Lekarp et al., 2000a) referem que o coeficiente de *Poisson* diminui quando o teor em água aumenta.

História de Tensões e Número de Ciclos de Carga-Descarga

Alguns estudos indicaram que a história de tensões do material poderia ter algum efeito no seu comportamento resiliente, sendo, no entanto, possível ultrapassar a situação aplicando um pré-carregamento e evitando aplicar tensões muito elevadas durante o ensaio (Boyce et al., 1976; Hicks, 1970, ref. por Lekarp et al., 2000a).

Outro aspecto analisado em alguns estudos, foi o efeito do número de ciclos de carga-descarga no módulo resiliente dos materiais granulares não tratados, não sendo, no entanto, concordantes as conclusões dos diferentes estudos.

Moore (Moore et al., 1970, ref. por Lekarp et al., 2000a) concluiu que o módulo resiliente aumenta com o aumento do número de ciclos, o que se deve, em parte, à diminuição do teor em água ao longo do ensaio. Por seu lado, *Hicks* e *Allen e Thompson* (Hicks, 1970; Allen e Thompson, 1974, ref. por Lekarp et al., 2000a) verificaram que as propriedades resilientes do material após 50-100 ciclos e após 25000 ciclos eram, basicamente, as mesmas.

Tipo de Agregado e Forma das Partículas

De um modo geral, é aceite que um agregado britado com partículas angulosas a sub-angulosas tem um melhor comportamento resiliente do que um material com partículas arredondadas ou sub-arredondadas, apresentando, por consequência, valores de módulo resiliente mais elevados (Lekarp et al., 2000a).

A principal razão apontada para este facto é o efeito da forma das partículas na degradação das tensões, sendo mais eficaz no caso das partículas angulosas.

Assim, alguns autores (Hicks, 1970; Hicks e Monismith, 1971; Allen, 1973, ref. por Lekarp et al., 2000a) concluíram que o aumento da percentagem de partículas angulosas e a rugosidade da superfície das mesmas, poderia resultar no aumento do módulo resiliente. Por outro lado e para as mesmas condições, verifica-se que o coeficiente de *Poisson* diminui.

Duração da Aplicação da Carga, Frequência e Sequência de Carregamento

O efeito, no comportamento resiliente dos agregados, da duração da aplicação da carga e da frequência a que a mesma é aplicada é, de um modo geral, considerado como pouco significativo (Lekarp et al., 2000a).

No que diz respeito à sequência de carregamento, ou seja, a ordem pela qual as tensões são aplicadas ao provete, foi verificado (Hicks, 1970; Allen, 1973, ref. por Lekarp et al., 2000a) que não exerce qualquer influência no comportamento resiliente dos agregados.

3.2.2. *Comportamento Plástico*

Introdução

Quando se pretende entender qual a importância dos materiais granulares na rotura de pavimentos rodoviários, um dos primeiros passos é tentar perceber como evolui o seu comportamento na zona das grandes deformações, associado ao seu comportamento plástico, ou seja, analisar o comportamento global destes materiais do ponto de vista da sua contribuição para a designada "deformação permanente".

No entanto e recorrendo à bibliografia existente, verifica-se que tem sido dada menor atenção ao estudo do comportamento plástico em materiais granulares do que ao estudo do comportamento resiliente.

Ainda assim, dos estudos realizados ao longo do tempo (Lekarp et al., 2000b) parece poder concluir-se que o comportamento plástico dos materiais granulares não tratados é afectado, em diferentes graus de importância e por vários factores, os quais se apresentam nos pontos seguintes.

Estado de Tensão

O nível de tensão aplicado parece ser um dos factores que mais afecta a evolução da deformação permanente em materiais granulares.

Após a realização de ensaios triaxiais cíclicos *Morgan* (Morgan, 1966, ref. por Lekarp et al., 2000b) mostrou que a evolução da extensão vertical era directamente proporcional à tensão deviatória e inversamente proporcional à tensão de confinamento.

Desde então, outros autores se debruçaram sobre este assunto, tendo concluído que a extensão vertical em materiais granulares é regida, principalmente, por uma tensão correspondente a um cociente entre a tensão deviatória e a tensão de confinamento (Lekarp et al., 2000b).

Reorientação das Tensões Principais

O efeito da reorientação das tensões principais na deformação permanente não é ainda totalmente entendido. No entanto, os estudos realizados indicam que a reorientação das tensões principais nos materiais granulares, quando sujeitos às cargas induzidas pelo tráfego, leva a uma extensão vertical mais elevada do que a obtida com a realização de ensaios triaxiais cíclicos.

Por essa razão, alguns autores realizaram outros tipos de ensaio por forma a tentar estimar a extensão vertical devida à reorientação das tensões principais. Por exemplo, *Chan* (Chan, 1990, ref. por Lekarp et al., 2000b) realizou ensaios com cilindro oco sobre calcário britado, com e sem aplicação de tensão de corte, sendo que, nos ensaios com tensão de corte inversa, se obteve uma muito mais elevada extensão vertical do que naqueles em que a mesma não foi aplicada. Os resultados mostraram, ainda, que as elevadas extensões verticais eram obtidas para tensões de corte inversas bidireccionais, as quais tentam simular a mudança de direcção das tensões principais quando a carga provocada por um pneu se movimenta em duas direcções. Por sua vez, as tensões de corte inversas unidireccionais simulam o estado de tensão sob a carga de um pneu deslocando-se numa única direcção.

O autor referiu ainda que, quando a tensão de corte era elevada, por comparação com a tensão normal média, havia uma diferença significativa entre a extensão vertical obtida para as tensões de corte inversas bidireccionais e unidireccionais. Pelo contrário, quando a magnitude da tensão de corte era pequena, quando comparada com a tensão normal média, a diferença entre os resultados era pequena.

Número de Ciclos de Carga-Descarga

A extensão vertical vai evoluindo continuamente com o número de ciclos de carga-descarga, sendo, portanto, este um dos factores com grande influência no comportamento dos materiais granulares à deformação permanente (Lekarp et al., 2000b).

Apesar de alguns autores referirem que a partir de um dado número de ciclos a extensão vertical estabiliza (Brown e Hyde, 1975, ref. por Lekarp et al., 2000b), ou que é possível estabelecer um valor limite para a extensão vertical (Paute et al., 1996, ref. por Lekarp et al., 2000b), *Lekarp* (Lekarp et al., 2000b) refere que a estabilização da deformação só ocorre para baixos valores de tensão e que a aplicação de tensões elevadas resulta no aumento contínuo da extensão vertical.

Após a realização de ensaios envolvendo um muito grande número de ciclos de carga-descarga, *Kolisoja* (Kolisoja, 1998, ref. por Lekarp et al., 2000b) refere que pode não ser possível traduzir a evolução da extensão vertical através de uma simples fórmula, já que e se sujeito a novas cargas, o material que parece estar numa fase de estabilização pode tornar-se novamente instável.

Teor em Água

Segundo a maioria dos autores que, com base em ensaios de laboratório e ensaios *in situ*, estudaram o efeito do teor em água na evolução da deformação permanente de camadas granulares não tratadas de pavimentos rodoviários, um elevado grau de saturação, devido a fraca drenagem, leva à ocorrência de elevadas pressões nos poros, a baixas tensões efectivas e, consequentemente, a baixa resistência à deformação (Lekarp et al., 2000b). Ou seja, o comportamento tensão – deformação de materiais granulares pode ser significativamente melhorado se existir uma drenagem eficiente dos materiais.

Um exemplo do efeito positivo da drenagem na evolução da extensão vertical em materiais granulares pode ser analisado na Figura 3.4, correspondente a ensaios triaxiais realizados para diferentes condições de drenagem, onde se pode verificar que para ensaios drenados a extensão vertical sofreu uma pequena evolução com o número de ciclos, enquanto que, para ensaios não drenados, a extensão vertical aumenta consideravelmente com o aumento do número de ciclos.

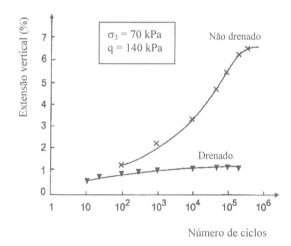

FIGURA 3.4 – Influência da drenagem na evolução da extensão vertical
(Dawson, 1990, adapt. de Lekarp et al. 2000b)

História de Tensões

O comportamento à deformação permanente de solos e materiais granulares está, em cada instante, directamente relacionado com a história de tensões dos mesmos (Lekarp, 2000b).

Brown e Hyde (Brown e Hyde, 1975, ref. por Lekarp, 2000b) mostraram que a deformação permanente resultante do aumento sucessivo do nível de tensão aplicada é consideravelmente menor do que a que ocorre quando se aplica uma elevada tensão de uma só vez.

De qualquer modo, nos ensaios de análise da evolução da extensão vertical realizados em laboratório, a influência da história de tensões do material é eliminada, uma vez que se utiliza um provete para cada estado de tensão aplicado.

Compacidade

De estudos realizados por diferentes autores (Holubec, 1969; Barksdale, 1972 e 1991; Allen, 1973; Marek, 1977; Tom e Brown, 1998, ref. por Lekarp, 2000b) conclui-se que a compacidade ou grau de compactação dos materiais granulares, tem uma grande influência na evolução da extensão vertical dos mesmos, já que esta diminui quando aumenta o grau de compactação do material.

Por exemplo, *Allen* (Allen, 1973, ref. por Lekarp, 2000b) verificou que, para um calcário britado, conseguia uma redução de 80% na deformação plástica total, quando aumentava o grau de compactação do provete, ao fazer compactação *Proctor* modificado em vez de compactação *Proctor*.

Holubec (Holubec, 1969, ref. por Lekarp, 2000b) sugeriu que a redução da deformação plástica devida ao aumento do grau de compactação é importante nos materiais granulares angulosos, enquanto nos agregados arredondados esse efeito não é significativo, já que estes, à partida e para uma compactação equivalente, apresentam uma maior densidade relativa.

Granulometria, Percentagem de Finos e Tipo de Agregado

O efeito da granulometria na evolução da extensão vertical foi estudado por vários autores (Dunlap, 1966; Thom and Brown, 1988; Dawson et al., 1996; Kamal et al., 1993, ref. por Lekarp, 2000b) tendo concluído, genericamente, que, se uma alteração na granulometria produz um aumento da densidade relativa para a mesma compactação, então provoca também a diminuição da extensão vertical.

O efeito da percentagem de finos na extensão vertical foi também estudado por diferentes autores (Barksdale, 1972; Thom e Brown, 1998, ref. por Lekarp, 2000b), os quais concluíram que a resistência à extensão vertical em materiais granulares diminuía sempre que a percentagem de finos aumentava.

A influência da forma e características da superfície dos agregados foi estudada por *Barksdale e Itani* (Barksdale e Itani, 1989, ref. por Lekarp, 2000b). Estes autores concluíram que um agregado britado com partículas lamelares era ligeiramente mais susceptível à rotura do que outros tipos de agregados britados, sendo que, a areia do rio, com forma cúbica mas com faces lisas, é, ainda, muito mais susceptível à rotura do que agregado britado.

3.3. Modelação do Comportamento Mecânico a partir do Módulo Resiliente

3.3.1. *Considerações Iniciais*

O conceito de módulo resiliente foi evoluindo ao longo de anos de investigação, tendo culminado com a definição (Seed et al., 1962, ref. por IMT, 2001) de módulo resiliente como sendo a relação entre tensão deviatória cíclica em compressão triaxial e a deformação recuperável (resiliente), como se apresenta na equação (3.1).

$$M_r = \frac{\sigma_{cíclica}}{\varepsilon_{1r}} = \frac{\sigma_1 - \sigma_3}{\varepsilon_{1r}} \text{ MPa} \tag{3.1}$$

onde:

Mr	Módulo resiliente
$\sigma_{cíclica}$	Tensão axial cíclica ($\sigma_{máx}$-$\sigma_{contacto}$)
$\sigma_1 - \sigma_3$	Tensão deviatória
ε_{1r}	Deformação axial resiliente (recuperada)

Durante os ensaios triaxiais cíclicos verifica-se que, após um certo número de ciclos de carga-descarga e para o mesmo estado de tensão, o módulo se torna aproximadamente constante, sendo que a resposta do material se pode assumir como elástica.

No entanto, a investigação tem demonstrado que os materiais, nomeadamente os granulares, exibem comportamentos reológicos de maior complexidade nas condições de solicitação devidas ao tráfego.

Assim, recorrendo a ensaios de laboratório que simulem o melhor possível o carácter repetitivo das solicitações devidas ao tráfego e as características do material, como o ensaio triaxial cíclico já referido, é possível proceder à modelação daqueles comportamentos mais ou menos complexos.

Nos pontos seguintes apresentam-se alguns dos modelos mais frequentemente utilizados na caracterização do comportamento resiliente de materiais granulares.

3.3.2. Modelo de *Dunlap* ou da Tensão de Confinamento

À semelhança de outros investigadores, *Dunlap* (Dunlap, 1963, ref. por Lekarp et al., 2000a) e *Monismith* (Monismith et al., ref. por Lekarp et al., 2000a) concluíram que o módulo resiliente dependia da tensão aplicada, nomeadamente da tensão de confinamento.

Das suas investigações concluíram que o módulo resiliente aumenta com a tensão de confinamento e que é pouco afectado pela magnitude da tensão deviatória, tendo proposto o modelo apresentado na equação (3.2).

$$Mr = k_1 \sigma_3^{k2} \qquad (3.2)$$

onde:

Mr	Módulo resiliente
σ_3	Tensão de confinamento
k_1 e k_2	Parâmetros do modelo

3.3.3. *Modelo do Primeiro Invariante do Tensor das Tensões ou Modelo k-θ*

Outros autores entenderam que o comportamento resiliente dos materiais só ficaria correctamente traduzido se se fizesse depender o mesmo da soma das três tensões principais, ou seja, do primeiro invariante do tensor das tensões.

Assim, vários autores, entre eles *Seed* (Seed et al., 1967, ref. por Lekarp et al., 2000a), *Browm e Pell* (Brown e Pell, 1967, ref. por Lekarp et al., 2000a) e *Hicks* (Hicks, 1970, ref. por Lekarp et al., 2000a), propuseram o usualmente denominado modelo k-θ, apresentado na equação (3.3).

$$Mr = k_3 \theta^{k4} \qquad (3.3)$$

onde:

Mr	Módulo resiliente
θ	Primeiro invariante do tensor das tensões
k_3 e k_4	Parâmetros do modelo

3.3.4. *Modelo da Tensão Deviatória*

O modelo da tensão deviatória é geralmente usado para materiais coesivos, no entanto, decidiu-se utilizá-lo também nos materiais granulares em estudo neste trabalho.

O modelo faz variar o módulo resiliente com a tensão deviatória, equação (3.4), não considerando o efeito da tensão de confinamento (Barksdale et al., 1997).

$$Mr = k_5 \sigma_d^{k6} \qquad (3.4)$$

onde:

Mr   Módulo resiliente
σ_d Tensão deviatória
k_5 e k_6 Parâmetros do modelo

3.3.5. *Modelo da Tensão Média Normal/Tensão Deviatória*

Tam e Brown (Tam e Brown, 1988, ref. por Lekarp et al., 2000a), por sua vez, concluíram que o módulo resiliente pode ser expresso pela simples relação entre a tensão normal média e a tensão deviatória, como indicado na equação (3.5).

$$Mr = k_7(p/q)^{k8} \qquad (3.5)$$

onde:

Mr   Módulo Resiliente
p   Tensão normal média
q   Tensão deviatória
k_7 e k_8 Parâmetros do modelo

3.3.6. *Modelo de Pezo*

Alguns autores concluíram que o módulo resiliente dependia quer da tensão de confinamento, quer da tensão deviatória, equação (3.6). Entre estes autores encontram-se *Pezo* (Pezo, 1993, ref. por Lekarp et al., 2000a) e *Garg e Thompsom* (Garg e Thompson, 1997, ref. por Lekarp et al., 2000a).

$$Mr = k_9 q^{k10} \sigma_3^{k11} \qquad (3.6)$$

onde:

Mr   Módulo resiliente
q   Tensão deviatória
σ_3 Tensão de confinamento
k_9, k_{10} e k_{11} Parâmetros do modelo

3.3.7. *Modelo de Uzan*

No modelo k-θ é assumido que o coeficiente de *Poisson* é constante. No entanto, vários autores verificaram que tal não se verificava, mostrando que o mesmo varia com o estado de tensão aplicado. Assim, *Uzan* (Uzan, 1985, ref. por Lekarp et al., 2000a) incluiu naquele modelo a tensão deviatória, obtendo a relação apresentada na equação (3.7).

$$Mr = k_{12}\theta^{k13}q^{k14} \tag{3.7}$$

onde:

Mr   Módulo resiliente
θ Primeiro invariante do tensor das tensões
q   Tensão deviatória
k_{12}, k_{13} e k_{14} Parâmetros do modelo

3.3.8. *Modelo de Boyce*

A caracterização da relação tensão-deformação nos materiais granulares, pode também ser feita recorrendo à decomposição das tensões e das deformações nas suas componentes volumétrica e distorcional. Neste caso, o módulo resiliente e o coeficiente de *Poisson* devem ser substituídos pelos módulos de compressibilidade e de distorção.

Partindo de resultados de ensaios triaxiais cíclicos, *Boyce* (Boyce, 1980, ref. por Lekarp et al., 2000a; COST 337, 2000) desenvolveu um modelo elástico não linear para caracterização do comportamento dos materiais granulares.

O modelo, onde se assume que o material é isotrópico, estabelece, para tensões cíclicas a variar entre zero e os valores da tensão normal média e da tensão deviatória, as relações entre o módulo de compressibilidade secante, K, e o módulo de distorção secante, G, apresentados nas equações (3.8) e (3.9), respectivamente, e as tensões aplicadas.

A partir das equações (3.8) e (3.9) constata-se que, segundo o modelo de *Boyce*, a rigidez de um agregado é tal que (Castelo Branco, 1996):

- O módulo de compressibilidade secante, K, depende da tensão normal média, p, e aumenta logo que a relação q/p aumente, sendo geralmente superior a 1;
- O módulo de distorção secante, G, depende somente da tensão normal média.

$$K = \frac{k_a (\frac{p}{p_a})^{1-n}}{1 - \beta (\frac{q}{p})^2} \tag{3.8}$$

$$G = G_a \left(\frac{p}{p_a}\right)^{1-n} \tag{3.9}$$

onde:

K	Módulo de compressibilidade secante
G	Módulo de distorção secante
p	Tensão normal média
p_a	100 kPa
q	Tensão deviatória
K_a, G_a, β e n	Parâmetros do modelo
β	$\dfrac{(1-n)k_a}{6G_a}$

O modelo envolve ainda a extensão volumétrica reversível, ε_v, a extensão distorcional reversível, ε_q, o módulo de compressibilidade, K_1, e o módulo de distorção, G_1, os quais se apresentam nas equações (3.10) a (3.15).

$$\varepsilon_{v1} = \varepsilon_{1r} + 2\varepsilon_{3r} \tag{3.10}$$

$$\varepsilon_v = \frac{1}{k_a} p_a^{1-n} p^n \left[1 - \beta \left(\frac{q}{p}\right)^2\right] \tag{3.11}$$

$$\varepsilon_{q1} = (\varepsilon_{1r} - \varepsilon_{3r}) \tag{3.12}$$

$$\varepsilon_q = \frac{1}{3G_a} p_a^{1-n} p^n \frac{q}{p} \tag{3.13}$$

$$K_1 = \frac{p}{\varepsilon_v} \tag{3.14}$$

$$G_1 = \frac{q}{3\varepsilon_q} \tag{3.15}$$

onde:

ε_{v1}	Extensão volumétrica reversível
ε_v	Extensão volumétrica reversível (modelo)
ε_{q1}	Extensão distorcional reversível
ε_q	Extensão distorcional reversível (modelo)
ε_{1r}	Deformação axial resiliente
ε_{3r}	Deformação radial resiliente
p	Tensão normal média
p_a	100 kPa
q	Tensão deviatória
K_1	Módulo de compressibilidade
G_1	Módulo de distorção
K_a, G_a, β e n	Parâmetros do modelo
β	$\dfrac{(1-n)k_a}{6G_a}$

O coeficiente de *Poisson*, ν, e o módulo de *Young*, E, são, segundo este modelo dados pelas equações (3.16) e (3.17).

$$\nu = \frac{\dfrac{3}{2} - \dfrac{G_a}{k_a}\left[1 - \beta(\dfrac{q}{p})^2\right]}{3 + \dfrac{G_a}{k_a}\left[1 - \beta(\dfrac{q}{p})^2\right]} \qquad (3.16)$$

$$E = \frac{9G_a(\dfrac{p}{p_a})^{1-n}}{3 + \dfrac{G_a}{k_a}\left[1 - \beta(\dfrac{q}{p})^2\right]} \qquad (3.17)$$

onde:
ν	Coeficiente de *Poisson*
E	Módulo de *Young*
q	Tensão deviatória
p	Tensão normal média

p_a 100 kPa
K_a, G_a, β e n Parâmetros do modelo

$$\beta \quad \frac{(1-n)k_a}{6G_a}$$

Outros autores têm continuado as investigações e sugerido modelos mais gerais baseados no modelo de *Boyce*.

Um desses modelos foi proposto por *Hornich* (Hornich et al., 1998, ref. por Gomes Correia, 2003) que, partindo do modelo de *Boyce*, introduziu um coeficiente, y, denominado coeficiente de anisotropia e que teve como objectivo contemplar o comportamento anisotrópico exibido por alguns materiais.

Com a introdução do coeficiente de anisotropia, as variáveis p, q, ε_{v1} e ε_{q1} passam a ter a forma das equações (3.18) a (3.21).

$$p^* = \frac{y\sigma_1 + 2\sigma_3}{3} \tag{3.18}$$

$$q^* = (y\sigma_1 - \sigma_3) \tag{3.19}$$

$$\varepsilon_{v1}^* = \frac{\varepsilon_{1r}}{y} + 2\varepsilon_{3r} \tag{3.20}$$

$$\varepsilon_{q1}^* = \frac{2}{3}(\frac{\varepsilon_{1r}}{y} - \varepsilon_{3r}) \tag{3.21}$$

onde:

p^*	Tensão normal média (modelo anisotrópico)
q^*	Tensão deviatória (modelo anisotrópico)
σ_1	Tensão axial
σ_3	Tensão de confinamento
y	Coeficiente de anisotropia
ε_{v1}^*	Extensão volumétrica reversível (modelo anisotrópico)
ε_{q1}^*	Extensão distorcional reversível (modelo anisotrópico)
ε_{1r}	Deformação axial resiliente
ε_{3r}	Deformação radial resiliente

As equações dos módulos secantes, (3.8) e (3.9), passam a ser traduzidas pelas equações (3.22) e (3.23).

$$K^* = \frac{k_a(\dfrac{p^*}{p_a})^{1-n}}{1-\beta(\dfrac{q^*}{p^*})^2} \tag{3.22}$$

$$G^* = G_a(\dfrac{p^*}{p_a})^{1-n} \tag{3.23}$$

onde:

K*	Módulo de compressibilidade secante (modelo anisotrópico)
G*	Módulo de distorção secante (modelo anisotrópico)
P*	Tensão normal média (modelo anisotrópico)
p_a	100 kPa
q*	Tensão deviatória (modelo anisotrópico)
K_a, G_a, β e n	Parâmetros do modelo
β	$\dfrac{(1-n)k_a}{6G_a}$

E as relações tensões – extensões das equações (3.11) e (3.13) passam a ser traduzidas pelas equações (3.24) e (3.25), enquanto os módulos de compressibilidade e de distorção, equações (3.14) e (3.15), passam a ser dados pelas equações (3.26) e (3.27), respectivamente.

$$\varepsilon_v^* = \frac{1}{k_a}p_a^{1-n}p^{*n}\left[1-\beta(\dfrac{q^*}{p^*})^2\right] \tag{3.24}$$

$$\varepsilon_q^* = \frac{1}{3G_a}p_a^{1-n}p^{*n}\dfrac{q^*}{p^*} \tag{3.25}$$

$$K_1^* = \dfrac{p^*}{\varepsilon_v^*} \tag{3.26}$$

$$G_1^* = \frac{q^*}{3\varepsilon_q^*} \qquad (3.27)$$

onde:

ε_v^*	Extensão volumétrica reversível (modelo) (modelo anisotrópico)
ε_q^*	Extensão distorcional reversível (modelo) (modelo anisotrópico)
p^*	Tensão normal média (modelo anisotrópico)
p_a	100 kPa
q^*	Tensão deviatória (modelo anisotrópico)
K_1^*	Módulo de compressibilidade (modelo anisotrópico)
G_1^*	Módulo de distorção (modelo anisotrópico)

K_a, G_a, β e n Parâmetros do modelo

$\beta \qquad \dfrac{(1-n)k_a}{6G_a}$

Por fim, o coeficiente de *Poisson* e o módulo de Young, equações (3.16) e (3.17), são dados pelas expressões das equações (3.28) e (3.29), respectivamente.

O ajustamento aos resultados dos ensaios, quer para o modelo de *Boyce* quer para o modelo modificado, é feito pelo método dos mínimos quadrados, minimizando as diferenças entre a variação da extensão vertical medida e calculada e da extensão radial medida e calculada, para todas as trajectórias de tensões.

$$v^* = \frac{\dfrac{3}{2} - \dfrac{G_a}{k_a}\left[1 - \beta\left(\dfrac{q^*}{p^*}\right)^2\right]}{3 + \dfrac{G_a}{k_a}\left[1 - \beta\left(\dfrac{q^*}{p^*}\right)^2\right]} \qquad (3.28)$$

$$E^* = \frac{9G_a\left(\dfrac{p^*}{p_a}\right)^{1-n}}{3 + \dfrac{G_a}{k_a}\left[1 - \beta\left(\dfrac{q^*}{p^*}\right)^2\right]} \qquad (3.29)$$

onde:

v^*	Coeficiente de *Poisson* (modelo anisotrópico)
E^*	Módulo de *Young* (modelo anisotrópico)

q*   Tensão deviatória (modelo anisotrópico)
p*   Tensão normal média (modelo anisotrópico)
p_a 100 kPa
K_a, G_a, β e n Parâmetros do modelo

β $\dfrac{(1-n)k_a}{6G_a}$

3.4. Modelação do Comportamento Mecânico a partir da Extensão Vertical

3.4.1. *Considerações Iniciais*

Um dos principais objectivos da investigação, no que diz respeito ao comportamento a longo prazo dos materiais granulares, é o estabelecimento de leis constitutivas que permitam, de um modo fiável, prever a extensão vertical no ensaio.

Nestas leis constitutivas é essencial ter em conta a acumulação gradual da deformação plástica função do número de ciclos de carga-descarga, bem como a influência do estado de tensão aplicado.

Ao longo do tempo vários investigadores propuseram leis constitutivas para a previsão da extensão vertical dos materiais granulares, função de diferentes parâmetros, nomeadamente número de ciclos de carga-descarga e número de ciclos de carga-descarga associado à deformação axial resiliente. Nos pontos seguintes apresentam-se alguns desses modelos.

3.4.2. *Modelo de Sweere*

A resposta dos materiais granulares a longo prazo foi estudada por *Sweere* (Sweere, 1990, ref. por Lekarp et al., 2000b) através da realização de ensaios triaxiais cíclicos.

Após a aplicação de um milhão de ciclos de carga-descarga, *Sweere* concluiu que para um elevado número de ciclos de carga-descarga, deve ser usado na previsão da extensão vertical um modelo do tipo log-log, como o apresentado na equação (3.30).

$$\varepsilon_{1P} = a_1 N^{b_1} \qquad (3.30)$$

onde:

ε_{1P} Extensão vertical
N   Número de ciclos de carga-descarga
a_1 e b_1 Parâmetros do modelo

Segundo este modelo a extensão vertical apenas depende do número de ciclos de carga-descarga.

3.4.3. *Modelo de Barksdale*

Em 1972 e através da realização de ensaios triaxiais cíclicos com a aplicação de 10^5 ciclos de carga-descarga, *Barskdale* (Barksdale, 1972, ref. por Lekarp et al., 2000b) levou a cabo um estudo de diferentes materiais a utilizar em base granular.

Deste estudo concluiu que a extensão vertical era função do número de ciclos de carga-descarga mas de acordo com uma relação lognormal, como a apresentada na equação (3.31).

$$\varepsilon_{1P} = a_2 + b_2 \log N \quad (3.31)$$

onde:

ε_{1P} Extensão vertical
N   Número de ciclos de carga-descarga
a_2 e b_2 Parâmetros do modelo

3.4.4. *Modelo de Wolff e Visser*

Recorrendo a ensaios com um simulador de tráfego à escala real, com a aplicação de milhões de ciclos de carga-descarga, *Wolff e Visser* (Wolff e Visser, 1994, ref. por Lekarp et al., 2000b) concluíram que a evolução da deformação permanente decorria em duas fases. Uma primeira fase, até cerca de um milhão e duzentas mil repetições de carga, em que a evolução da deformação permanente ocorre de uma forma rápida.

Uma segunda fase, na sequência da primeira, em que a evolução da deformação permanente parece ser muito mais lenta e, por consequência, a taxa de deformação apresenta um valor constante.

A estes resultados tentaram aplicar o modelo log-log proposto por *Sweere*, tendo concluído que o mesmo não estimava correctamente a deformação permanente para um número de aplicações de carga muito grande.

Assim, propuseram a relação entre a extensão vertical e o número de ciclos de carga-descarga, correspondente à equação (3.32).

$$\varepsilon_{1P} = (c_1 N + a_3)(1 - e^{-(b_3 N)}) \quad (3.32)$$

onde:

ε_{1P} Extensão vertical
N   Número de ciclos de carga-descarga
a_3, b_3 e c_1 Parâmetros do modelo

3.4.5. *Modelos de Paute*

Por sua vez, *Paute* (Paute et al., 1988, ref. por Lekarp et al., 2000b) sugeriu que a extensão vertical aumenta gradualmente para um valor assimptótico. Assim, sugeriu a equação (3.33) para expressar a relação entre a extensão vertical, excluindo os 100 primeiros ciclos, e o número de ciclos de carga-descarga.

$$\varepsilon_{1P} = \frac{A_1 \sqrt{N}}{\sqrt{N} + D} \qquad (3.33)$$

onde:

ε_{1P}	Extensão vertical
N	Número de ciclos de carga-descarga
A_1 e D	Parâmetros do modelo

Num outro estudo, *Paute* (Paute et al., 1996, ref. por Lekarp et al., 2000b) sugeriu a equação (3.34.) para traduzir a influência do número de ciclos na evolução da extensão vertical a partir dos 100 ciclos.

$$\varepsilon_{1P} = A_2 \left[1 - \left(\frac{N}{100}\right)^{-B} \right] \qquad (3.34)$$

onde:

ε_{1P}	Extensão vertical
N	Número de ciclos de carga-descarga
A_2 e B	Parâmetros do modelo

Segundo esta equação, a extensão vertical evolui até um valor limite, parâmetro A_2 da equação, consoante o número de ciclos tende para infinito. Assim, o parâmetro A_2 é considerado como o valor limite para a extensão vertical total.

No entanto, *Lekarp* (Lekarp, 1997, ref. por Lekarp et al., 2000b) e *Lekarp e Dawson* (Lekarp e Dawson, 1998, ref. por Lekarp et al., 2000b) editaram resultados de ensaios que sugerem que a equação (3.34) apenas é valida quando as tensões aplicadas são baixas.

3.4.6. *Modelo de Veverka*

Veverka (Veverka, 1979, ref. por Lekarp et al., 2000b), na sequência de uma investigação do comportamento resiliente e do comportamento à deformação permanente de materiais granulares, estabeleceu uma relação entre aqueles dois tipos de comportamento.

A relação por ele estabelecida, que faz variar a extensão vertical com a deformação axial resiliente e com o número de ciclos de carga-descarga, é a que se apresenta na equação (3.35).

$$\varepsilon_{1P} = a_4 \varepsilon_{1r} N^{b_4} \qquad (3.35)$$

onde:

ε_{1P}	Extensão vertical
ε_{1r}	Deformação axial resiliente
N	Número de ciclos de carga-descarga
a_4 e b_4	Parâmetros do modelo

3.4.7. *Modelo de Vuong*

À semelhança de *Veverka*, *Vuong* (Vuong, 1994, ref. por Gidel, 2001) faz depender a extensão vertical do número de ciclos de carga-descarga e da deformação axial resiliente, como indicado na equação (3.36).

$$\varepsilon_{1P} = \varepsilon_{1r}(a_5/b_5)N^{c_2} \qquad (3.36)$$

onde:

ε_{1P}	Extensão vertical
ε_{1r}	Deformação axial resiliente
N	Número de ciclos de carga-descarga
a_5, b_5 e c_2	Parâmetros do modelo

3.5. Considerações Finais

As camadas granulares não tratadas de pavimentos rodoviários flexíveis, sub-base e/ou base, têm um papel importante no comportamento estrutural dos mesmos.

A resposta ao carregamento repetido provocado pelo tráfego das camadas granulares de pavimentos pode ser caracterizada por uma deformação recuperável (resiliente) e por uma deformação residual (permanente), como se mostra na Figura 3.2. Após um elevado número de ciclos de carga-descarga, toda a deformação é recuperada, ou seja, sendo a deformação permanente nula o material passa a ter um comportamento resiliente e o módulo secante é igual ao módulo resiliente, Figura 3.3. Isto, naturalmente, para condições de carregamento que não ultrapassem a sua capacidade resistente.

A deformação resiliente é importante do ponto de vista da capacidade resistente imediata do pavimento, enquanto a deformação permanente caracteriza o comportamento do pavimento a longo prazo (Lekarp et al., 2000b).

Do que ficou dito neste capítulo parece poder concluir-se que o comportamento resiliente de materiais granulares é influenciado pelo estado de tensão aplicado, compacidade, número de ciclos de carga-descarga, granulometria e percentagem de finos, teor em água e forma das partículas.

Já o comportamento à deformação permanente parece depender do estado de tensão aplicado, reorientação das tensões principais, número de ciclos de carga-descarga, teor em água, compacidade, granulometria e percentagem de finos e tipo de agregado.

Como se viu, muitos autores tentaram chegar a expressões que permitissem prever da melhor forma o comportamento mecânico dos materiais granulares.

Com base nos modelos apresentados, pode dizer-se que e de um modo geral, o comportamento resiliente dos materiais granulares pode ser bem representado por relações com as tensões aplicadas. Há situações em que intervém uma das tensões relevantes, como é o caso do modelo de *Dunlap*, equação (3.2), com a tensão de confinamento, outras em que intervêm em conjunto, como é o caso do modelo de *Pezo*, equação (3.6), em que o módulo resiliente depende do primeiro invariante do tensor das tensões e da tensão deviatória.

No caso do comportamento à deformação permanente, verifica-se que é sempre representado em função do número de ciclos de carga-descarga, podendo aparecer apenas em função deste parâmetro, caso do modelo de *Sweere*, equação (3.30), ou em função deste e da extensão axial resiliente, caso do modelo de *Vuong*, equação (3.36).

3.6. Referências Bibliográficas

BARKSDALE, R. D. et al. (1997). "Laboratory Determination of Resilient Modulus for Flexible Pavement Design". NCHRP Project 1-28, Final Report, National Cooperative Highway Research Program, USA.

CASTELO BRANCO, F. V. M. (1996). "Estudo da influência de uma contaminação no comportamento mecânico de um agregado calcário de granulometria extensa". Tese de Mestrado, Universidade de Coimbra, Coimbra.

GIDEL, M. GUNTHER (2001). "Comportment et Valorisation des Graves non Tratées Calcaires Utilisées pour les Assises de Chaussées Souples". Tese de Doutoramento, Université de Bordeaux, França.

GOMES CORREIA, A. (2003). "Agregados não Ligados em Camadas de Pavimentos e Vias Férreas. Caracterização Laboratorial e Modelação do Comportamento". Seminário sobre Agregados, LNEC/SPG, Lisboa.

IMT (2001). "Modulus de Resiliencia en Suelos Finos y Materials Granulares". Instituto Mexicano del Transporte, Publicación Técnica n.º 142.

LEKARP, F.; ISACSSON, U.; DAWSON, A. (2000a). "State of the art. I: Resilient response of unbound aggregates". *Journal of Transportation Engeneering*, American Society of Civil Engineers, Vol. 126, n.º 1, pp. 66-75.

LEKARP, F.; ISACSSON, U.; DAWSON, A. (2000b). "State of the art. II: Permanent strain response of unbound aggregates". *Journal of Transportation Engeneering*, American Society of Civil Engineers, Vol. 126, n.º 1, pp. 66-75.

Cost 337 (2000). "Cost 337 – Construction with unbound road aggregates in Europe", Final Report of the Action, European Commission, Luxembourg.

4. BREVE APRESENTAÇÃO DOS ENSAIOS REALIZADOS NA CARACTERIZAÇÃO DOS MATERIAIS

4.1. Considerações Iniciais

No presente capítulo faz-se uma apresentação breve dos ensaios realizados com vista à caracterização, quer do comportamento mecânico quer das características físicas e geotécnicas, dos materiais.

Assim, começa por fazer-se referência aos ensaios utilizados na caracterização geotécnica e das características físicas dos materiais.

Na segunda parte do capítulo faz-se a apresentação, de uma forma mais aprofundada, dos ensaios realizados com vista à caracterização do comportamento mecânico, quer em laboratório quer *in situ*.

Como se verá e à excepção do ensaio de micro-*Deval*, não se utilizaram as normas NP EN na realização dos ensaios, o que se deve, essencialmente, ao facto de as especificações vigentes em Portugal, nomeadamente o caderno de encargos tipo da JAE (JAE, 1998) actual EP, no que diz respeito a estradas, não indicarem ainda o uso dessas normas. Para além de que e na verdade, nada de substancial mudaria do ponto de vista de inferência do comportamento dos materiais.

4.2. Ensaios Utilizados na Caracterização Geotécnica

4.2.1. *Introdução*

Na caracterização geotécnica dos materiais, foram realizados os ensaios correntemente utilizados neste tipo de caracterização, os ditos ensaios correntes, pelo que, em grande parte dos que se vão indicar apenas se fará referência à sua finalidade e norma utilizada.

4.2.2. *Análise Granulométrica*

A análise granulométrica foi realizada segundo a especificação E 233 (LNEC, 1969).

4.2.3. Limites de consistência

Para obtenção dos limites de consistência seguiu-se o procedimento indicado na Norma Portuguesa NP-143 (IGPAI, 1969).

4.2.4. Compactação

Na compactação dos materiais foram utilizadas a especificação E 197 (LNEC, 1966) e a norma BS 1377: Parte 4 (BSI, 1990).

A norma BS 1377: Parte 4 foi utilizada em dois dos materiais estudados, pelo facto de as suas características granulométricas não permitirem realizar o ensaio de acordo com a especificação E 197, como é requerido na generalidade das especificações portuguesas ainda em vigor.

O ensaio de compactação, de acordo com a norma BS 1377: Parte 4, consiste na compactação por vibração, em molde CBR, em 3 camadas, de provetes que após compactação devem apresentar altura a variar entre 127 mm e 133 mm.

Nos ensaios realizados e tendo em conta o tipo de material, foi utilizado o procedimento 7.5.2 constante da referida norma BS 1377: Parte 4.

Segundo aquela norma (BSI, 1990), o martelo vibro-compressor a utilizar na compactação deve apresentar as características constantes do Quadro 4.1.

QUADRO 4.1 – Características do martelo vibro-compressor a utilizar na compactação, segundo a norma BS 1377: Parte 4

Características	Variação
Potência absorvida (W)	600 - 750
Frequência (Hz)	25 - 45
Diâmetro da placa de base (mm)	143 - 147

4.2.5. Ensaio de CBR

O ensaio de CBR (*California Bearing Ratio*) foi realizado com e sem embebição, utilizando o procedimento apresentado na especificação E 198 (LNEC, 1967).

4.2.6. Ensaio de Adsorção de Azul de Metileno

O "valor de adsorção de azul de metileno" ("Vam") é um parâmetro que exprime globalmente a quantidade e qualidade ou "actividade" da argila presente num dado solo, permitindo, assim, avaliar a limpeza de um agregado.

O ensaio de adsorção de azul de metileno como forma de caracterização de solos e agregados, embora tendo sido já anteriormente utilizado por alguns autores

(Castelo Branco, 1996), sofreu um grande desenvolvimento no final da década de 70 e durante a década de 80, quando Tran Ngoc Lan adoptou a estes materiais o "método da mancha", o qual foi concebido por Jones em 1964 (Tran Ngoc Lan, 1977).

O princípio do ensaio consiste em introduzir na preparação composta por cerca de 30 g de finos do material a ensaiar, 30 g de caulinite de "Vam" conhecido e 500 ml de água destilada, quantidades crescentes de solução de azul de metileno, por doses sucessivas, até que a superfície das partículas que têm capacidade de adsorção esteja coberta. Neste momento passa a existir excesso de azul de metileno na preparação, correspondendo ao ponto de viragem que marca o fim do ensaio.

No método da mancha, cujo procedimento para agregados se encontra especificado na Norma Francesa NF P 18-592 (AFNOR, 1990a), realiza-se o "teste da mancha" que consiste em colocar uma gota da preparação num papel de filtro normalizado (Figura 4.1) e verificar se existe uma auréola azul claro no bordo da mancha.

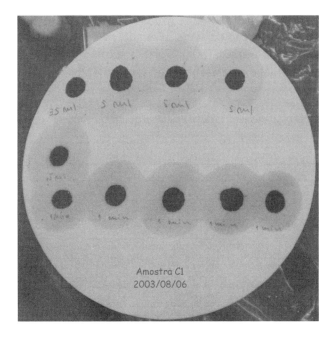

Figura 4.1 – Papel de filtro usado na realização do ensaio de adsorção de azul de metileno pelo método da mancha, sobre uma amostra de calcário

A presença da auréola azul claro traduz a existência de azul de metileno livre na preparação, indicando que todas as partículas com capacidade de adsorção estão cobertas por uma camada de moléculas daquela substância.

O "valor de adsorção de azul de metileno" ("Vam") obtido pelo "método da mancha" (AFNOR, 1990a) e expresso em grama, é calculado para a fracção fina do agregado (0/0,75 mm) e não para a amostra integral, correspondendo este valor à quantidade de azul de metileno adsorvido por 100 g de material ensaiado. No entanto e à semelhança do que se faz para solos (AFNOR, 1990b), é também possível converter o "valor de adsorção de azul de metileno" num valor correspondente à amostra integral ou a uma das suas fracções.

Assim, para a amostra integral de um material com granulometria 0/D mm, o "valor de adsorção de azul de metileno", "Vam (0/D)", é obtido (Tran Ngoc Lan, 1981) por conversão do valor "Vam" através da equação (4.1)

$$\text{Vam (0/D)} = \frac{\text{Vam.f'}}{100} \tag{4.1}$$

onde f' é a proporção de finos (< 0,075 mm) existentes no material 0/D mm.

No Guia Técnico para a Construção de Aterros e Leito do Pavimento (LCPC/SETRA, 1992) considera-se o "valor de adsorção de azul de metileno" ("Vam") usado na classificação de solos, segundo este parâmetro, como o reportado à fracção 0/50 mm e não à fracção 0/0,075 mm sobre a qual se realiza o ensaio. A classificação assim obtida é a apresentada no Quadro 4.2.

QUADRO 4.2 – Classificação de material granular com base no "Vam"
(adapt. de Pereira e Picado-Santos, 2002)

Vam (g/100g de solo)	Classificação
Vam ≤ 0,1	Solos insensíveis à água
0,1 < Vam ≤ 0,2	Solos muito pouco sensíveis à água
0,2 < Vam < 1,5	Solos com sensibilidade à água
Vam = 1,5	Valor que distingue os solos areno-siltosos dos areno-argilosos
Vam = 2,5	Valor que distingue os solos siltosos pouco plásticos dos medianamente plásticos
Vam = 6,0	Valor que distingue os solos siltosos dos argilosos
Vam = 8,0	Valor que distingue os solos argilosos dos muito argilosos.

4.2.7. *Equivalente de Areia*

O ensaio de equivalente de areia tem por objectivo avaliar a quantidade de finos associados a um agregado, isto é, avaliar o seu estado de limpeza. Neste trabalho, o ensaio foi realizado segundo a especificação E 199 (LNEC, 1967b).

Com base no equivalente de areia é frequente classificar um solo de acordo com o Quadro 4.3, onde se apresentam os valores usuais do caderno de encargos da JAE (JAE, 1998), actual EP.

QUADRO 4.3 – Classificação de material granular com base no EA

EA (%)	Classificação
EA < 20	solo plástico
20 ≤ EA ≤ 30	ensaio não conclusivo
EA > 30	solo não plástico

Um dos inconvenientes deste ensaio é o facto de apenas permitir avaliar a quantidade de material fino presente num dado agregado e não a sua nocividade, isto é, a "argilosidade" do mesmo.

4.2.8. *Los Angeles*

Pretende-se com o ensaio de desgaste pela máquina de *Los Angeles* caracterizar o agregado em relação ao choque e ao desgaste provocado no mesmo quando submetido, juntamente com uma dada carga abrasiva, a 500 ou 1000 rotações.

A composição da carga abrasiva e o número de rotações são função da composição granulométrica do provete a ensaiar, a qual, por sua vez, é função da granulometria do agregado, como se indica na especificação E 237 (LNEC 1970).

4.2.9. *Micro-Deval*

Pretende-se com o ensaio de micro-*Deval* caracterizar o agregado em relação ao desgaste provocado no mesmo quando submetido, juntamente com uma dada carga abrasiva e água ou apenas com a carga abrasiva, a 12000 rotações num tambor sob condições definidas.

Na realização do ensaio de micro-*Deval* seguiu-se o procedimento indicado na NP EN 1097-1 (IPQ, 2002). Este procedimento consiste, em linhas gerais, em submeter a 12000 rotações com uma velocidade de 100 ± 5 rpm, num tambor e máquina adequados (Figura 4.2), descritos na NP EN 1097-1, uma massa de 5000 ± 5 g, composta por um provete de 500 ± 2 g de agregado e o restante por carga abrasiva, constituída por esferas de aço com diâmetro de 10 ± 0,5 mm, como se pode ver na Figura 4.3.

FIGURA 4.2 – Equipamento para ensaio de micro-*Deval*, do Laboratório de Mecânica de Pavimentos do DECUC

FIGURA 4.3 – Material, tambor e carga abrasiva a utilizar no ensaio de micro-*Deval*

No final do ensaio, o material resultante é passado pelo peneiro de 1,6 mm e, após secagem, regista-se a quantidade com dimensões superiores.

O provete de agregado é constituído em laboratório, a partir de material da fracção 10/14 mm, com a distribuição granulométrica seguinte:

- Entre 30 % e 40 % passando no peneiro de 11,2 mm, ou
- Entre 60 % e 70 % passando no peneiro de 12,5 mm

O ensaio pode ser realizado com água, e neste caso juntam-se ao provete mais carga abrasiva 2,5 litros de água, Figura 4.4 e Figura 4.5, ou e à semelhança do ensaio de *Los Angeles*, pode ser realizado a seco.

Figura 4.4 – Provete mais carga abrasiva a utilizar no ensaio de micro-*Deval*

Figura 4.5 – Junção de água ao material e carga abrasiva a utilizar no ensaio de micro-*Deval*

Por cada amostra, devem ser ensaiados dois provetes, pelo que numa máquina com 4 tambores como a da Figura 4.2, podem ser ensaiadas duas amostras em simultâneo.

Para cada provete ensaiado determina-se o coeficiente micro-*Deval*, M_{DE} ou M_{DS}, caso do ensaio com agregados húmidos e ensaio com agregados secos, respectivamente, equações (4.2) e (4.3), que corresponde à percentagem da amostra original reduzida a uma dimensão inferior a 1,6 mm.

$$M_{DE} = \frac{500 - m}{5} \; (\%) \tag{4.2}$$

$$M_{DS} = \frac{500 - m}{5} \; (\%) \tag{4.3}$$

onde:

M_{DE}- coeficiente micro-*Deval* (com agregados húmidos)
M_{DS}- coeficiente micro-*Deval* (com agregados secos)
m- massa das partículas de dimensão superior a 1,6 mm, em grama

O coeficiente de micro-*Deval* da amostra é dado pelo valor médio dos coeficientes de micro-*Deval* calculados para cada um dos provetes.

4.2.10. *Slake Durability Test*

O *slake durability test* ou ensaio de desgaste em meio húmido, concebido para rochas brandas, pretende avaliar a resistência da rocha ao enfraquecimento e desintegração quando submetida a dois ciclos padrão de desgaste em meio húmido.

O ensaio consiste, em linhas gerais e de acordo com o procedimento sugerido pela Sociedade Internacional de Mecânica das Rochas (ISRM, 1981), em sujeitar dez fragmentos de rocha, com arestas arredondadas e pesos compreendidos entre 40 e 60 g, variando o peso total do provete entre 450 e 550 g, a dois ciclos de molhagem – secagem, Figura 4.6.

A fase de molhagem consiste na colocação da amostra num tambor metálico com malha de 2 mm, Figura 4.7, o qual, tendo sido previamente colocado dentro de uma tina que se enche com água até 20 mm abaixo do eixo do mesmo, vai rodar 200 vezes em torno do seu eixo a uma velocidade de 20 rpm, enquanto a secagem é feita em estufa, a uma temperatura de 105°C e durante um período de 16 a 24 horas.

FIGURA 4.6 – a) Provete de calcário antes do *slake durability test*, b) após o 7º ciclo

FIGURA 4.7 – Equipamento *slake durability test*, do Laboratório de Geotecnia do DEC, ESTCB

O índice de desgaste em meio húmido, Id_2, é dado pela relação entre o peso da amostra seca após o 2º ciclo de molhagem – secagem e o seu peso inicial, apresentando-se o resultado em percentagem.

Alguns autores, na tentativa de diferenciarem rochas menos brandas, já que para rochas de moderada a alta resistência o desgaste ocorrido é muito baixo, têm seguido um procedimento diferente do sugerido pela ISRM (ISRM, 1981), e que consiste em aumentar a duração da fase de molhagem (Quinta Ferreira, 1990) ou em aumentar o número de ciclos molhagem – secagem considerando-se deste modo o Id_7 e não o Id_2 (Monteiro e Delgado Rodrigues, 1994).

Ainda pelo facto de em rochas de moderada a alta resistência o desgaste ser muito baixo, alguns autores expressam os resultados de forma diferente da recomendada pela ISRM (ISRM, 1981). Assim, em vez da quantidade retida no tambor, utilizam a quantidade que passa, pois e embora estes valores sejam complementares, são mais perceptíveis as pequenas variações de desgaste quando o resultado é expresso em números mais pequenos (Monteiro e Delgado Rodrigues, 1994).

Com base no índice de desgaste em meio húmido, após um dado número de ciclos, foram propostos alguns critérios de durabilidade (Luzia, 1998) para rochas brandas. No

Quadro 4.4 apresenta-se o critério proposto por *Gamble* (Gamble, 1971) a partir do segundo ciclo de desgaste em meio húmido, Id_2 (%), para o material retido no tambor.

QUADRO 4.4 – Critério de durabilidade para rochas a partir do segundo ciclo de desgaste em meio húmido, Id_2 (%), segundo *Gamble*

Id_2 (%) Material retido	Durabilidade
> 98	Muito alta
98 - 95	Alta
95 - 85	Média alta
85 - 60	Média baixa
60 - 30	Baixa
< 30	Muito baixa

4.2.11. *Índices de Forma*

A forma das partículas de agregado a utilizar nas camadas de pavimentos rodoviários deverá ser aproximadamente cúbica, não devendo as partículas ser lamelares ou alongadas, por serem mais frágeis (Pereira e Picado-Santos, 2002).

A forma das partículas é caracterizada pelos denominados índices de forma, o índice de lamelação e o índice de alongamento, que correspondem à percentagem, em peso, de partículas lamelares e alongadas, respectivamente.

Os índices de forma são obtidos, para uma dada granulometria d/D, pela relação entre as massas passadas e as massas retidas em dispositivos próprios para o efeito e de que se apresenta um exemplo na Figura 4.8.

Na determinação dos índices de forma, no presente trabalho, foram utilizados dispositivos do tipo b) e d) apresentados na Figura 4.8.

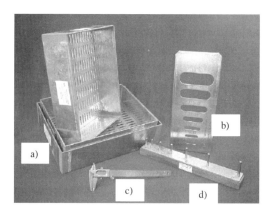

Figura 4.8 – Dispositivos para determinar os índices de forma:
a) e b) índice de lamelação; c) e d) índice de alongamento

4.3. Ensaios Utilizados na Caracterização Mecânica em Laboratório

A caracterização mecânica, em laboratório, dos materiais granulares foi realizada com recurso ao ensaio triaxial cíclico, usando o procedimento indicado na norma AASHTO TP 46 (AASHTO, 1994) e no *LTPP protocol P46* (FHWA, 1996).

Segundo aquela norma, o tipo de material em estudo, agregado britado de granulometria extensa a utilizar em sub-base, tendo dimensão máxima de 37,5 mm é classificado como material do tipo 1. Assim, os ensaios são realizados sobre provetes com diâmetro de 150 mm e altura de 2 vezes aquele, ou seja, 300 mm.

Os provetes devem ser compactados por vibro-compressão, em 6 camadas com espessura aproximada de 50 mm e em molde bipartido, tendo a compactação a duração necessária para se obter essa espessura de forma a atingir o peso específico seco pretendido.

O equipamento a utilizar na compactação deve ser um martelo vibro-compressor que obedeça às especificações da norma AASHTO TP 46 e apresentadas no Quadro 4.5.

QUADRO 4.5 – Características do martelo vibro-compressor,
a utilizar na compactação, segundo a norma AASHTO TP 46

Características	Variação
Frequência de percussão (ipm)	1800 - 3000
Potência absorvida (W)	750 - 1200
Diâmetro da placa de base (mm)	≥ 146

No que diz respeito às condições de teor em água e peso específico seco a utilizar na compactação de cada provete e segundo a norma AASHTO TP 46 – 94, podem ser os valores obtidos na compactação em laboratório, 95% do peso específico seco máximo e teor em água óptimo, ou os valores obtidos no controlo *in situ*, devendo ser utilizados estes sempre que sejam conhecidos.

A quantidade de material necessário para construir o provete é calculada a partir das características de compactação, peso específico seco e teor em água pretendidos, de acordo com o anexo A_1 da norma AASHTO TP 46 – 94 (AASHTO, 1994).

Antes de proceder à compactação do provete e com vista à uniformização do teor em água, deve, após adição da água necessária para obter o teor em água pretendido, deixar-se o material em repouso pelo menos durante 24 horas, em recipiente fechado, podendo usar-se por exemplo, sacos de plástico devidamente vedados.

O ensaio triaxial cíclico consiste na aplicação de 16 sequências de carga ao provete, nas quais variam quer a tensão deviatória quer a tensão de confinamento, aplicada através de ar comprimido e mantendo o provete durante o ensaio sujeito aum vácuo de 7 kPa.

O número de ciclos de carga-descarga aplicado é de 1000 para a primeira sequência, correspondente ao condicionamento do provete, e de 100 nas 15 restantes, correspondentes ao ensaio de módulos. As condições de carregamento são as apresentadas no Quadro 4.6, correspondendo aos caminhos de tensões apresentados na Figura 4.9.

QUADRO 4.6 – Condições de carregamento dos ensaios triaxiais cíclicos

Sequência	Materiais a utilizar em sub-base ou base				n° de ciclos
	σ_3	$\sigma_{máx}$	$\sigma_{cíclica} = q = \sigma_1 - \sigma_3$	$\sigma_{contacto}$	
	(kPa)				
0	103,4	103,4	93,1	10,3	1000
1	20,7	20,7	18,6	2,1	
2	20,7	41,4	37,3	4,1	
3	20,7	62,1	55,9	6,2	
4	34,5	34,5	31,0	3,5	
5	34,5	68,9	62,0	6,9	
6	34,5	103,4	93,1	10,3	
7	68,9	68,9	62,0	6,9	
8	68,9	137,9	124,1	13,8	100
9	68,9	206,8	186,1	20,7	
10	103,4	68,9	62,0	6,9	
11	103,4	103,4	93,1	10,3	
12	103,4	206,8	186,1	20,7	
13	137,9	103,4	93,1	10,3	
14	137,9	137,9	124,1	13,8	
15	137,9	275,8	248,2	27,6	

σ_3 tensão de confinamento; σ_{max} tensão axial máxima;
$\sigma_{cíclica}$ tensão axial cíclica; $\sigma_{contacto}$ tensão de contacto

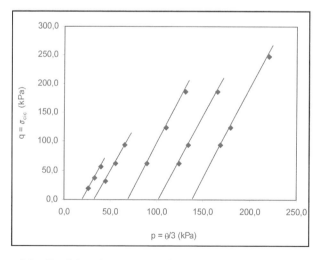

FIGURA 4.9 – Caminhos de tensões seguidos durante o ensaio triaxial cíclico

No ensaio de módulos são, assim, aplicados os 3 níveis de tensão q/p apresentados no Quadro 4.7 e na Figura 4.10.

QUADRO 4.7 – Níveis de tensão p/q aplicados durante o ensaio de módulos

Seq.	σ_3	$\sigma_{máx}$	$\sigma_{cíclica} = q = \sigma_1 - \sigma_3$	$\sigma_{contacto}$	q/p ($\sigma_{cíclica}/\theta$)	N. Tensão (NT)
	(kPa)					
1	20,7	20,7	18,6	2,1	0,7	
4	34,5	34,5	31	3,5	0,7	
7	68,9	68,9	62	6,9	0,7	
10	103,4	68,9	62	6,9	0,5	1
11	103,4	103,4	93,1	10,3	0,7	
13	137,9	103,4	93,1	10,3	0,6	
14	137,9	137,9	124,1	13,8	0,7	
2	20,7	41,4	37,3	4,1	1,1	
5	34,5	68,9	62	6,9	1,1	
8	68,9	137,9	124,1	13,8	1,1	2
12	103,4	206,8	186,1	20,7	1,1	
15	137,9	275,8	248,1	27,6	1,1	
3	20,7	62,5	55,9	6,2	1,4	
6	34,5	103,4	93,1	10,3	1,4	3
9	68,9	206,8	186,1	20,7	1,4	

σ_3 tensão de confinamento; σ_{max} tensão axial máxima;
$\sigma_{cíclica}$ tensão axial cíclica; $\sigma_{contacto}$ tensão de contacto

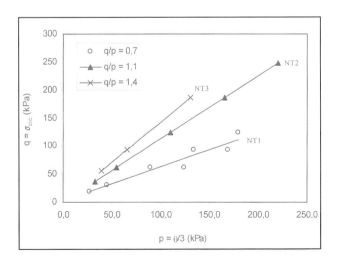

FIGURA 4.10 – Níveis de tensão p/q aplicados durante o ensaio de módulos

O carregamento é do tipo sinusoidal com repouso, correspondendo a fase de carga a 0,1 segundo e a fase de repouso a 0,9 segundo, tendo, assim, cada ciclo a duração de 1 segundo, como se pode verificar na Figura 4.11 e Figura 4.12.

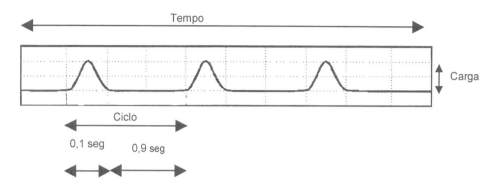

FIGURA 4.11 – Carregamento função do tempo (adapt. LTPP Protocol P46, FHWA, 1996)

No que diz respeito à deformação, ela divide-se em duas partes, deformação resiliente ou recuperável e deformação permanente ou não recuperável, como se indica na Figura 4.13 e Figura 4.14.

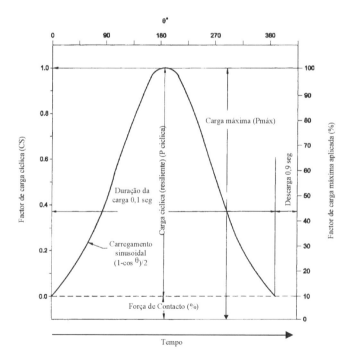

FIGURA 4.12 – Carregamento sinusoidal com repouso, aplicado no ensaio triaxial cíclico, segundo a norma AASHTO TP 46 – 94 (adapt. *LTPP Protocol P46*, FHWA, 1996)

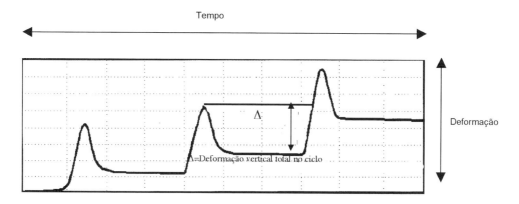

FIGURA 4.13 – Deformação função do tempo (adapt. *LTPP Protocol P46*, FHWA, 1996)

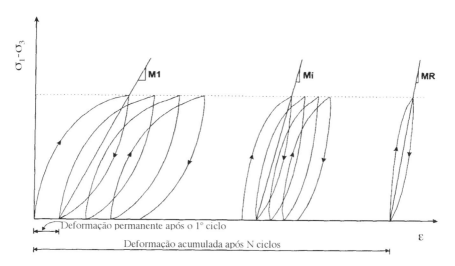

FIGURA 4.14 – Evolução da deformação de um material granular com o número de ciclos (adapt. IMT, 2001)

No âmbito do presente trabalho os ensaios triaxiais cíclicos foram realizados com o equipamento existente no Laboratório de Mecânica de Pavimentos do Departamento de Engenharia Civil da Universidade de Coimbra e que se apresenta na Figura 4.15.

FIGURA 4.15 – Equipamento existente no Laboratório de Mecânica de Pavimentos do Departamento de Engenharia Civil da FCT da Universidade de Coimbra

O equipamento é, genericamente, composto por:

- prensa Wykheam Farrance de 100 kN;
- câmara triaxial para provetes de 160 mm de diâmetro e 300 mm de altura;
- sistema de aquisição de dados com 8 canais;
- célula de carga de 25 kN;
- 2 LVDT externos;
- compressor.

Do ensaio triaxial cíclico obtém-se um vasto conjunto de informação por cada sequência de carga, nomeadamente estado de tensão, deslocamentos verticais, medidos em dois pontos no exterior da câmara através de LVTs aí colocados (Figura 4.16), deformações axiais, permanente e resiliente, e módulo resiliente.

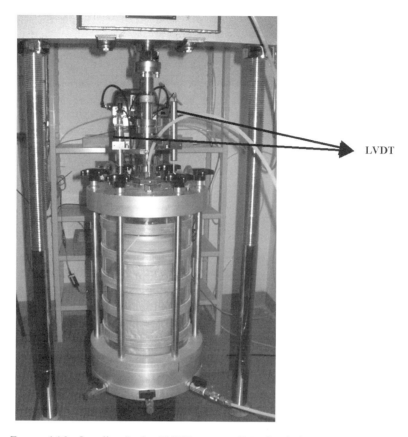

FIGURA 4.16 – Localização dos LVDTs para medição dos deslocamentos verticais.

No Quadro 4.8 apresenta-se um extracto de um ficheiro de resultados, onde se pode observar o tipo de resultados que se obtêm.

O módulo resiliente, sendo a relação entre a tensão deviatória e a deformação resiliente axial, é calculado a partir da equação (3.1), para cada um dos 5 últimos ciclos de cada uma das 16 sequências, sendo o valor médio para esses ciclos o valor de módulo resiliente correspondente à sequência.

A extensão vertical é registada para cada uma das sequências, sendo, no fim dos 2500 ciclos, correspondentes às 16 sequências de ensaio, obtida a extensão vertical total, pela soma do seu valor em cada uma das sequências.

QUADRO 4.8 – Extracto de um ficheiro de resultados do ensaio triaxial cíclico

Sequence Number	0						
Cycle Number	**996**	**997**	**998**	**999**	**1000**	**Average**	**Std Dev.**
Resilient modulus (MPa)	359	445	406	400	409	404	30
Resilient axial micro-strain	259,666	209,198	229,548	234,432	229,548	232,479	18,043
Permanent axial strain (%)	0,032	0,034	0,032	0,032	0,034	0,033	0,001
Confining pressure (kPa)	103,541	103,541	103,541	103,541	102,564	103,346	0,437
Cyclic stress (kPa)	93,278	93,278	93,278	93,969	93,969	93,554	0,378
Contact stress (kPa)	11,055	10,364	10,364	10,364	10,364	10,502	0,309
Maximum stress (kPa)	104,333	103,642	103,642	104,333	104,333	104,056	0,378
Resilient actuator micro-strain	488,400	488,400	463,980	463,980	488,400	478,632	13,375
Permanent actuator strain (%)	0,039	0,039	0,039	0,039	0,039	0,039	0,000
Cyclic load (kN)	1,648	1,648	1,648	1,661	1,661	1,653	0,007
Maximum load (kN)	1,844	1,832	1,832	1,844	1,844	1,839	0,007
Contact load (kN)	0,195	0,183	0,183	0,183	0,183	0,186	0,005
Axial resilient deformation (mm)	0,078	0,063	0,069	0,070	0,069	0,070	0,005
Axial #1 resilient deformation (mm)	0,085	0,061	0,073	0,073	0,073	0,073	0,009
Axial #2 resilient deformation (mm)	0,070	0,064	0,064	0,067	0,064	0,066	0,003
Actuator resilient deformation (mm)	0,147	0,147	0,139	0,139	0,147	0,144	0,004
Axial permanent deformation (mm)	0,096	0,102	0,096	0,096	0,102	0,098	0,003
Axial #1 permanent deformation (mm)	0,098	0,110	0,098	0,098	0,110	0,103	0,007
Axial #2 permanent deformation (mm)	0,094	0,094	0,094	0,094	0,094	0,094	0,000
Actuator permanent deformation (mm)	0,117	0,117	0,117	0,117	0,117	0,117	0,000

4.4. Ensaios Utilizados na Caracterização Mecânica *in situ*

Com vista à caracterização mecânica *in situ* dos materiais foi realizado o ensaio de carga com o deflectómetro de impacto.

O ensaio de carga com o deflectómetro de impacto consiste na aplicação, à superfície de um pavimento ou de uma dada camada do mesmo, de uma força de impacto gerada pela queda de uma massa de uma dada altura sobre um conjunto de amortecedores, a qual vai ser transmitida ao solo através de uma placa circular com 30 ou 45 cm de diâmetro. Esta força vai variar ao longo do tempo por forma a simular a passagem de um veículo a uma velocidade variando entre os 60 km/h e os 80 km/h.

A força máxima aplicada varia em função da massa cadente, da altura de queda e do número de amortecedores, sendo que, para o caso do deflectómetro de impacto utilizado, a massa varia entre 50 kg e 350 kg, o número de alturas de queda possível é de 4, correspondentes a 50 mm, 100 mm, 200 mm ou 390 mm, o que, no caso da placa de 300 mm, leva a valores de força de pico a variar entre, aproximadamente, 20 kN e 120 kN (Dynatest, 2001).

Neste trabalho foi utilizado o equipamento do Laboratório de Mecânica de Pavimentos do DEC da FCT da Universidade de Coimbra e do DEC da Universidade do Minho. O equipamento, composto por um atrelado, apresentado na Figura 4.17, no qual está montado o sistema de geração da carga e os dispositivos para medição das deflexões, pelo dispositivo de aquisição dos resultados e pelo sistema de comando dos ensaios, os quais se encontram no veículo rebocador, é um Dynatest 8000, com 9 geofones, o primeiro localizado no centro da placa e os restantes 8 às distâncias de 300 mm, 450 mm, 600 mm, 900 mm, 1200 mm, 1500 mm, 1800 mm e 2100 mm, respectivamente, como se pode verificar na Figura 4.18 e Figura 4.19.

FIGURA 4.17 – Deflectómetro de Impacto dos DEC da FCTUC e da UM

As grandezas medidas são o valor de pico da força e as deflexões nos vários pontos da superfície. O sistema de leitura consiste numa célula de carga colocada junto da placa, Figura 4.18, para medição da força e de um conjunto de transdutores colocados à superfície para medição das deflexões. As deflexões são medidas no centro da placa e a sucessivas distâncias do centro, nos geofones colocados às distâncias atrás referidas, obtendo-se, após projecção, a curva de deflexão apresentada na Figura 4.19.

FIGURA 4.18 – Deflectómetro de Impacto dos DEC da FCTUC e da UM, onde se pode ver a placa de 450 mm e os geofones.

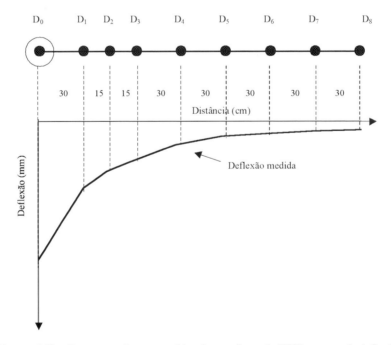

FIGURA 4.19 – Representação esquemática dos geofones do FWD e curva de deflexão

Os resultados obtidos neste ensaio são posteriormente interpretados por retro – análise, usando um método de simulação do estado de tensão – deformação em regime linear, como, por exemplo, o usado pelo programa informático ELSYM5.

4.5. Referências Bibliográficas

AASHTO (1994). "Standard test method for determining the resilient modulus of soils and aggregate materials". TP 46, American Association of State Highway and Transportation Officials, USA.

AFNOR (1990a). "Granulats. Essai au Bleu de Méthylène. Méthode à la Tache". NF P 18-592, Association Française de Normalisation, France.

AFNOR (1990b). "Sols: Reconnaissance et Essais. Mesure de la Quantité et de l'Activité de la Fraction Argileuse. Determination de la Valeur de Bleu de Méthylène d'un Sol par l'Essai à la Tache". NF P 94-068, Association Française de Normalisation, France.

BSI (1990). Soils for civil engineering purposes. Part 4. Compaction-related tests. BS 1377: part 4, British standard institution, England.

CASTELO BRANCO, F. V. M. (1996). "Estudo da influência de uma contaminação no comportamento mecânico de um agregado calcário de granulometria extensa". Dissertação de Mestrado, Universidade de Coimbra, Coimbra.

Dynatest International (2001). "Dynatest 8000 FWD Test System. Owners Manual, version 1.7.0". Denmark.

FHWA (1996). "LTPP materials characterization: Resilient modulus of unbound granular base/subbase materials and subgrade soils". Protocol P46, U.S. Department of Transportation, Federal Highway Administration, USA.

GAMBLE, J. C. (1971): "Durability – Plasticity classification of shale and other argillaceous rocks". Phd. Thesis. University of Illinois, USA.

IGPAI (1969). "Solos. Determinação dos Limites de Consistência". NP-143, Inspecção Geral dos Produtos Agrícolas e Industriais, Lisboa.

IMT (2001). "Modulus de Resiliencia en Suelos Finos y Materials Granulares". Instituto Mexicano del Transporte, Publicación Técnica nº 142.

IPQ (2002). "Ensaios das propriedades mecânicas dos agregados. Parte 1: Determinação da resistência ao desgaste (micro-Deval)". NP EN 1097-1, 2ª ed., Instituto Português da Qualidade, Lisboa.

ISRM (1981). "Suggested Method for Determination of the Slake – Durability Index". Rock Characterization Testing & Monitoring. ISRM Suggested Methods. Ed. E.T. Brown, Pergamon Press.

JAE (1998). "Caderno de encargos – tipo para a execução de empreitadas de construção". Junta Autónoma de Estradas, Lisboa.

LCPC/SETRA (1992). "Réalisation des Remblais et des Couches de Forme. Guide Technique". Ed. LCPC/SETRA, Paris.

LNEC (1966). "Solos. Ensaio de Compactação". E 197, Laboratório Nacional de Engenharia Civil, Lisboa.

LNEC (1967a). "Solos. Determinação do CBR". E 198, Laboratório Nacional de Engenharia Civil, Lisboa.

LNEC (1967b). "Solos. Ensaio de Equivalente de Areia". E 199, Laboratório Nacional de Engenharia Civil, Lisboa.

LNEC (1969). "Agregados. Análise Granulométrica". E 233, Laboratório Nacional de Engenharia Civil, Lisboa.

LNEC (1970). "Ensaio de Desgaste pela Máquina de Los Angeles". E 237, Laboratório Nacional de Engenharia Civil, Lisboa.

LUZIA, R. (1998). "Fundação de Pavimentos Rodoviários. Estudo da Utilização de Materiais Xisto – Grauváquicos". Dissertação de Mestrado, Departamento de Engenharia Civil da F. C.T. da Universidade de Coimbra, Coimbra.

MONTEIRO, B. E DELGADO RODRIGUES, J. (1994). "Método sugerido para a determinação do ensaio de desgaste em meio húmido (Slake – Durability Test)". Laboratório Nacional de Engenharia Civil, Lisboa.

PEREIRA, P. e PICADO-SANTOS, L. (2002). "Pavimentos Rodoviários". Edição de autor (ISBN 972-8692-02-1), Braga.

QUINTA FERREIRA, M. O. (1990). "Aplicação da Geologia de Engenharia ao estudo de Barragens de Enrocamento". Tese de Doutoramento, Universidade de Coimbra, Coimbra.

Tran Ngoc Lan (1977): "Un Nouvel Essai d'Identification des sols. L'essai au Bleu de Méthylène". Bull. Liaison Lab. P. et Ch., n.° 88, pp 136-137.

Tran Ngoc Lan (1981). "Utilisation de L'essai au Bleu de Méthylène en Terrassement Routier". Bull. Liaison Lab. P. Ch., n.° 111, pp 5-16.

5. ESPECIFICAÇÕES E RECOMENDAÇÕES PARA A CARACTERIZAÇÃO DE AGREGADOS BRITADOS NÃO LIGADOS

5.1. Considerações Iniciais

Neste capítulo pretende fazer-se uma análise das especificações e recomendações relativas a materiais granulares não ligados, com vista à sua utilização nas camadas granulares de pavimentos rodoviários, existentes na prática tecnológica de alguns países, nomeadamente Portugal e Estados Unidos da América, bem como indicadas no âmbito da União Europeia, no que diz respeito à sua classificação e aplicação em estradas.

Assim, irá proceder-se à descrição das especificações e recomendações para estes materiais, efectuando os comentários que se acham relevantes para cada situação.

5.2. Situação em Portugal

5.2.1. *Considerações Iniciais*

Em Portugal não existe um documento específico no qual se concentre uma classificação global dos materiais e especificações ou recomendações com vista à sua utilização nas camadas granulares de pavimentos rodoviários, ao contrário do que acontece noutros países.

Pode, no entanto, encontrar-se um conjunto de documentos avulso, nomeadamente especificações do Laboratório Nacional de Engenharia Civil e documentos da Junta Autónoma de Estradas, actual EP – Estradas de Portugal, E.P.E., como sejam o Caderno de Encargos Tipo (CEJAE) (JAE, 1998) ou o Manual de Concepção de Pavimentos para a Rede Rodoviária Nacional (MACOPAV) (JAE, 1995), os quais dão indicações acerca das características dos materiais a utilizar nas diferentes camadas de pavimentos rodoviários.

Irá de seguida passar-se em revista cada um desses documentos, analisando em que condições e com que finalidade podem ser utilizados e, ainda, qual a sua aplicabilidade aos materiais em estudo neste trabalho.

5.2.2. *"Solos. Classificação para Fins Rodoviários" Especificação LNEC E 240 – 1970*

Destina-se esta especificação E 240 (LNEC, 1970) a classificar os solos e as suas misturas em grupos, com base nos resultados de ensaios de caracterização, análise granulométrica e limites de consistência, e atendendo ao seu comportamento em estradas.

A classificação parte da percentagem de material que passa no peneiro ASTM de 0,075 mm, fazendo uma primeira divisão entre solos granulares e solos silto--argilosos para uma percentagem de passados no referido peneiro de 35%.

Dentro de cada um destes definem-se grupos e subgrupos que são função quer da granulometria, percentagens passadas nos peneiros ASTM de 0,420 mm e de 2,00 mm, quer da plasticidade do material, limite de liquidez e índice de plasticidade.

A classificação fica completa com a determinação do índice de grupo (IG), o qual pode ser determinado usando a fórmula empírica ou os ábacos presentes na especificação e que são função da percentagem de material passado no peneiro ASTM de 0,075 mm e dos limites de consistência. Este índice, que pode variar de 0 a 20, dá informação acerca da compressibilidade do solo, e aumenta com esta.

5.2.3. *Manual de Concepção de Pavimentos para a Rede Rodoviária Nacional*

O objectivo do Manual de Concepção de Pavimentos para a Rede Rodoviária Nacional (JAE, 1995) é o de apoiar e orientar a concepção das estruturas de pavimentos e respectivas fundações, a adoptar na construção de novas infraestruturas rodoviárias incluídas no Plano Rodoviário Nacional.

As estruturas propostas foram definidas com base em métodos empírico – analíticos de dimensionamento de pavimentos, recorrendo a modelos de comportamento, e também em elementos resultantes da observação do comportamento de pavimentos construídos nos últimos anos.

Assim e para definir uma estrutura de pavimento, torna-se necessário dispor de dados relativos a:

- Tráfego;
- Condições climáticas;
- Condições de fundação;
- Materiais de pavimentação.

Dentro dos limites expressos no MACOPAV (JAE, 1995), é possível admitir diferentes condições para os pavimentos. Para efeitos de dimensionamento são considerados, essencialmente, o efeito do tráfego e as condições de fundação.

Relativamente ao efeito do tráfego, apenas se considera o tráfego pesado, com base no Tráfego Médio Diário Anual de Veículos Pesados, por sentido, na via mais solicitada, $(TMDA)_p$, a partir do qual se definem oito classes de tráfego, T_0 a T_7.

No que diz respeito às condições de fundação, são definidas classes de fundação, com base no solo presente na fundação e no disponível para efectuar o leito do pavimento. Assim, define-se a classe de terreno da fundação, em função da Classificação Unificada (ASTM, 2001a) do mesmo e do CBR, variando de S_0, para CBR < 3% a S_5, para CBR ≥ 40%.

Após a definição da classe de terreno de fundação e sabendo qual o solo a utilizar no leito do pavimento, define-se a classe de fundação, que varia de F_1 a F_4 para pavimentos cujo leito é constituído por materiais não tratados e de F_2 a F_4 para pavimentos cujo leito é constituído por solos tratados com ligantes hidráulicos.

A estrutura do pavimento é, assim, definida, a partir do conjunto de possibilidades presentes no MACOPAV, com base na classe de tráfego e na classe de fundação previamente encontradas.

As características a respeitar pelos materiais granulares britados não tratados a utilizar em camada de sub-base (SbG) e camada de base (BG), são as apresentadas no Quadro 5.1, segundo o MACOPAV (JAE, 1995).

QUADRO 5.1 – Características a apresentar pelos materiais granulares britados segundo o MACOPAV (JAE, 1995)

Características	BG	SbG
Granulometria	Extensa	Extensa
Dimensão máxima do agregado (mm)	37,5	50,0
Equivalente de areia mínimo (%)	50	50
Los Angeles máximo (%)	35 (granulometria F)	40 (granulometria B)

BG   Material britado sem recomposição (tout-venant) aplicado em camada de base
SbG   Material britado sem recomposição (tout-venant) aplicado em camada de sub-base

5.2.4 *Caderno de Encargos da JAE (actual EP-E.P.E.)*

No Caderno de Encargos Tipo da Junta Autónoma de Estradas (JAE, 1998), actual EP – Estradas de Portugal, E.P.E., encontram-se recomendações relativamente às características dos materiais a utilizar nas diversas camadas constituintes de um pavimento rodoviário.

Essas características dizem respeito, essencialmente, à granulometria, plasticidade, limpeza, incluindo em algumas situações o valor de adsorção de azul de metileno (Vam), capacidade de suporte e, ainda, perda por desgaste.

Deste modo, os materiais em estudo, materiais granulares britados a usar em camada de sub-base ou base não tratadas, devem, segundo o CEJAE (JAE, 1998), satisfazer o fuso granulométrico constante do Quadro 5.2 e correspondente à Figura 5.1, bem como as características apresentadas no Quadro 5.3.

QUADRO 5.2 – Fuso granulométrico a respeitar pelos materiais granulares britados, sub-base e base, segundo o CEJAE (JAE, 1998)

Abertura da malha peneiro ASTM (mm)	Material passado (%)
37,500 (1½")	100
31,500 (1¼")	75 - 100
19,000 (3/4")	55 - 85
9,500 (3/8")	40 - 70
6,300 (1/4")	33 - 60
4,750 (n.° 4)	27 - 53
2,000 (n.° 10)	22 - 45
0,425 (n.° 40)	11 - 28
0,180 (n.° 80)	7 - 19
0,075 (n.° 200)	2 - 10

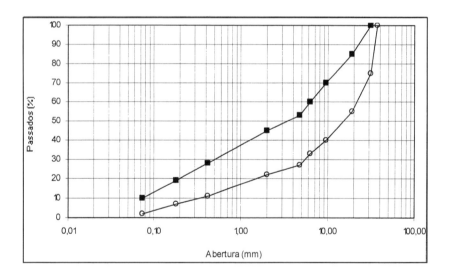

FIGURA 5.1 – Fuso granulométrico a respeitar pelos materiais granulares britados, sub-base e base, segundo o CEJAE (JAE, 1998)

QUADRO 5.3 – Características a respeitar pelos materiais granulares britados segundo o CEJAE (JAE, 1998)

Características	Caderno de Encargos	
	Sub-base	Base
% de material retido no peneiro de 19 mm	< 30	< 30
Curva granulométrica dentro do fuso	Forma regular	
Los Angeles máximo (%) (granulometria A)	45	40
Índices de lamelação e de alongamento máximos (%)	-	35
Limite de liquidez (%)	NP	NP
Índice de plasticidade (%)	NP	NP
Equivalente de areia mínimo (%)	45 a)	50 b)

a) se EA < 45%, então o Vamc deverá ser inferior a 30, sendo calculado pela equação (5.1)

b) se EA < 50%, então o Vamc deverá ser inferior a 25, sendo calculado pela equação (5.1)

$$\text{Vamc} = \text{Vam} \times \frac{\%P\#200}{\%P\#10} \times 100 \tag{5.1}$$

onde:

Vamc   Valor de azul de metileno corrigido
Vam   Valor de azul de metileno
%P#200   Percentagem acumulada de material que passa no peneiro n.° 200 ASTM
%P#10   Percentagem acumulada de material que passa no peneiro n.° 10 ASTM

5.3. Situação na Europa

5.3.1. *Considerações iniciais*

Em 1991, o *Forum of European National Highway Research Laboratories* (FEHRL) propôs à Direcção-Geral para os Transportes da Comissão Europeia um Programa Europeu de Investigação em Estradas (SERRP), tendo por objectivo promover o desenvolvimento técnico na engenharia rodoviária. O programa, identificando 15 tópicos de investigação, apresentava um relativo ao estudo de materiais granulares britados não tratados: *SP01-GRAN-MAT – "Unbound granular materials"* (COST 337, 2000 e COST 337, 2002).

Na sequência desta proposta, um grupo de investigadores, pertencentes ao FEHRL e instituições interessadas em materiais granulares britados, reuniu informalmente em Dezembro de 1995, tendo verificado que existia interesse dos vários intervenientes em cooperar neste projecto de investigação internacional. Assim, foi apresentada uma proposta ao Comité Técnico para os Transportes do Programa COST, a qual foi aceite, tendo sido formado o COST 337 (COST 337, 2000 e Cost 337, 2002).

O COST 337, que reuniu pela primeira vez em Outubro de 1996, era um programa previsto para 4 anos. Participaram na acção delegados de instituições de 19 Países, nomeadamente, Áustria, Bélgica, Croácia, Dinamarca, Eslovénia, Espanha, Finlândia, França, Grécia, Holanda, Hungria, Islândia, Irlanda, Itália, Noruega, Portugal, Reino Unido, Suécia e Suíça, com presidência da Finlândia, através do *Technical Research Centre*, tendo sido publicado para discussão um relatório final provisório, no final de 2000 (COST 337, 2000) e o relatório final da acção em Outubro de 2002 (Cost 337, 2002).

Mais tarde, Janeiro de 1998, foi iniciado o programa COURAGE (*COnstruction with Unbound Road Aggregates in Europe*), que contou com a participação de instituições, na sua maioria participantes na acção COST 337, do Reino Unido, que presidiu ao projecto, Portugal, Finlândia, França e Irlanda. Participaram, ainda e como membros associados, instituições da Eslovénia, Islândia, Alemanha e Grécia (COST 337, 2000; COST 337, 2002 e COURAGE, 1999).

O referido programa, apoiado pelo *Forum of European National Highway Research Laboratories* (FEHRL) e tendo como objecto de estudo o comportamento mecânico de agregados seleccionados de entre os usados na Europa, recorrendo à realização de ensaios de laboratório e *in situ* em pavimentos tipo, foi concluído em Dezembro de 1999 (COURAGE, 1999).

5.3.2 *"COST 337: Unbound Granular Materials for Road Pavements"*

Considerações Iniciais

A acção COST 337 "*Unbound granular materials for road pavements*", que decorreu entre 1996 e 2000, com a participação de 19 países Europeus, incluindo Portugal, teve como objectivos principais (COST 337, 2000 e COST 337, 2002):

- Desenvolver e definir os procedimentos a utilizar na caracterização das propriedades estruturais dos agregados britados não tratados;
- Identificar os factores mais relevantes com influência no seu comportamento;
- Chegar a resultados que possam ser utilizados no dimensionamento dos pavimentos.

Como objectivos secundários foram estabelecidos os seguintes:

- Desenvolver técnicas apropriadas à normalização dos ensaios de caracterização mecânica dos materiais granulares britados não tratados;
- Estimular a utilização de materiais secundários, reciclados, quando tal for apropriado.

Por forma a atingir estes objectivos foram criados 11 grupos de trabalho, aos quais foram atribuídas as tarefas apresentadas no Quadro 5.4.

QUADRO 5.4 – Grupos constituídos e tarefas desenvolvidas no âmbito da acção COST 337

Grupo	Tarefas
1	"Requisitos funcionais de camadas de base e sub-base"
2a	"Revisão de ensaios, procedimento de ensaios e metodologias"
2b	"Revisão de modelos e requisitos da modelação"
2c	"Revisão da utilização dos materiais"
2d	"Revisão da produção, construção e questões de qualidade"
3	"Exigências e especificações para a melhor utilização dos materiais"
4	"Coordenação dos programas de ensaios nacionais"
5	"Preparação de orientações para o ensaio de camadas granulares não tratadas"
6	"Recomendações sobre métodos de modelação"
7	"Orientações para trabalho futuro"
8	"Divulgação"

Cada um dos grupos de trabalho foi publicando relatórios relativos à questão em causa (COST 337 nottingham @, 2005b), tendo o programa culminado com a publicação, para discussão, de um relatório final provisório em 2000 (COST 337, 2000) e do relatório final da acção em Outubro de 2002 (COST 337, 2002).

Após a apresentação do trabalho levado a cabo por cada grupo de trabalho e respectivas conclusões, o relatório (COST 337, 2002) contém, no capítulo 9, conclusões e recomendações gerais para os materiais britados não tratados, algumas das quais irão ser reproduzidas, ainda que de forma resumida, nos pontos seguintes.

COST 337 – Conclusões

No capítulo 9 do relatório final da acção COST 337 (COST 337, 2002) são apresentadas as conclusões relativas à mesma. São inicialmente referidas as conclusões gerais, onde se refere que os objectivos iniciais da acção terão sido alcançados e, posteriormente, conclusões específicas relativas às questões concretas tratadas na acção, apresentadas em 9 pontos, de que se irão apresentar as directamente relacionadas com a caracterização, geotécnica e mecânica, dos materiais, quer em laboratório quer *in situ*, bem como as relativas à modelação do seu comportamento mecânico.

Assim, no que respeita à caracterização dos materiais britados não tratados, podem ser consideradas quatro metodologias de ensaio, função do tipo e da quantidade de material envolvido, isto é, podem considerar-se ensaios de laboratório sobre as partículas constituintes do agregado, ensaios de laboratório sobre o agregado compactado, ensaios *in situ* sobre as camadas compactadas e ensaios à escala real em simulador de tráfego.

No que respeita a ensaios de laboratório, verifica-se que o ensaio triaxial cíclico vem sendo a metodologia mais utilizada na caracterização do comportamento mecânico destes materiais em laboratório, embora essa crescente utilização se verifique quase exclusivamente em trabalhos de investigação.

Os ensaios de partículas em laboratório, que são geralmente usados na caracterização das partículas de agregado, incluem: petrografia, forma, fragmentação, desgaste, durabilidade, densidade das partículas, segurança ambiental, argilosidade e teor em matéria orgânica. No entanto, sobre tais ensaios podem ser feitas as observações que de seguida se apresentam (COST 337, 2002):

- São principalmente ensaios simples e empíricos, usados para fins de classificação. São úteis na caracterização de um material na fase de produção mas não são suficientes para caracterizar o seu comportamento mecânico num pavimento;
- A maioria daqueles ensaios, com excepção dos referentes a segurança ambiental, dado que são mais recentes, é muito utilizada na maior parte dos países europeus, estando já contemplados nas normas europeias;
- A maioria foi, no entanto, desenvolvida para agregado britado convencional, podendo não ser aplicáveis ou não ter o mesmo significado, para materiais alternativos, materiais reciclados, sub-produtos industriais ou outros, os quais vêm sendo cada vez mais utilizados. Assim, estes ensaios devem ser usados com cuidado para aquele tipo de materiais, sendo que, se deve tentar encontrar ensaios de desempenho que permitam a determinação directa das propriedades mecânicas das misturas não ligadas.

Os ensaios de laboratório utilizados na caracterização do material como um todo incluem os ensaios de desempenho atrás referidos para caracterização das misturas não ligadas, e ainda (COST 337, 2002):

- Ensaios de identificação como a análise granulométrica, percentagem de finos, densidade, teor em água e compactabilidade;
- Ensaios para determinação das características mecânicas e hidráulicas como rigidez, força, resistência às deformações permanentes, permeabilidade, capilaridade e sensibilidade à água.

Os ensaios de partículas em laboratório atrás referidos, são prática comum em todos os países da Europa e a maioria está mesmo contemplada com normas CEN.

No entanto e no que respeita aos ensaios de desempenho a situação não é tão satisfatória, já que, embora existam vários ensaios, actualmente os mesmos são usados, quase exclusivamente, em investigação, sendo necessário um significativo esforço no sentido de os melhorar, unificar e trazer para a prática corrente (COST 337, 2002). Nesse sentido, no relatório final da acção são feitas as seguintes observações e recomendações sobre tal tipo de ensaios:

- Para a avaliação do comportamento resiliente, o ensaio triaxial cíclico parece ser o método mais satisfatório para o futuro, já que o material pode ser

ensaiado a diferentes níveis de tensão cíclica, representativos das condições *in situ*, o comportamento, não linear e dependente da tensão dos materiais britados não ligados, pode ser analisado e descrito recorrendo a vários modelos de comportamento e os resultados podem ser usados na modelação e dimensionamento de pavimentos;
- Está em preparação uma norma europeia para o ensaio triaxial cíclico, cuja publicação irá, certamente, ajudar na utilização mais frequente do ensaio;
- Para a determinação da resistência à deformação permanente, que é outra propriedade chave dos agregados britados não ligados, a investigação está menos avançada do que no caso do comportamento resiliente. No entanto, parece ser o ensaio triaxial cíclico, novamente, o mais promissor para uso futuro, sendo necessário uniformizar a metodologia de ensaio bem como o desenvolvimento de modelos satisfatórios de previsão da deformação permanente, os quais possam ser utilizados no dimensionamento de pavimentos;
- A compactabilidade de um agregado é de grande importância para o construtor e controla o tipo e quantidade de equipamento de compactação a ter em obra. Actualmente são usados em laboratório métodos de compactação como o Proctor ou o martelo compactador, tentando simular as condições *in situ*. No entanto, é possível introduzir melhorias significativas ao nível da rapidez de ensaio, avaliação da evolução da densidade com o aumento da energia de compactação e avaliação da abrasão sofrida pelo material durante a compactação, recorrendo a compactação giratória, apesar de não se conhecerem ainda as potencialidades desta técnica de compactação para os materiais britados não ligados;
- Os materiais granulares são, geralmente, muito sensíveis ao teor em água e é muito importante avaliar a sua sensibilidade a este factor. Este parâmetro é frequentemente avaliado recorrendo a ensaios para a avaliação da qualidade dos finos, como o equivalente de areia ou o azul de metileno. No entanto, apesar da utilidade destes ensaios, a melhor metodologia para caracterizar a sensibilidade ao teor em água é a realização de ensaios de caracterização mecânica, como ensaios triaxiais cíclicos, para diferentes teores em água, representativos das condições que se espera venham a ocorrer *in situ*;
- As propriedades hidráulicas deste tipo de materiais, permeabilidade, capilaridade e relação teor em água – sucção, apesar de existirem ensaios que permitem determiná-las, raramente são consideradas no projecto de pavimentos rodoviários, para o dimensionamento dos órgãos de drenagem, por exemplo. Pelo que, se torna necessário desenvolver metodologias práticas para a previsão dos movimentos de água no pavimento.

Os ensaios *in situ* utilizados nas misturas não ligadas são os mesmos que se usam na determinação das características, *in situ*, dos materiais em geral, e incluem medição de baridade e teor em água, propriedades mecânicas como a rigidez, força, resistência à deformação permanente e propriedades hidráulicas. Sobre estes ensaios podem ser feitas as observações que de seguida se apresentam (COST 337, 2002):

- A medição das características de compactação *in situ*, densidade e teor em água, é uma prática corrente. Para a determinação da densidade, a utilização de nucleodensitómetro é o método mais adequado, em particular quando se trata de controlo de qualidade, dado que é muito mais rápido do que os métodos tradicionais, garrafa de areia e volume de água deslocado, sendo, no entanto, necessário proceder à calibração do equipamento para cada material. A densidade pode, também, ser avaliada recorrendo ao controlo de compactação contínuo, sendo a principal vantagem deste método o facto de ser ensaiada a superfície da camada na sua totalidade;
- A avaliação *in situ* das propriedades mecânicas resilientes dos agregados britados não ligados, vem sendo feita com recurso a diferentes tipos de ensaios dinâmicos de carga com placa. Dada a grande variedade de tipos de carregamento envolvidos, é necessário harmonizar a sua metodologia, interpretação e aplicação;
- Com vista à determinação da rigidez, têm sido desenvolvidos vários métodos: ensaio de carga com o deflectómetro de impacto (*FWD*), medida em contínuo da densidade (*Roller Integrated Continuous Compaction Control, RICCC*) e ensaio com deflectómetro pontual (*Portancemètre*). Estes ensaios apresentam vantagens significativas relativamente ao ensaio de carga com placa, já que são mais rápidos, e, alguns deles, como o *RICCC*, permitem a avaliação de toda a superfície da camada. No entanto, a experiência com estes ensaios é relativamente limitada, pelo que, geralmente são utilizados em conjunto com métodos mais clássicos, como o ensaio de carga com placa, com cujos resultados se correlacionam. No futuro é necessário avaliar em detalhe a validade destes novos ensaios e normalizá-los;
- Os ensaios à escala real em simulador de tráfego são um meio para avaliar a evolução da deformação permanente a longo prazo, no entanto, apenas são apropriados como ferramenta de investigação;
- Actualmente não existe nenhum ensaio directo, corrente, que permita avaliar, *in situ*, a resistência à deformação permanente de materiais granulares britados não ligados. Podem ser utilizados ensaios de carga à escala real, recorrendo a um camião carregado, para avaliar o comportamento do material ao tráfego de obra. No entanto, são ensaios demorados e não existem procedimentos normalizados para a sua realização;
- Em alguns países europeus existem métodos de ensaios normalizados para avaliar, *in situ*, a permeabilidade das camadas granulares. No entanto a permeabilidade dos materiais granulares raramente é medida e não existem especificações relativas a valores de permeabilidade requeridos para diferentes aplicações deste tipo de materiais.

Por fim, verifica-se que é notória a necessidade de ensaios e procedimentos que permitam (COST 337, 2002):

- Avaliar *in situ* a resistência dos materiais britados não ligados à formação de rodeiras;
- Avaliar quantitativamente a permeabilidade dos materiais granulares britados não ligados;
- Avaliar a resistência à fragmentação ou a utilização de materiais evolutivos durante a construção e durante a vida do pavimento. Este é, no entanto, um problema complexo dado que não é apenas a evolução da granulometria do material que tem de ser avaliada mas também o seu desempenho global na estrutura do pavimento;
- Analisar o comportamento dos materiais granulares britados não ligados como parte integrante de um pavimento;
- A verificação e calibração de modelos.

Deste modo, são necessárias técnicas de ensaio à escala real com carregamentos cíclicos, usadas em coordenação com ensaios de laboratório mais controlados.

As pistas de ensaio à escala real têm pavimentos à escala real, incluindo leito do pavimento, os quais são carregados com o mesmo tipo de pneus e carga por pneu que se verificam nos pavimentos reais. Apenas a velocidade poderá ser menor, o que, no entanto, não é muito importante, já que, o comportamento dos materiais granulares é pouco dependente do tempo de carga.

Assim e pelo exposto as pistas de ensaio à escala real são excelentes meios para o estudo das questões levantadas nos pontos anteriores, a não ser pelo facto de quer a sua aquisição quer a sua utilização serem muito dispendiosas (COST 337, 2002).

No que diz respeito à modelação do comportamento mecânico, resiliente e à deformação permanente, foi verificado (COST 337, 2002) que é necessário proceder a uma aproximação dos modelos existentes. Verificou-se também que o novo modelo de comportamento resiliente, modelo de Boyce anisotrópico, é o que melhor modela os resultados, tendo essa validação sido feita no âmbito desta acção.

A calibração de modelos recorrendo a ensaios *in situ*, por seu lado, apresenta algumas dificuldades, já que, não se sabe se as inexactidões encontradas são devidas a problemas na recolha de dados, a parâmetros usados ou aos modelos que se pretende calibrar e validar.

O módulo resiliente dos materiais britados não ligados depende fortemente do estado e nível de tensões e do módulo das camadas subjacentes. Os modelos utilizados na calibração *in situ*, mostram claramente o seu comportamento mas continuam a ser necessárias novas ferramentas que permitam incorporar esses factores no dimensionamento.

COST 337 – Recomendações

No capítulo 9 do relatório final da acção COST 337 (COST 337, 2002) são feitas, também, algumas recomendações relativas aos materiais britados não ligados.

Nos parágrafos seguintes irão reproduzir-se as que se entende terem mais directamente a ver com o trabalho agora desenvolvido.

No que respeita à caracterização dos materiais, devem ser desenvolvidos ensaios e procedimentos que permitam prever (COST 337, 2002):

- A avaliação *in situ* da resistência dos materiais britados não ligados à formação de rodeiras;
- A avaliação da permeabilidade dos materiais granulares britados não ligados;
- A resistência à fragmentação ou o uso de materiais evolutivos durante a construção e vida de um pavimento.

Quanto aos ensaios de laboratório é referido que (COST 337, 2002):

- Os ensaios de laboratório deveriam ser realizados sobre agregados com granulometria real, valores de teor em água típicos do que ocorre *in situ* e valores típicos de outras alterações climáticas que possam ocorrer;
- O ensaio triaxial cíclico deveria ser implementado mais amplamente fora da comunidade científica, como metodologia para avaliar as características resilientes e a deformação permanente;
- Os materiais granulares são muito sensíveis à variação do teor em água, pelo que, a sua determinação é muito importante, e poderá ser feita recorrendo a ensaios de comportamento mecânico, como o ensaio triaxial cíclico, para diferentes teores em água, representativos das condições que se espera venham a ocorrer *in situ*;
- Seria, ainda, desejável desenvolver ensaios para o estudo do comportamento destes materiais sob condições geladas e o seu comportamento mecânico depois de descongelarem. No entanto, esta situação não se aplica aos pavimentos Portugueses, dadas as temperaturas relativamente amenas do inverno em Portugal.

Para os ensaios *in situ* são feitas as recomendações seguintes (COST 337, 2002):

- Devido à grande variedade de ensaios de carga e equipamentos a ser utilizados actualmente, é necessário harmonizar a sua metodologia, interpretação e aplicação;
- Deveria ser verificada a validade de novos ensaios para medição da rigidez *in situ*, e o procedimento de ensaio normalizado;
- Para a medição da densidade deve utilizar-se o método nuclear, nucleodensitómetro, em particular no controlo de qualidade. No entanto, pode também recorrer-se ao controlo de compactação contínuo, sendo a principal vantagem deste método o facto de ser ensaiada a superfície da camada na sua totalidade;
- Deveriam ser desenvolvidos métodos de ensaio *in situ* normalizados, para a avaliação da permeabilidade.

No que diz respeito aos ensaios à escala real, as recomendações são (COST 337, 2002):

- No estudo da deformação permanente devida às acções do tráfego deveriam ser utilizados ensaios à escala real em simulador de tráfego. Seria importante comparar esses resultados com os dos ensaios triaxiais cíclicos de forma a verificar quão realísticos estes são;
- Os ensaios à escala real em simulador de tráfego deveriam também ser usados na análise da resistência à fragmentação, já que, sendo utilizados os mesmos métodos e equipamentos que nos pavimentos reais, é possível avaliar a fragmentação durante a construção e após a sujeição às acções do tráfego;
- Os ensaios de laboratório simulam bem as propriedades dos materiais britados não tratados para estados de tensão bem definidos. No entanto, essas condições tornam-se muito complicadas sob a acção do tráfego, pelo que, poderia ser analisado recorrendo a ensaios à escala real em simulador de tráfego, o efeito da estrutura do pavimento na rigidez dos materiais granulares britados não tratados, especialmente o efeito dos materiais das camadas subjacentes;
- Os ensaios à escala real em simulador de tráfego poderão ainda ser utilizados na calibração e verificação de modelos como foi demonstrado no trabalho desenvolvido nesta acção.

No que respeita à modelação do comportamento mecânico destes materiais é referido que (COST 337, 2002):

- Devem ser desenvolvidos modelos e ensaios de laboratório que dependam da tensão e das características das camadas subjacentes, para tornar possível a avaliação do módulo resiliente efectivo das camadas granulares não ligadas;
- Deve proceder-se a um maior desenvolvimento dos sistemas de medição *in situ* das tensões, deformações e medição de deflexões, dado que estes parecem ser o ponto mais fraco na calibração e validação de modelos de comportamento.

Sobre o dimensionamento de pavimentos é referido que (COST 337, 2002) deveriam ser adoptadas medidas por forma a que no dimensionamento se levassem em conta, adequadamente, a variabilidade dos materiais e a complexidade do seu comportamento mecânico.

Por fim e no que respeita a materiais alternativos, considera-se que devem ser utilizadas especificações que permitam a utilização deste tipo de materiais e que deve ser dada atenção, quer no dimensionamento quer na realização de ensaios, ao impacte ambiental de todos os agregados e não só aos de origem industrial (COST 337, 2002).

5.3.3 "COURAGE: COnstruction with Unbound Road Aggregates in Europe"

Considerações Iniciais

O programa COURAGE (COnstruction with Unbound Road Aggregates in Europe), apoiado pelo *Forum of European National Highway Research Laboratories* e iniciado em Janeiro de 1998, contou com a participação de 9 instituições de nove países, incluindo Portugal, e teve como objecto de estudo o comportamento mecânico de agregados seleccionados de entre os usados na Europa, recorrendo à realização de ensaios de laboratório e *in situ* em pavimentos tipo (COURAGE, 1999).

Os objectivos principais do programa foram:

- Aprofundar e estender os conhecimentos sobre o comportamento mecânico dos materiais britados não tratados;
- Definir metodologias para caracterizar esse comportamento de modo adequado à sua aplicação em dimensionamento de pavimentos e previsão do seu desempenho, em parte desenvolvendo modelos de comportamento;
- Tentar validar essa modelação com dados de desempenho de pavimentos reais;
- Aplicar os novos conhecimentos no desenvolvimento de melhores materiais e melhores métodos de utilização;
- Traçar directrizes no que respeita a ensaios, modelação e incorporação de materiais granulares não ligados (convencionais e secundários) nas camadas estruturais e fundação dos pavimentos.

À semelhança da acção COST 337, também o programa COURAGE tinha um endereço electrónico onde ia sendo colocada a informação disponível (COURAGE Nottingham @, 2005).

O programa COURAGE foi concluído em Dezembro de 1999, tendo sido publicado o relatório final (COURAGE, 1999) onde são descritas as principais tarefas desenvolvidas e respectivas conclusões e recomendações, as quais se apresentam, ainda que de um modo resumido, nos pontos seguintes.

COURAGE – Conclusões e Recomendações
Efeitos Climáticos sobre o Agregado Britado não Ligado em Camadas de Pavimentos Rodoviários

Em todos os países da Europa em que se monitorizaram pavimentos com vista à avaliação das alterações sazonais no teor em água, foi observado que a variação em todas as camadas estruturais seguia claramente as variações sazonais definidas, sendo o teor em água mais elevado no outono e na primavera (COURAGE, 1999).

Podem ocorrer consideráveis variações sazonais de humidade na estrutura do pavimento de país para país, devido, principalmente, ao tipo de material, temperatura e precipitação ou queda de neve. Os ensaios sobre pavimentos, realizados em 5 países, mostraram as variações do teor em água em relação ao óptimo, as quais são apresentadas no Quadro 5.5 (COURAGE, 1999).

Concluiu-se também que os pavimentos construídos sobre aterros terão maior probabilidade de ter um bom comportamento do que os construídos sobre escavações. Os teores em água encontrados nas estruturas de pavimentos construídos sobre escavações foram ligeiramente superiores aos encontrados nas dos pavimentos construídos sobre aterros, sendo que, no entanto, se encontraram menores variações nos primeiros. Nos pavimentos construídos sobre escavações a água pode fluir nas camadas do pavimento, especialmente se não for usado um sistema de drenagem profundo (COURAGE, 1999).

QUADRO 5.5 – Variações sazonais do teor em água em relação ao óptimo em camadas granulares de pavimentos de 5 países europeus

País	Local	Camada	w em relação ao w_{opt} ** (%)
Finlândia	FI.1	Base 1	42 - 81
		Base 2	35 - 98
		Sub-base	122 - 151
França		Base	42 - 98
Islândia	IS.1-3#	Base 2	67 - 133
		Sub-base 1	44 - 131
		Sub-base 2	54 - 119
Irlanda	EI.1-2	Base	43 - 68
		Sub-base	43 - 68
	EI.3	Base	54
		Sub-base	54
Portugal	PT.1*	Sub-base	27 - 97

Deve ser notado que altos valores de w nos pavimentos Islandeses são fortemente influenciados por pequenos períodos de congelamento no Inverno e pelo período de descongelamento em Abril;
* gama de valores aplicável ao período de tempo logo após construção; ** obtido do Proctor modificado

Mais se verificou que a impermeabilização das bermas era um aspecto importante quando se tentava impedir o acesso da água ao pavimento.

A humidade na estrutura do pavimento é muito dependente de (COURAGE, 1999):

- Níveis de precipitação;
- Do estado de conservação das zonas impermeáveis;
- Acabamento dado às bermas do pavimento;
- Cota do pavimento;
- Capacidade do pavimento para auto drenagem (permeabilidade);
- Capacidade do sistema de drenagem.

O aumento da humidade na estrutura do pavimento provoca a diminuição da sua capacidade de carga. Esta constatação está directamente relacionada com o facto, verificado durante o programa, de que quando aumenta o teor em água dos materiais britados não ligados o seu módulo resiliente diminui e a sua susceptibilidade à deformação permanente aumenta (COURAGE, 1999).

A resistência dos pavimentos experimentais monitorizados variou consideravelmente. Nos ensaios realizados em Portugal, em particular, foram obtidas deflexões eleva-das considerando a espessura das misturas betuminosas (295 mm). Porém, os resultados de ensaios com o deflectómetro de impacto realizados em dois locais na Irlanda e um na Finlândia, mostram que, se forem usadas espessuras adequadas de material granular de boa qualidade para as condições de fundação prevalecentes, se podem construir pavimentos mais resistentes e com um grande tempo de vida (COURAGE, 1999).

A experiência sugere que é necessário desenvolver um equipamento que permita medir com confiança e em materiais granulares, valores de humidade baixos, menores que 4%.

Propriedades dos Agregados Britados não Ligados com Base em Ensaios de Laboratório

Foi verificado que os ensaios de laboratório, simples e empíricos, ajudam na caracterização da qualidade do material, mas não dão indicação sobre a qualidade global do mesmo. Este facto pode dever-se, essencialmente (COURAGE, 1999):

- À natureza específica do ensaio (fragmentação, abrasão, etc);
- Ao facto de, em temos granulométricos, não ser usada uma amostra representativa do material;
- À severidade das condições utilizadas no ensaio;
- À grande variação nos limites das especificações usadas, de país para país.

Verificou-se que o ensaio de compactação giratório era adequado para os materiais em análise, mas que, o procedimento de ensaio é muito trabalhoso (COURAGE, 1999).

O ensaio triaxial estático foi considerado um bom indicador da resistência à ruptura por corte dos materiais, antes da realização de ensaios triaxiais cíclicos, usados para encontrar as suas características mecânicas (COURAGE, 1999).

O teor em água usado num dado material e para uma dada granulometria afecta significativamente as características mecânicas do material (módulo resiliente e deformação permanente).

A densidade dos materiais afecta significativamente a susceptibilidade do material à deformação permanente, no entanto, esse efeito no módulo resiliente tende a ser dependente da natureza do material.

Agregados Britados não Ligados em Pavimentos Experimentais

Relativamente à utilização de agregados britados não ligados em pavimentos experimentais concluiu-se que uma espessura de mistura betuminosa intermédia (85 mm), indica (COURAGE, 1999):

- Uma resposta "limitada", não linear e dependente da carga dos pavimentos flexíveis, os quais podem vir a ser limitados por condições frias, causando endurecimento da camada betuminosa;
- Uma grande dependência da força da velocidade, para velocidades até 40 km/h.

Uma camada betuminosa espessa (295 mm), por sua vez, indica (COURAGE, 1999):

- Baixos níveis de tensão nas camadas granulares, resultantes dos veículos, mesmo tráfego pesado, e dos ensaios com deflectómetro de impacto;
- Uma resposta muito linear do pavimento para diferentes níveis de carga;
- Uma grande dependência da força da velocidade, para velocidades até 15 km/h;
- Boa relação entre as tensões medidas sob um pneu a alta velocidade (40 km/h) e a carga do FWD (65 kN).

Modelação de Pavimentos Experimentais

Foi verificado que a resposta de um pavimento era grandemente afectada por variações no teor em água do material granular. Num pavimento com uma espessura de misturas betuminosas de 85 mm, aumentando o teor em água das camadas granulares de 38% do teor em água óptimo para 80% daquele valor, verificou-se um aumento das deformações, em particular horizontais, na base da camada betuminosa e verticais, no topo das camadas granulares, correspondendo este aumento de teor em água a um factor de redução do tempo de vida do pavimento de 3,5 (COURAGE, 1999).

Na modelação realizada no LCPC foram consideradas 4 hipóteses de modelação (COURAGE, 1999):

- Todos os materiais com comportamento elástico-linear;
- Mistura betuminosa e solo com comportamento elástico-linear e material granular descrito pelo modelo de Boyce;
- Mistura betuminosa com comportamento elástico-linear, solo e material granular descrito pelo modelo de Boyce;
- Mistura betuminosa com comportamento visco-elástico, solo e material granular descrito pelo modelo de Boyce.

Os resultados desse trabalho mostraram que (COURAGE, 1999):

- Para qualquer das hipóteses de modelação a ruína era governada pelo critério de fadiga nas misturas betuminosas;

- O modelo elástico-linear não previu muito bem a fadiga esperada para o betume. De referir, no entanto, que neste caso foi usada uma estrutura muito simples, sendo expectáveis melhores respostas se forem utilizadas estruturas mais refinadas;
- A hipótese de elasticidade linear e o modelo "completo", deram boas previsões do critério da camada granular;
- O modelo de Boyce, com os valores dos parâmetros determinados a partir de ensaios triaxiais cíclicos, deu boas previsões das tensões nas camadas granulares, aplicável para os estados de tensão baixos existentes em pavimentos com camadas estruturais ligadas. Este facto confirma a validade dos ensaios triaxiais cíclicos na previsão do comportamento mecânico dos materiais granulares não tratados para os mais baixos níveis de tensão. No entanto, a utilização do modelo de Boyce apenas para a base granular não é suficiente para estimar correctamente as tensões verticais no topo da camada de solo e as tensões horizontais na base da camada de mistura betuminosa;
- O modelo visco-elástico de Huet-Sayegh, com parâmetros determinados a partir de complexos ensaios de módulos em laboratório, deu uma boa resposta na previsão das tensões nas misturas betuminosas. Constatou-se que é particularmente útil na verificação da resposta do pavimento para diferentes condições de temperatura e carregamento.

5.4. Situação nos Estados Unidos

5.4.1. *Considerações Iniciais*

Nesta secção são apresentadas quatro normas relativas a materiais granulares, sendo a primeira delas respeitante apenas à sua classificação (ASTM, 2001a) e as três restantes às características que os materiais a utilizar em camadas de sub-base e base granulares não tratadas, devem apresentar.

Apresenta-se ainda o relatório final de um projecto de investigação desenvolvido pela *National Cooperative Highway Research Program* (NCHRP, 2001) e concluído em 2001, onde, após identificar as propriedades dos agregados britados não ligados que afectam o comportamento dos pavimentos, se recomenda a realização de determinados ensaios de desempenho com vista à obtenção daquelas propriedades.

5.4.2. *"Standard Practice for Classification of Soils for Engineering Purposes (Unified Soil Classification System)". ASTM Designation: D 2487 – 00*

A classificação unificada (ASTM, 2001a), que tem por base a estabelecida por Casagrande nos anos 40, para fins de construção de aeroportos, classifica os solos de origem mineral ou orgânico-mineral para fins de engenharia com base nas características granulométricas, no limite de liquidez e no índice de plasticidade dos mesmos.

Com base nas características referidas é possível definir 15 grupos distintos, os quais são representados por um símbolo, como seja GW, por exemplo. No entanto, a classificação do solo só fica completa quando apresentados quer o símbolo quer o nome do grupo, que para o exemplo anterior seria GW – cascalho bem graduado.

Nesta classificação e com base na percentagem de material que passa no peneiro ASTM de 0,075 mm, começa por se fazer uma primeira divisão do material em solos grossos e solos finos. Assim, se mais de 50% do material fica retido nesse peneiro será um solo grosso, se mais de 50% do material passa será um solo fino. Poderá, no entanto, não se enquadrar em nenhum dos casos referidos, quando for essencialmente constituído por matéria orgânica e/ou solo altamente orgânico, como é o caso da Turfa.

Os solos grossos podem ainda classificar-se como cascalhos ou areias, dependendo da percentagem de fracção grossa que passa através do peneiro ASTM n.º 4, sendo o limite de 50%. Quer os cascalhos quer as areias, dependendo da percentagem de finos presentes no solo, poderão ainda e por sua vez, ser classificados como limpos ou com finos, sendo limpos no caso de estarem presentes menos de 5% de finos e com finos no caso de essa percentagem ser superior a 12%. No caso de cascalhos ou areias limpos é ainda possível fazer uma subdivisão com base nas características granulométricas do material, isto é, usando os coeficientes de uniformidade, C_u, e de curvatura, C_c, os quais permitem avaliar se o material é bem ou mal graduado. Se estiverem presentes mais de 12% de finos procede-se à classificação dos finos o que permite posteriormente classificar a fracção grossa. No caso da fracção fina ser superior a 5% mas inferior a 12%, a classificação é feita usando dois símbolos, como indicado na norma ASTM D 2487 – 00 (ASTM, 2001a).

Os solos finos são classificados com base na denominada Carta de Plasticidade de *Casagrande* (ASTM, 2001a), construída com base no limite de liquidez, eixo horizontal, e no índice de plasticidade, eixo vertical. Nesta carta encontram-se quatro campos distintos, limitados na horizontal pelo limite de liquidez de 50% e na vertical pela denominada linha "A". Em cada um destes campos estão também incluídos os solos orgânicos, verificando-se se é um solo orgânico ou não através da relação (5.2). Projectando os valores do limite de liquidez e do índice de plastici-dade vai cair-se num desses campos, obtendo, deste modo, a classificação do solo (ASTM, 2001a).

$$\frac{W_{L(seco\ em\ estufa)}}{W_{L(sem\ secagem)}} < 0,75 \qquad (5.2)$$

5.4.3. *"Standard Specification for Materials for Soil-Aggregate Subbase, Base and Surface Courses." ASTM Designation: D 1241 – 68 (Reapproved 1994)*

A norma ASTM D 1241-68 (ASTM, 2001b), reaprovada em 1994, divide as misturas solo – agregado a utilizar em camada de sub-base e base granular em dois tipos, função da natureza do agregado e da granulometria. Essa classificação apresenta-se no Quadro 5.6.

QUADRO 5.6 – Classificação das misturas solo-agregado para sub-base e base (ASTM, 2001b)

Tipo de mistura solo-agregado	Características da mistura
I	Misturas consistindo em cascalho, brita ou escórias com areia natural ou britada e material passado no peneiro ASTM n.º 200 e que satisfaça o requerido no Quadro 5.7 para as granulometrias A, B, C ou D.
II	Misturas consistindo em areia natural ou britada com material passado no ASTM n.º 200, com ou sem agregados mais grossos, e que satisfaça o requerido no Quadro 5.7 para as granulometrias E ou F.

QUADRO 5.7 – Fusos granulométricos materiais tipo I e tipo II (ASTM, 2001b)

Abertura da malha peneiro ASTM (mm)	Material passado (%)					
	Tipo I				Tipo II	
	A	B	C	D	E	F
50,000 (2")	100	100	-	-	-	-
25,000 (1")	-	75 - 95	100	100	100	100
9,500 (3/8")	30 - 65	40 - 75	50 - 85	60 - 100	-	-
4,750 (n.º 4)	25 - 55	30 - 60	35 - 65	50 - 85	55 - 100	70 - 100
2,000 (n.º 10)	15 - 40	20 - 45	25 - 50	40 - 70	40 - 100	55 - 100
0,425 (n.º 40)	8 - 20	15 - 30	15 - 30	25 - 45	20 - 50	30 - 70
0,075 (n.º 200)	2 - 8	5 - 15	5 - 15	8 - 15	6 - 15	8 - 15

Para além do referido, a norma ASTM D 1241-68 (ASTM, 2001b) exige que o material grosso, retido no peneiro n.º 10 (2 mm), apresente um *Los Angeles* máximo de 50% e que o material passado no peneiro n.º 40 (0,425 mm) apresente como valores máximos de limite de liquidez e índice de plasticidade 25% e 6%, respectivamente.

Os materiais a utilizar em camada de sub-base ou em camada de base podem ser do tipo I ou do tipo II, desde que satisfaçam as características atrás referidas.

5.4.4. *"Standard Specification for Graded Aggregate Material for Bases or Subbases for Highways or Airports". ASTM Designation: D2940 – 98*

A norma ASTM D 2490-98 (ASTM, 2001c) diz respeito a agregados de granulometria extensa que, quando devidamente espalhados e compactados, se espera que apresentem estabilidade e capacidade de suporte adequadas para camadas de sub-base e base de estradas e aeródromos.

A norma (ASTM, 2001c) refere para os agregados os requisitos gerais apresentados no Quadro 5.8.

QUADRO 5.8 – Requisitos gerais para os agregados a utilizar em sub-base e base (ASTM, 2001c)

Agregado	Requisitos
Retido no # 4,75 mm (n.° 4)	- Deve ser composto por fragmentos de pedra, seixo ou escórias que não se degrade durante o espalhamento e compactação; - Pelo menos 75% do material retido no peneiro de 9,5 mm deve apresentar duas ou mais faces de fractura.
Passado no # 4,75 mm (n.° 4)	- Deve ser composto por material resultante de britagem; - A % de passados no peneiro n.° 200 (0,075 mm), na mistura final, não deve exceder 60% dos passados no peneiro n.° 30 (0,600 mm); - O material passado no peneiro n.° 40 (0,425 mm) deve ter limite de liquidez de 25% no máximo e índice de plasticidade de 4% no máximo; - O equivalente de areia deve ser no mínimo de 35%.

A composição granulométrica da mistura final a utilizar em camada de sub-base ou em camada de base, deve respeitar os fusos granulométricos apresentados no Quadro 5.9.

QUADRO 5.9 – Fusos granulométricos e tolerâncias para base e sub-base (ASTM, 2001c)

Abertura da malha peneiro ASTM (mm)	Valor de projecto		Tolerância	
	Material passado (%)			
	Base	Sub-base	Base	Sub-base
50,000 (2")	100	100	- 2	- 3
37,500 (1 ¹/₂")	95 - 100	95 - 100	± 5	+ 5
19,000 (3/4")	70 - 92	70 - 92	± 8	-
9,500 (3/8")	50 - 70	50 - 70	± 8	-
4,750 (n.º 4)	35 - 55	35 - 55	± 8	± 10
0,600 (n.º 30)	12 - 25	12 - 25	± 5	-
0,075 (n.º 200)	0 - 8	0 - 8	± 3	± 5

5.4.5. *"Standard Specification for Materials for Aggregate and Soil-Aggregate Subbase, Base and Surface Courses." AASHTO Designation: M 147-65*

A norma AASHTO M 147-65 (AASHTO, 2003) diz respeito a agregados e misturas solo-agregado a utilizar em camadas granulares de sub-base, base e desgate de estradas, cujos requisitos gerais se apresentam no Quadro 5.10. A norma diz respeito apenas a materiais com valores normais ou médios de peso específico, absorção e granulometria.

Qualquer dos materiais utilizados não deve conter matéria orgânica ou argila e a mistura deve satisfazer a um dos fusos granulométricos apresentados no Quadro 5.11.

QUADRO 5.10 – Requisitos gerais para os agregados a utilizar em sub-base e base (AASHTO, 2003)

Agregado	Requisitos
Retido no # 2,00 mm (n.º 10)	- Deve ser composto por fragmentos de rocha, seixo ou escórias duros e resistentes; - Deve apresentar *Los Angeles* de 50% no máximo.
Passado no # 2,00 mm (n.º 10)	- Deve ser composto por areia natural ou resultante de britagem e por material passado no peneiro n.º 200 (0,075 mm); - A % de passados no peneiro n.º 200 (0,075 mm), na mistura final, não deve exceder 2/3 dos passados no peneiro n.º 40 (0,425 mm); - O material passado no peneiro n.º 40 (0,425 mm) deve ter limite de liquidez de 25%, no máximo, e índice de plasticidade de 6%, no máximo.

QUADRO 5.11 – Fusos granulométricos a respeitar pelo agregado (AASHTO, 2003)

Abertura da malha peneiro ASTM (mm)	Material passado (%)					
	A	B	C	D	E	F
50,000 (2")	100	100	-	-	-	-
25,000 (1")	-	75 - 95	100	100	100	100
9,500 (3/8")	30 - 65	40 - 75	50 - 85	60 - 100	-	-
4,750 (n.º 4)	25 - 55	30 - 60	35 - 65	50 - 85	55 - 100	70 - 100
2,000 (n.º 10)	15 - 40	20 - 45	25 - 50	40 - 70	40 - 100	55 - 100
0,425 (n.º 40)	8 - 20	15 - 30	15 - 30	25 - 45	20 - 50	30 - 70
0,075 (n.º 200)	2 - 8	5 - 20	5 - 15	5 - 20	6 - 20	8 - 25

Todos os materiais devem apresentar teores em água iguais ou ligeiramente inferiores ao teor em água óptimo, por forma a obter os graus de compactação de projecto.

5.4.6. "Performance-Related Tests of Aggregates for Use in Unbound Pavement Layers". NCHRP Report 453

O relatório 453 da *National Cooperative Highway Research Program* (NCHRP, 2001) diz respeito a um projecto de investigação concluído em 2001 e que teve por objectivo a recomendação de ensaios de desempenho que servissem de base à selecção de agregados a utilizar em camadas granulares não tratadas de pavimentos rodoviários.

O projecto incluiu a avaliação de procedimentos de ensaio existentes, por forma a avaliar a sua resposta na previsão do comportamento dos pavimentos. Quando se verificou que essa resposta era fraca ou inexistente, procedeu-se ao desenvolvimento de novos ensaios ou à alteração dos existentes.

O estudo, após identificação dos parâmetros do comportamento de pavimentos rodoviários que são afectados pelas propriedades dos agregados, foi desenvolvido ensaiando agregados utilizados em camadas de sub-base e base granular não tratadas de pavimentos flexíveis e rígidos.

No final do estudo concluiu-se que as propriedades dos agregados britados não ligados que afectam o comportamento dos pavimentos são:

- Resistência à ruptura por corte;
- Resistência ao choque e abrasão;
- Rigidez;
- Durabilidade;

- Susceptibilidade ao gelo (não significativo em Portugal);
- Permeabilidade.

Para determinar essas propriedades são recomendados os ensaios apresentados no Quadro 5.12.

Recomenda-se, ainda, que a caracterização do comportamento dos agregados feita em laboratório seja validada com campanhas de ensaios à escala real, como, por exemplo, ensaios à escala real em simulador de tráfego.

QUADRO 5.12 – Ensaios recomendados para determinação das propriedades dos agregados que afectam o comportamento dos pavimentos (NCHRP, 2001)

Propriedade	Ensaios
Ensaios de identificação	- Análise granulométrica - Limites de consistência - Relação teor em água / peso específico (compactação) - Índices de forma - Índice de vazios para material não compactado
Durabilidade	- Ensaio do sulfato de magnésio
Ensaios de resistência à ruptura por corte	- Ensaios triaxiais: húmido/seco - CBR
Rigidez	- Modulo resiliente (ensaio triaxial cíclico) húmido/seco
Resistência ao choque e abrasão	- Micro-*Deval*

5.5. Referências Bibliográficas

AASHTO (2003). "Materials for Aggregate and Soil-Aggregate Subbase, Base and Surface Courses." M 147-65 (2000), American Association of State Highway and Transportation Officials, USA.

ASTM (2001a). "Standard Classification of Soils for Engineering Purposes (Unified Soil Classification System)". D 2487-00, Annual Book of ASTM Standards, Vol. 04.08, American Society for Testing and Materials, USA.

ASTM (2001b). "Standard Specification for Materials for Soil-Aggregate Subbase, Base and Surface Courses." D 1241-68 (Reapproved 1994), Annual Book of ASTM Standards, Vol. 04.03, American Society for Testing and Materials, USA.

ASTM (2001c). "Standard Specification for Graded Aggregate Material for Bases or for Highways or Airports." D2940-98, Annual Book of ASTM Standards, Vol. 04.03, American Society for Testing and Materials, USA.

COST 337 (2000). "COST 337 – Construction with unbound road aggregates in Europe", Draft Final Report of the Action, European Commission, Luxembourg.

COST 337 (2002). "COST 337 – Construction with unbound road aggregates in Europe", Final Report of the Action, European Commission, Luxembourg.
COST 337 Nottingham @ (2005a). http://www.nottingham.ac.uk/~evzard/costtg8.html. COST 337 Task Group 8 further information page.
COST 337 Nottingham @ (2005b). http://www.nottingham.ac.uk/~evzard/cost-337.html. Day to day COST 337 Homepage.
COURAGE (1999). *"Construction with unbound road aggregates in Europe"*, Final Report, European Commission, Luxembourg.
COURAGE Nottingham @ (2005). http://www.civeng.nottingham.ac.uk/courage/. COURAGE Homepage.
JAE (1995). "Manual de Concepção de Pavimentos para a Rede Rodoviária Nacional". Junta Autónoma de Estradas, Lisboa.
JAE (1998). "Caderno de encargos – tipo para a execução de empreitadas de construção". Junta Autónoma de Estradas, Lisboa.
LNEC (1970). "Classificação para Fins Rodoviários". E 240, Laboratório Nacional de Engenharia Civil, Lisboa.
NCHRP (2001). "Performance-Related Tests of Aggregates for Use in Unbound Pavement Layers". Report 453, National Cooperative Highway Research Program, USA.

6. OUTROS TRABALHOS REALIZADOS COM MATERIAIS BRITADOS

6.1. Considerações Iniciais

Neste capítulo apresentam-se alguns trabalhos de investigação realizados com materiais britados de granulometria extensa de origem calcária ou granítica, com vista à sua utilização em camadas de sub-base ou base granular não tratadas de pavimentos rodoviários.

Um dos objectivos da apresentação destes trabalhos é possibilitar a comparação dos resultados neles obtidos com os obtidos nos materiais objecto de estudo no presente trabalho, o que se fará no capítulo 7.

Nos últimos anos a investigação sobre este tipo de materiais em Portugal tem sido diminuta, pelo que, apenas se apresentam quatro trabalhos, com o mais recente a ser concluído em 2001.

Serão também apresentados dois trabalhos desenvolvidos nos Estados Unidos da América, por se debruçarem sobre o comportamento mecânico resiliente dos materiais granulares britados recorrendo, entre outros, a ensaios triaxiais cíclicos realizados segundo a norma AASHTO TP 46-94 (AASHTO, 1994), por a mesma ser também usada na realização dos ensaios triaxiais cíclicos no âmbito do trabalho agora apresentado.

Foram consultados outros trabalhos sobre o comportamento mecânico de materiais britados não ligados, desenvolvidos nos últimos anos noutros países, nomeadamente teses de doutoramento realizadas em França e Alemanha (Gidel, 2001 e Werkmeister, 2003). Não se apresenta, no entanto, dos mesmos qualquer resultado por tratarem quase exclusivamente da extensão vertical dos materiais. Ora, no trabalho agora desenvolvido e dado o tipo de ensaios triaxiais cíclicos que se realizaram, caracteriza-se sobretudo a deformabilidade. De qualquer modo, trata-se de referências imprescindíveis para a completa compreensão do fenómeno referido.

6.2. Em Portugal

6.2.1. *Considerações Iniciais*

O trabalho de investigação sobre materiais britados de granulometria extensa a utilizar em camadas granulares não tratadas de pavimentos rodoviários não é, em Portugal, feito de um modo sistemático, aparecendo esporadicamente alguns trabalhos isolados.

Na secção seguinte irão apresentar-se os quatro mais recentes, dos que se encontram publicados, sendo que o mais recente diz respeito a uma tese de Doutoramento concluída em 2001 e o mais antigo corresponde a uma dissertação de Mestrado concluída em 1994.

Foram encontrados outros trabalhos neste tipo de materiais, nomeadamente trabalhos desenvolvidos pelo Laboratório Nacional de Engenharia Civil (Quaresma, 1985; Pinelo et al., 1991; Quaresma et al., 1993), mas que não serão apresentados devido, essencialmente, à forma como foram conduzidos, já que não permitem uma cabal comparação com os estudos agora desenvolvidos, objectivo deste capítulo como se referiu.

6.2.2. *Trabalho "Contribuição para a Modelação do Comportamento Estrutural de Pavimentos Rodoviários Flexíveis"*

Considerações iniciais

O trabalho "Contribuição para a Modelação do Comportamento Estrutural de Pavimentos Rodoviários Flexíveis" foi desenvolvido, com vista à obtenção do grau de Doutor, por José M. C. Neves, tendo sido concluído em 2001. Os objectivos principais do trabalho foram (Neves, 2001):

- Síntese dos conhecimentos actuais acerca dos aspectos da modelação com maior importância no dimensionamento estrutural de pavimentos flexíveis ....;
- Verificação e calibração de modelos de comportamento mecânico dos materiais utilizados nos pavimentos de dois trechos experimentais, correntemente utilizados em pavimentos da rede rodoviária nacional, através de ensaios de laboratório;
- Validação de modelos de resposta utilizados na análise do comportamento estrutural de pavimentos experimentais durante ensaios de carga, incorporando as leis constitutivas estudadas em laboratório, através da comparação dos resultados da observação do comportamento dos trechos experimentais em ensaios de carga com os resultados da modelação numérica.

Por forma a atingir aqueles objectivos foi desenvolvido um conjunto de acções experimentais, quer em laboratório quer *in situ*, e de natureza numérica, de entre elas:

- Instrumentação dos pavimentos de dois trechos experimentais;
- Realização de ensaios de carga;
- Realização de ensaios triaxiais cíclicos sobre os materiais granulares utilizados no leito do pavimento e na sub-base dos pavimentos dos trechos experimentais;
- Realização de ensaios de compressão diametral sobre as misturas betuminosas;
- Modelação numérica do comportamento estrutural dos pavimentos dos trechos experimentais.

Nesta síntese do trabalho irão apenas ser apresentados os resultados relativos à caracterização dos materiais granulares, uma vez que o trabalho agora desenvolvido apenas se debruça sobre este tipo de materiais.

Materiais Utilizados

O material utilizado nas camadas granulares dos pavimentos dos trechos experimentais foi um agregado britado de granulometria extensa, de natureza calcária, proveniente de uma pedreira localizada em Alenquer.

Estes materiais foram também caracterizados em laboratório, através da realização de ensaios sobre amostras recolhidas na obra.

No caso da caracterização mecânica em laboratório, ensaios triaxiais cíclicos, os provetes foram construídos a partir de uma amostra recolhida em depósito da obra e depois reconstruída em laboratório da forma à frente indicada.

Caracterização Geotécnica

A caracterização geotécnica dos materiais granulares passou pela realização dos ensaios de caracterização laboratorial mais frequentes, sobre amostras recolhidas nos trechos experimentais.

No Quadro 6.1 apresentam-se os resultados de alguns dos ensaios realizados sobre duas das amostras ensaiadas (Neves, 2001).

Durante a construção das camadas granulares dos trechos experimentais foram realizados ensaios de controlo da compactação com o aparelho nuclear de marca Troxler, tendo sido os ensaios realizados para 20 cm de profundidade. Os resultados obtidos são os que se apresentam no Quadro 6.2.

Caracterização Mecânica

A caracterização mecânica dos materiais granulares foi realizada em laboratório, através de ensaios triaxiais cíclicos, e *in situ*, através de ensaios de carga.

QUADRO 6.1 – Características geotécnicas base dos materiais granulares

Amostra		1	257
Data dos ensaios		Mar 94	Out 96
Análise granulométrica		% material passado	
Aberura (mm)	n.º		
37,50	1" 1/2	100,0	100,0
25,00	1"	92,5	96,6
19,00	3/4"	83,3	89,2
12,50	1/2"	(1)	68,1
9,50	3/8"	56,7	57,7
4,75	n.º 4	36,8	42,3
2,36	n.º 8	25,6	28,4
0,300	n.º 50	15,6	16,1
0,150	n.º 100	(1)	12,4
0,075	n.º 200	5,5	9,8
Compactação pesada			
$\gamma_{dmáx}$ (g/cm^3)		2,18	2,32
w_{opt} (%)		6,4	5,8
$\gamma_{dmáx}$ corrigido (g/cm^3)		2,26	2,35
w_{opt} corrigido (%)		5,4	5,3
EA (%)		56	44

(1) Peneiro não utilizado

QUADRO 6.2 – Resultados do controlo da compactação dos materiais granulares

Camada	Trecho experimental	E (x)	DP
Teor em água (%)			
Leito do Pavimento	CRIL1	2,9	0,43
	CRIL2	2,7	0,43
Sub-base	CRIL1	3,4	0,60
	CRIL2	3,5	0,35
Peso específico seco (g/cm^3)			
Leito do Pavimento	CRIL1	2,36	0,031
	CRIL2	2,37	0,028
Sub-base	CRIL1	2,35	0,036
	CRIL2	2,35	0,034

Os ensaios triaxiais cíclicos com vista à caracterização mecânica em laboratório, foram realizados com o equipamento existente no laboratório de geotecnia do IST, o qual permite ensaiar provetes com 160 mm de diâmetro e 320 mm de altura com aplicação de pressão de confinamento variável e repetida. Do ensaio obtêm-se todas as cargas e pressões aplicadas bem como as deformações axiais e radiais.

Os ensaios foram realizados segundo as recomendações europeias mais recentes expressas na pré – norma europeia CEN prEN 00227413 (CEN, 1995, ref. por Neves, 2001). O procedimento compõe-se de duas fases: pré – carregamento do provete, seguido da aplicação de um conjunto de trajectórias de tensões para caracterização do comportamento reversível, com uma frequência do ensaio de 0,5 Hz.

Na fase de pré – carregamento são aplicados ao provete 20000 ciclos de carga-descarga, caracterizados por $\sigma_3 = 0$ kPa a $\sigma_3 = 100$ kPa, q = 0 kPa a q = 600 kPa e $q_r/p_r = 2$, isto é, o provete é submetido à trajectória de tensões E da Figura 6.1.

A caracterização do comportamento reversível foi realizada recorrendo a ensaios a tensão lateral variável e à aplicação das trajectórias de tensões recomendadas pela pré-norma europeia referida e que se encontram representadas na Figura 6.1.

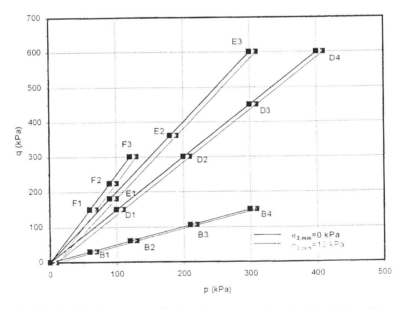

FIGURA 6.1 – Trajectórias de tensões aplicadas durante os ensaios triaxiais cíclicos (Neves, 2001)

A amostra a partir da qual se realizaram os ensaios foi recolhida em depósito da obra e foi dividida em quatro fracções: 0/4,75 mm, 4,75/9,50 mm, 9,50/19,0 mm e 19,0/31,5 mm. A granulometria dos provetes foi reconstruída a partir da mistura manual daquelas fracções, sendo que, por forma a avaliar a influência dos finos no desempenho dos materiais, foram fabricados dois tipos de material, com menor e maior percentagem de finos, denominados AGE1 e AGE2, respectivamente. As composições granulométricas de cada um deles são as apresentadas no Quadro 6.3.

As características de compactação dos materiais assim obtidos, foram determinadas com base no ensaio Proctor modificado e no ensaio de compactação por vibração de acordo com a pré – norma europeia CEN prEN 00227411 (CEN, 1995, ref. por Neves, 2001), cujo pilão vibrador tem as características apresentadas no Quadro 6.4. No Quadro 6.5 apresentam-se as características de compactação dos materiais AGE1 e AGE2 obtidas pelos dois métodos de ensaio.

QUADRO 6.3 – Composições granulométricas dos materiais granulares

Peneiro ASTM	% material que passa								
Abertura da malha (mm)	37,5	19,0	9,50	4,75	2,00	0,850	0,425	0,180	0,075
AGE1	100,0	84,0	59,5	43,0	25,2	16,6	10,7	6,8	4,3
AGE2	100,0	84,0	59,5	43,0	27,9	20,4	15,4	12,1	9,9

QUADRO 6.4 – Características do pilão vibrador

Características	Valor
Número de pancadas por minuto	2000
Potência (W)	1050
Peso do pilão (kg)	10

QUADRO 6.5 – Características de compactação dos materiais

Material	Proctor modificado		Pilão vibrador	
	$\gamma_{dmáx}$ (g/cm^3)	w_{opt} (%)	$\gamma_{dmáx}$ (g/cm^3)	w_{opt} (%)
AGE1	2,34	5,8	2,39	4,4
AGE2	2,39	5,3	2,40	4,4

Para a determinação das características de compactação apresentadas no Quadro 6.6, foram ensaiados oito provetes de cada material, os quais foram compactados por vibração, em molde com 160 mm de diâmetro, em 5 camadas com a duração de 60 segundos de compactação por camada.

QUADRO 6.6 – Características de compactação dos provetes

\multicolumn{5}{c	}{AGE1}	\multicolumn{5}{c}{AGE2}
Provetes	γ_d (g/cm³)	w_{opt} (%)	CR (%)	$w_{opt}-w$ (%)	Provetes	γ_d (g/cm³)	w_{opt} (%)	CR (%)	$w_{opt}-w$ (%)
960731	2,28	3,7	97,4	2,1	960828	2,32	3,6	97,1	1,7
960801	2,28	4,2	97,4	1,6	960830	2,40	3,6	100,4	1,7
960802	2,34	3,8	100,0	2,0	960831	2,25	3,6	94,1	1,7
960803	2,23	3,7	95,3	2,1	960903	2,25	2,9	94,1	2,4
960806	2,28	4,4	97,4	1,4	960904	2,30	3,1	96,2	2,2
960807	2,26	3,0	96,6	2,8	960905	2,40	3,9	100,4	1,4
960808	2,27	3,7	97,0	2,1	960906	2,32	3,6	97,1	1,7
960826	2,35	4,6	100,4	1,2	960909	2,36	2,5	98,7	2,8

Os resultados dos ensaios triaxiais cíclicos foram modelados e apresentados os parâmetros dos modelos utilizados. Deste modo, o autor utilizou para a fase de pré – carregamento, ou seja para modelar as extensões verticais, o modelo das extensões verticais, correspondente ao segundo modelo de Paute apresentado no capítulo 3. Estes resultados apresentam-se no Quadro 6.7.

QUADRO 6.7 – Parâmetros do modelo das extensões verticais

Material	Provete	p_{max}	q_{max}	$\varepsilon_1^p(100)$ 10^{-4}	A_{1c}	B	r^2
AGE1	960731	299,5	600,7	35,0	135,5[1]	-	0,96
	960801	294,6	586,2	76,3	211,9	2,04	0,94
	960802	302,1	606,5	15,2	80,0[1]	-	0,92
	960803	297,0	593,2	48,9	215,1	0,115	0,97
	960806	298,0	596,3	95,1	286,1[1]	-	0,98
	960807	301,8	603,8	14,7	53,4[1]	-	0,87
	960808	298,9	599,0	32,2	143,1[1]	-	0,95
	960826	302,3	609,3	45,1	220,0[1]	-	0,96
AGE2	960828	297,4	595,7	25,0	180,6[1]	-	0,90
	960830	298,9	598,7	25,7	153,8[1]	-	0,93
	960831	295,9	589,8	53,5	365,3[1]	-	0,94
	960905	398,5	597,8	57,3	294,2[1]	-	0,98
	960906	298,0	598,1	26,1	196,4[1]	-	0,90

(1) Como $A_{1c} > 2\varepsilon_1^p$ (20000), então $A_{1c} > 2\varepsilon_1^p$ (20000) e B é indeterminado (de acordo com a prEN 00227413 (CEN, 1995, ref. por Neves, 2001))

Na Figura 6.2 e Figura 6.3 apresenta-se o ajuste do modelo às extensões verticais medidas.

No que diz respeito ao comportamento reversível foram utilizados três modelos de comportamento. A saber, o modelo do primeiro invariante do tensor das tensões, equação (3.3), e duas variantes do modelo de Boyce, considerando o material isotrópico e sem potencial elástico, usualmente designado modelo de Boyce, e considerando o material anisotrópico, usualmente designado modelo de Boyce com anisotropia. Os parâmetros dos três modelos referidos são os apresentados no Quadro 6.8 a Quadro 6.11.

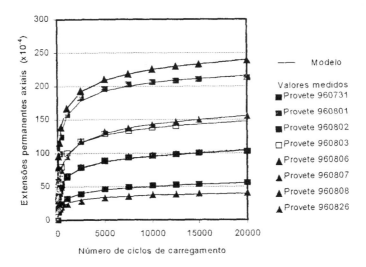

FIGURA 6.2 – Ajuste do modelo de Paute às extensões verticais, material AGE1 (Neves, 2001)

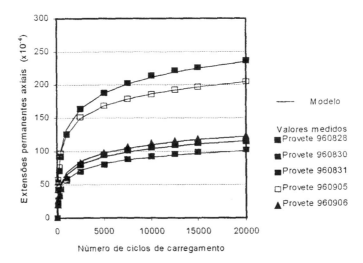

FIGURA 6.3. – Ajuste do modelo de Paute às extensões verticais, material AGE2 (Neves, 2001)

QUADRO 6.8 – Parâmetros do modelo do primeiro invariante do tensor das tensões, AGE1

Material	Provete	$\sigma_{3min} = 0$ kPa			$\sigma_{3min} = 10$ kPa		
		K_1	K_2	r^2	K_1	K_2	r^2
AGE1	960731	117,3	0,239	0,93	65,2	0,367	0,98
	960801	226,5	0,156	0,88	89,9	0,260	0,91
	960802	100,4	0,233	0,91	45,8	0,320	0,92
	960803	117,0	0,257	0,98	54,6	0,323	0,95
	960806	162,8	0,237	0,81	64,1	0,300	0,94
	960807	73,0	0,349	0,99	77,3	0,267	0,92
	960808	114,2	0,208	0,87	65,2	0,284	0,90
	960826	159,6	0,176	0,90	69,8	0,280	0,93

QUADRO 6.9 – Parâmetros do modelo do primeiro invariante do tensor das tensões, AGE2

Material	Provete	$\sigma_{3min} = 0$ kPa			$\sigma_{3min} = 10$ kPa		
		K_1	K_2	r^2	K_1	K_2	r^2
AGE2	960828	136,9	0,177	0,84	53,6	0,301	0,91
	960830	139,4	0,198	0,87	65,1	0,296	0,92
	960831	97,1	0,243	0,96	39,7	0,356	0,97
	960905	98,0	0,192	0,84	45,8	0,302	0,94
	960906	90,9	0,225	0,88	51,0	0,299	0,92

QUADRO 6.10 – Parâmetros dos modelos de Boyce e Boyce com anisotropia para AGE1

Provete	σ_{3min} kPa	Modelo de Boyce				Modelo de Boyce com anisotropia			
		K_a (MPa)	G_a (MPa)	n	β	K_a (MPa)	G_a (MPa)	n	β
960731	0	127,6	158,1	0,241	0,073	136,0	140,6	0,496	0,668
	10	109,8	284,7	0,273	0,103	129,6	120,4	0,439	0,517
960801	0	104,3	140,2	0,198	0,118	112,1	98,9	0,543	0,538
	10	83,1	174,9	0,231	0,126	67,3	88,2	0,212	0,556
960802	0	115,0	156,9	0,292	0,059	118,9	159,2	0,381	0,872
	10	128,3	175,9	0,344	0,058	117,2	179,5	0,343	0,986
960803	0	101,1	131,3	0,210	0,103	100,3	93,3	0,557	0,529
	10	93,2	175,9	0,288	0,116	82,4	99,8	0,300	0,647
960806	0	79,2	146,6	0,183	0,057	94,9	119,7	0,436	0,607
	10	66,4	172,5	0,214	0,082	73,5	104,7	0,290	0,639
960807	0	104,9	165,0	0,202	0,038	117,4	165,9	0,331	0,764
	10	133,9	202,7	0,305	0,047	151,1	202,9	0,419	0,898
960808	0	126,1	151,8	0,312	0,101	126,9	126,9	0,490	0,737
	10	112,0	175,3	0,320	0,105	104,7	125,0	0,344	0,758
960826	0	82,7	121,0	0,222	0,061	86,8	101,4	0,435	0,638
	10	103,8	187,4	0,288	0,076	107,9	143,5	0,364	0,770

Quadro 6.11 – Parâmetros dos modelos de Boyce e Boyce com anisotropia para AGE2

Provete	σ_{3min} kPa	Modelo de Boyce				Modelo de Boyce com anisotropia			
		K_a (MPa)	G_a (MPa)	n	β	K_a (MPa)	G_a (MPa)	n	β
960828	0	139,4	156,1	0,337	0,115	139,1	124,0	0,524	0,729
	10	105,8	159,5	0,319	1,122	89,8	106,6	0,305	0,737
960830	0	139,3	157,4	0,297	0,110	139,3	123,5	0,532	0,672
	10	115,0	183,2	0,310	0,110	107,3	122,9	0,342	0,721
960831	0	110,0	139,3	0,272	0,080	110,3	108,6	0,544	0,637
	10	91,7	168,1	0,303	0,102	81,6	101,4	0,332	0,664
960905	0	113,1	122,4	0,332	0,107	116,2	116,3	0,399	0,891
	10	91,4	124,9	0,288	0,122	83,0	98,6	0,294	0,795
960906	0	115,9	137,6	0,323	0,091	114,6	123,9	0,439	0,809
	10	110,8	152,1	0,333	0,100	93,3	123,7	0,309	0,850

As previsões das deformações reversíveis, segundo as duas variantes do modelo de Boyce referidas, apresentam-se na Figura 6.4 a Figura 6.7 (Neves, 2001).

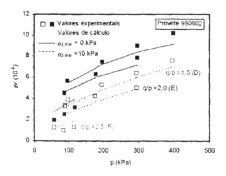
Extensões volumétricas reversíveis

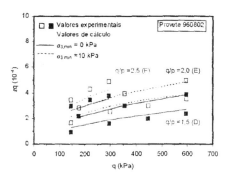
Extensões distorcionais reversíveis

FIGURA 6.4 – Previsão das deformações reversíveis segundo o modelo de Boyce, AGE1 (Neves, 2001)

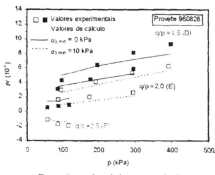
Extensões volumétricas reversíveis

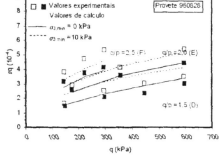
Extensões distorcionais reversíveis

FIGURA 6.5 – Previsão das deformações reversíveis segundo o modelo de Boyce, AGE2 (Neves, 2001)

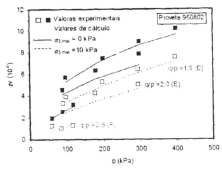 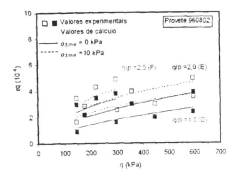

Extensões volumétricas reversíveis   Extensões distorcionais reversíveis

FIGURA 6.6 – Previsão das deformações reversíveis, modelo de Boyce com anisotropia, AGE1 (Neves, 2001)

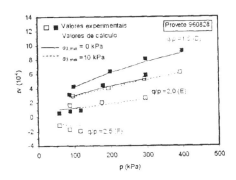 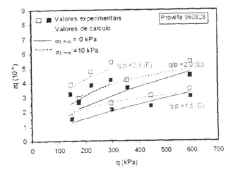

Extensões volumétricas reversíveis   Extensões distorcionais reversíveis

FIGURA 6.7 – Previsão das deformações reversíveis, modelo de Boyce com anisotropia, AGE2 (Neves, 2001)

A estrutura do pavimento, quer dos trechos experimentais quer da obra em geral, é do tipo flexível de base betuminosa, sendo a estrutura correspondente a cada trecho experimental a apresentada no Quadro 6.12.

QUADRO 6.12 – Estrutura do pavimento dos trechos experimentais

Trecho	Espessura (cm)	
	CRIL1	CRIL2
Camadas betuminosas	21,9	26,5
camada de desgaste	4,3	-
camada de regularização	5,1	5,7
camada de base	12,5	20,8
Sub-base granular	22,0	19,0
Leito do pavimento	48,0	28,0

A caracterização mecânica *in situ* foi realizada com recurso a ensaios de carga, nomeadamente ensaios de carga com pneu e ensaios de carga com deflectómetro de impacto. No entanto, já que no trabalho agora desenvolvido apenas foram realizados ensaios de carga com deflectómetro de impacto, também deste outro trabalho só se apresentam os resultados do referido tipo de ensaios.

Embora não seja explicitamente referido no trabalho, os ensaios de carga com o deflectómetro de impacto, efectuados em Janeiro de 1999, terão sido realizados na camada de desgaste, caso do trecho experimental CRIL1, e na camada de regularização, caso do trecho experimental CRIL2, dado que estas camadas foram construídas em Outubro de 1996 e Março de 1997, respectivamente.

Os ensaios com o deflectómetro de impacto foram realizados com placa de 300 mm de diâmetro e a medição das deflexões feita em 9 geofones, D_0 a D_8, colocados no centro da placa, D_0, e a 300 mm, 450 mm, 600 mm, 900 mm, 1200 mm, 1500 mm, 2100 mm e 2400 mm, respectivamente.

No Quadro 6.13 e Quadro 6.14 apresentam-se os valores das deflexões medidas nos nove geofones para o trecho experimental CRIL 1 e CRIL 2, respectivamente.

QUADRO 6.13 – Resultados dos ensaios com deflectómetro de impacto, CRIL1

	Força (kN)	D_0	D_1	D_2	D_3	D_4	D_5	D_6	D_7	D_8
E(X)	21,62	63	51	45	40	31	25	22	17	13
DP	0,638	1,6	2,1	1,2	1,2	0,9	0,6	1,1	0,9	1,2
N	18									
E(X)	41,39	127	104	93	82	64	51	42	34	25
DP	2,168	3,0	3,0	1,8	1,8	0,8	0,8	1,4	0,8	1,3
N	16									
E(X)	58,79	183	152	136	120	94	75	61	49	35
DP	3,380	5,1	4,0	3,1	2,3	0,8	0,9	1,3	0,8	1,3
N	18									
E(X)	69,30	213	176	158	140	109	87	71	57	41
DP	3,229	4,7	3,7	2,8	2,3	0,8	0,5	1,2	0,9	0,8
N	18									

QUADRO 6.14 – Resultados dos ensaios com deflectómetro de impacto, CRIL2

	Força (kN)	Deflexões (µm)								
		D_0	D_1	D_2	D_3	D_4	D_5	D_6	D_7	D_8
E(X)	21,58	59	52	48	43	35	28	22	18	12
DP	1,351	2,4	2,3	2,7	2,2	2,1	2,1	2,2	1,9	1,9
N	34								
E(X)	43,73	120	106	97	88	70	56	44	35	24
DP	2,695	4,8	4,9	5,0	4,4	4,4	3,7	3,2	2,8	
N	34								
E(X)	63,60	175	154	141	128	102	81	64	50	34
DP	2,727	6,9	7,0	7,0	6,6	6,4	5,9	5,0	3,9	3,0
N	27								
E(X)	73,60	202	178	163	148	117	93	73	58	39
DP	2,749	7,6	7,6	7,8	7,6	7,2	6,5	6,0	4,7	3,4
N	27								

6.2.3. *Trabalho "Estudo do comportamento Mecânico de Camadas Granulares do Pavimento da Auto – Estrada A6, Sublanço Évora – Estremoz"*

Considerações iniciais

O trabalho "Estudo do comportamento Mecânico de Camadas Granulares do Pavimento da Auto-Estrada A6, Sublanço Évora – Estremoz" (Hadjadji e Quaresma, 1998), realizado pelo LNEC e dado que as camadas granulares do pavimento flexível, devido à escassez na zona da obra de materiais convencionais, foram construídas por material granular proveniente de escombreiras (resíduos da exploração de mármores), teve como principal objectivo avaliar se estes materiais não convencionais constituem uma alternativa aceitável em termos de comportamento mecânico.

A metodologia e resultados da caracterização dos materiais em laboratório e *in situ*, através de ensaios triaxiais cíclicos e ensaios de carga com o deflectómetro de impacto, respectivamente, foram os que se apresentam nos pontos seguintes.

Materiais Utilizados

Os materiais utilizados foram um material convencional, de referência no estudo, identificado como "calcário da Catbritas", e correspondente a um calcário proveniente de uma pedreira da "Catbritas", e dois materiais provenientes de escombreiras de pedreiras de mármore da zona de Estremoz. O primeiro, identificado como "escombreira da Glória", de cor cinzenta, é proveniente das escombreiras da zona da "Glória" e o segundo, identificado como "Escombreira da Viúva", de cor rosa, é proveniente das escombreiras da zona da "Viúva".

Caracterização Geotécnica

As características geotécnicas base dos materiais, fornecidas pela empresa Mota

& Companhia, S.A. (Mota & Companhia, 1997, ref. por Hadjadji e Quaresma, 1998), apresentam-se no Quadro 6.15.

QUADRO 6.15 – Características geotécnicas base dos materiais granulares da A6

Característica		Calcário da "Catbritas"	Escombreira da "Glória"	Escombreira da "Viúva"
Material passado (%)	1 $^1/_2$"	100,0	100,0	100,0
	1"	84,9	85,3	89,2
	3/4"	72,3	75,1	78,3
	3/8"	41,1	51,9	53,4
	n.º 4	27,2	35,8	32,5
	n.º 10	17,3	27,0	21,0
	n.º 40	10,4	13,2	10,2
	n.º 80	8,6	10,0	7,9
	n.º 200	6,3	5,5	5,5
w_L (%)		NP	NP	NP
I_P (%)		NP	NP	NP
Cu		50	70	30
$\gamma_{dmáx}$ (g/cm^3)		2,25	2,32	2,29
w_{opt} (%)		4,2	4,0	4,3
EA (%)		54	64	60
LA (Gran. A)		28	38	37

Caracterização Mecânica

Na caracterização mecânica dos materiais em laboratório, foram realizados ensaios triaxiais cíclicos, com o equipamento existente no LNEC, o qual é constituído por uma bomba hidráulica com regulador de pressão, uma unidade eléctrica de controlo de funcionamento da bomba, um contador de ciclos e um temporizador que controla o tempo de carga, ajustável desde 0,3 segundos a 6 horas (Luzia, 1998).

Este equipamento permite a aplicação de solicitações estáticas e de solicitações cíclicas do tipo trapezoidal, Figura 6.8, com a possibilidade, no último caso, de regulação do tempo de carga e do tempo de descarga. No referido trabalho a frequência de aplicação da carga foi de cerca de 0,75 Hz.

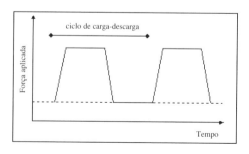

FIGURA 6.8 – Esquematização da evolução da carga aplicada com o tempo (Luzia, 1998).

O programa de ensaios seguido divide-se em duas fases. Na primeira fase, correspondente ao condicionamento do provete, são aplicados 20000 ciclos de carga--descarga com vista à estabilização das extensões verticais.

Após o condicionamento, passa-se à segunda fase, procedendo ao ensaio de módulos. Realizam-se 9 ensaios (9 sequências de carga) com 150 ciclos de carga--descarga, cada, como indicado no Quadro 6.16.

QUADRO 6.16 – Níveis de tensão usados no estudo do comportamento reversível

σ_3 (kPa)	σ_1-σ_3 (kPa)		
	nível 1	nível 2	nível 3
35	35	70	105
50	50	100	150
70	70	140	210

A compactação dos provetes, com diâmetro de 300 mm e altura de 600 mm, é feita, por vibração, em molde cilíndrico e bipartido, com, aproximadamente, 310 mm de diâmetro e 770 mm de altura. O provete é compactado em 10 camadas, sendo que a compactação termina quando a camada atinge 60 mm de espessura, por forma a atingir o peso específico seco final pretendido.

De cada um dos materiais atrás referidos foram ensaiados três provetes, com diferentes características de compacidade e teor em água, as quais se encontram no Quadro 6.17.

QUADRO 6.17 – Características de compacidade e teor em água dos provetes ensaiados

Obra	Material	Provete	$\gamma_{d\ máx}$ (g/cm^3)	w (%)	CR* (%)
A 6	Calcário da "Catbritas"	1C	2,25	4,2	96
		2C		2,2	97
		3C		4,2	99
	Escombreira da "Glória"	1G	2,32	4,0	101
		2G		2,0	97
		3G		4,0	97
	Escombreira da "Viúva"	1V	2,29	4,3	97
		2V		4,3	99
		3V		2,3	97

* relação entre o peso volúmico seco obtido no ensaio e o peso volúmico seco máximo.

Para cada provete e para cada nível de tensão aplicado, foi calculado o módulo resiliente, Mr, segundo a equação (6.1).

$$M_r = \frac{\sigma_{1máx} - \sigma_{1min}}{\varepsilon_{1máx} - \varepsilon_{1min}} = \frac{\Delta\sigma^i}{\Delta\varepsilon_r^i} \text{ MPa} \tag{6.1}$$

onde:

Mr	Módulo resiliente
$\sigma_{1máx}$	Tensão axial máxima (tensão máxima na fase de carga)
σ_{1min}	Tensão axial mínima (tensão mínima na fase de descarga)
$\Delta\sigma^i$	Variação de tensão na descarga
$\varepsilon_{1máx}$	Deformação total (deformação correspondente $\sigma_{1máx}$)
ε_{1min}	Extensão vertical (deformação correspondente σ_{1min})
$\Delta\varepsilon_r^i$	Variação de extensão reversível na descarga

Os valores de módulo resiliente obtidos para cada provete, apresentam-se no Quadro 6.18. A estes foi ajustado o modelo do primeiro invariante do tensor das tensões, referido no capítulo 3, tendo os autores encontrado as leis e coeficientes de determinação apresentados no Quadro 6.19.

QUADRO 6.18 – Módulo resiliente dos materiais da A6

$\sigma_1 - \sigma_3$ (kPa)	σ_3 (kPa)	M_r (MPa)							
		1C	2C	3C	1G	2G	3G	1V	2V	3V
35	35	269	283	308	309	404	241	242	241	-*
70		297	296	336	305	421	246	241	246	265
105		329	327	379	338	473	267	257	262	275
50	70	337	346	406	379	482	304	307	313	321
100		368	375	442	393	525	319	314	314	327
150		415	406	485	415	605	331	323	315	351
70	105	438	436	506	483	609	395	403	421	399
140		477	464	565	493	678	402	401	399(?)	402
210		524	526	622	530	700	433	433	450	427

QUADRO 6.19 – Leis encontradas para o módulo resiliente dos materiais da A6

Provete	Mr = $k_3\theta^{k_4}$	r^2
1C	Mr = 11,519 $\theta^{0,6333}$	0,9762
2C	Mr = 14,862 $\theta^{0,5877}$	0,9583
3C	Mr = 11,321 $\theta^{0,6650}$	0,9731
1G	Mr = 19,458 $\theta^{0,5485}$	0,8795
2G	Mr = 23,606 $\theta^{0,5671}$	0,9643
3G	Mr = 12,925 $\theta^{0,5832}$	0,8808
1V	Mr = 12,470 $\theta^{0,5884}$	0,8305
2V	Mr = 12,041 $\theta^{0,5969}$	0,8011
3V	Mr = 16,394 $\theta^{0,5449}$	0,8376

No que diz respeito à extensão vertical, correspondente ao condicionamento do provete, ela foi obtida para as condições de tensão apresentadas no Quadro 6.20, sendo os valores obtidos para cada provete os apresentados no Quadro 6.21.

QUADRO 6.20 – Condições de ensaio às extensões verticais

Material	σ_3 kPa	$\sigma_1 - \sigma_3$ kPa	Número de ciclos N
Calcário da "Catbritas"			
Escombreira da "Glória"	50	150	20000
Escombreira da "Viúva"			

QUADRO 6.21 – Extensões verticais aos 20000 ciclos para os materiais da A6

Provete	Extensões Verticais
1C	0,00276
2C	0,00133
3C	0,00167
1G	0,00344
2G	0,00274
3G	0,00347
1V	0,00395
2V	0,00255
3V	-*

* ausência de valor devido a um problema de gravação das medição

A caracterização mecânica do material foi também efectuada através da realização de ensaios *in situ*, nomeadamente ensaios de carga com o deflectómetro de impacto (FWD). Assim, foram realizados ensaios de carga com o deflectómetro de impacto na camada de sub-base granular em três troços, de acordo com a localização dos três materiais naquela camada.

Nos mesmos troços procedeu-se ao controlo da compactação com o gamadensímetro, tendo sido obtidos os resultados constantes do Quadro 6.22.

QUADRO 6.22 – Localização, material e características de compactação do material nos troços em que se realizaram ensaios de carga com o deflectómetro de impacto

Localização	Material	w (%)	$GC_{médio}$ (%)
18+600 - 18+750	Calcário	3,6	104
21+775 - 21+575	Escombreira da "Glória"	1,2	105
22+750 - 21+575	Escombreira da "Viúva"	3,3	103

No Quadro 6.23 apresentam-se os módulos de deformabilidade encontrados para os materiais nos três troços referidos, após tratamento dos resultados com o Elsym5.

QUADRO 6.23 – Módulos de deformabilidade obtidos dos ensaios de carga com o deflectómetro de impacto na A6

Localização	Material	E (MPa)
18+600 - 18+750	Calcário	200 - 250[1]
21+775 - 21+575	Escombreira da "Glória"	300 - 500[1]
22+775 - 23+050	Escombreira da "Viúva"	150 - 350[1]

(1) Valores mais frequentes

6.2.4. Trabalho "Estudo da influência de uma contaminação no comportamento mecânico de um agregado calcário de granulometria extensa"

Considerações Iniciais

O trabalho "Estudo da influência de uma contaminação no comportamento mecânico de um agregado calcário de granulometria extensa", correspondente a uma dissertação de mestrado desenvolvida por Castelo Branco em 1996, foi realizado na sequência de um caso de obra em que, depois de estarem aplicadas em sub-base granular cerca de 2000 toneladas de material granular de granulometria extensa, se verificou ter havido uma quebra nos valores de equivalente de areia de, aproximadamente, 20% relativamente aos valores obtidos na fase de caracterização prévia, realizada na pedreira e durante o armazenamento do material em estaleiro (Castelo Branco, 1996).

Dado que não foi detectado nenhum agente poluidor externo, foi concluído que aquela alteração poderia ser resultado de um factor intrínseco ao próprio material. Após observação do material e do maciço de onde era proveniente, foi entendido que a causa provável daquela evolução seria a presença, no seio do agregado, de partículas britadas de cor avermelhada que, por apresentarem características de rocha branda e por terem na sua constituição alguns minerais argilosos, poderiam desencadear durante a sua aplicação uma significativa evolução granulométrica do agregado, com reflexos directos nos valores do equivalente de areia.

A presença destas partículas no agregado poderá ter sido devida ao facto de algumas zonas do maciço explorado apresentarem cavidades de carsificação preenchidas por este tipo de material.

Perante estas constatações e tendo em conta que a eliminação daqueles materiais nas fases de extracção e transformação seria muito difícil e dispendiosa, tendo também repercussões a nível ambiental, foi aprofundado o estudo do fenómeno, no sentido de verificar a hipótese avançada para a sua explicação e de avaliar se a evolução decrescente dos valores de equivalente de areia teria, naquela situação, influência negativa sobre o comportamento mecânico do material aplicado. Foi este o objecto do trabalho em análise.

Nos pontos seguintes apresentam-se, de um modo resumido, os trabalhos desenvolvidos, caracterização geotécnica e caracterização mecânica, e os resultados obtidos pelo autor.

Metodologia e Materiais Utilizados

A metodologia seguida consistiu em criar dois materiais que diferissem no seu grau de contaminação, sendo um muito contaminado e o outro pouco ou nada contaminado, e comparar o seu desempenho, em obra e em laboratório. Para simular as condições de obra, tendo algum controlo sobre os factores intervenientes, foi construído um trecho experimental, que permitiu a comparação do desempenho dos dois materiais, através da realização de ensaios de carga com placa, e avaliar a evolução de algumas das suas características entre o fabrico e a aplicação em obra, para o que foram realizados vários ensaios de caracterização.

Assim, o trabalho foi realizado sobre agregado calcário de granulometria extensa, com características de sub-base, da pedreira de Calhariz, a qual se situa a 6 km da povoação de Santana, no concelho de Sesimbra.

Foram caracterizados materiais britados em que se verificava a presença de partículas de contaminação, "agregado contaminado" e materiais britados em que não se verificava tal presença, "agregado não contaminado", de acordo com o referido atrás, e, ainda, a rocha a partir da qual se produziu o agregado.

Já que no trabalho por nós desenvolvido foram caracterizados só materiais britados considerados "não contaminados", irão apresentar-se apenas os resultados correspondentes ao "agregado não contaminado" e à rocha a partir da qual o mesmo foi produzido.

Caracterização Geotécnica

A caracterização geotécnica pode dividir-se em duas partes, a caracterização da rocha e a caracterização do agregado.

No que diz respeito às amostras de rocha, as mesmas foram recolhidas imediatamente após o desmonte de rocha realizado para produção dos materiais para o aterro experimental. De entre os blocos fracturados foram recolhidos três, pesando entre 20 kg e 30 kg, constituindo cada um deles uma amostra. Dos blocos foram serrados cubos com cerca de 5 cm de lado, tendo todos eles sido submetidos ao ensaio de carga pontual. Dos fragmentos deste ensaio foram recolhidos 10 pedaços de cada amostra para realização do ensaio de desgaste em meio húmido. Os restantes fragmentos foram moídos, por forma a obter material para caracterização química e para o ensaio de adsorção de azul de metileno. Nos pontos seguintes apenas se apresentam os resultados do ensaio de desgaste em meio húmido e do ensaio de adsorção de azul de metileno, já que apenas estes foram realizados no trabalho por nós desenvolvido.

Os resultados do ensaio de adsorção de azul de metileno apresentam-se no Quadro 6.24 e no Quadro 6.25 apresentam-se os resultados do ensaio de desgaste em meio húmido.

QUADRO 6.24 – Valores de adsorção de azul de metileno das amostras de rocha moídas

Amostra	Vam (g/100g de pó 0/0,075 mm)
454/95	0,255
455/95	0,167
456/95	0,267

QUADRO 6.25 – Valores do ensaio de desgaste em meio húmido
das amostras de rocha (material passado)

Amostra	Id_2 (%)
454/95	0,3
455/95	0,4
456/95	0,4

Quanto à caracterização do agregado foram realizados uma série de ensaios, cujos resultados se apresentam no Quadro 6.26 a Quadro 6.29.

QUADRO 6.26 – Análise granulométrica do agregado

Abertura (mm)	% material que passa			
	Local de recolha das amostras			
	Pedreira		Trecho experimental	
	E(X) (M = 3)	DP (M = 3)	E(X) (M = 6)	DP (M = 6)
38,100	100,0	0,0	100,0	0,0
25,400	91,3	1,1	93,0	1,4
19,000	79,1	4,0	81,5	2,3
12,700	64,7	5,5	67,3	3,6
9,510	56,7	5,1	58,3	3,9
4,760	41,4	4,4	39,6	4,2
2,000	27,2	5,5	23,7	4,4
0,841	16,4	3,4	15,1	3,2
0,420	11,2	2,1	11,4	2,5
0,177	7,0	1,2	8,4	1,8
0,075	5,1	0,8	6,8	1,5

M número de provetes ensaiados por amostra

QUADRO 6.27 – Caracterização do agregado quanto ao seu estado de limpeza

Característica	Local de recolha das amostras			
	Pedreira		Trecho experimental	
	E(X) (M = 3)	DP	E(X) (M = 6)	DP
EA % (E 199)	66	3,2	43	2,9
Vam (g/100g de 0/0,075)	0,56	0,06	0,52	0,04
Vam (g/100g de 0/38,1)	0,028	0,004	0,036	0,010
Limite de liquidez (%)	NP	-	NP	-
Limite de plasticidade (%)	NP	-	NP	-

M número de provetes ensaiados por amostra

QUADRO 6.28 – Caracterização do agregado quanto à dureza das suas partículas

Característica	Local de recolha das amostras	
	Pedreira	T. Experimental
	E(X) (M = 1)	E(X) (M = 2)
LA (E 237) G (%)	32	33
LA fracção 10/14 (NF P18-573)	31	31
M_{DS} (%)	7	7
M_{DE} (%)	18	20

M número de provetes ensaiados por amostra; G composição granulométrica G

Quadro 6.29 – Índices de forma

Índice	Local de recolha das amostras	
	Pedreira	Trecho experimental
	E(X) (M = 1)	E(X) (M = 1)
I_{Lam} (%)	21	15
I_{Along} (%)	17	15

M número de provetes ensaiados por amostra

No que diz respeito à compactação do material, os ensaios foram realizados sobre amostras recompostas em laboratório constituídas, no caso do agregado "não contaminado", pelas fracções e percentagens apresentadas no Quadro 6.30. No mesmo quadro apresentam-se os resultados do ensaio de compactação.

QUADRO 6.30 – Proporções de cada uma das fracções granulométricas dos provetes do ensaio de compactação e resultados do ensaio

Característica	Resultado
Fracção granulométrica (mm)	%
0/4,76	39,6
4,76/9,5	18,7
9,5/31,5	41,7
Compactação	
$\gamma_{dmáx}$ (g/cm^3)	2,29
w_{opt} (%)	6,1
$(\gamma_{dmáx})_c$ (g/cm^3)	2,35
$(w_{opt})_c$ (%)	5,2

Caracterização Mecânica

A caracterização mecânica do agregado foi realizada em laboratório, através de ensaios triaxiais cíclicos, e *in situ*, no trecho experimental, através de ensaios de carga com placa.

A metodologia usada foi a da norma francesa NF P 98-125 (AFNOR, 1994a), no que diz respeito à caracterização do comportamento elástico de um agregado de granulometria extensa, a qual aponta para a determinação do módulo de elasticidade característico, E_c, e para a extensão vertical característica, A_{1c}. Os provetes foram construídos de acordo com a norma francesa NF P 98-230-1 (AFNOR, 1992, ref. por Castelo Branco, 1996) e os ensaios triaxiais cíclicos foram realizados segundo a norma francesa NF P 98-235-1 (AFNOR, 1994b).

No Quadro 6.31 apresenta-se a identificação dos provetes e as respectivas características de teor em água e baridade seca, relativamente aos valores óptimos. No Quadro 6.32 apresentam-se os valores realmente obtidos, sendo que todos os provetes foram compactados para teores em água de 4,2%. Aqueles em que se pretendia um teor em água inferior foram sujeitos a secagem em estufa após compactação.

QUADRO 6.31 – Identificação dos provetes utilizados nos ensaios triaxiais cíclicos

Teor em água (%)			Baridade seca
W_{opt-3}	W_{opt-2}	W_{opt-1}	γ_d
-	(1)	-	100% $\gamma_{d\,opt}$
6-050-2A	6-023-1A 6-030-1A	6-050-1B	97% $\gamma_{d\,opt}$
-	6-033-1A	-	95% $\gamma_{d\,opt}$

(1) ensaio inválido

QUADRO 6.32 – Características de compactação pretendidas para os provetes de ensaio

Provete	γ_d (g/cm^3)	w (%)	GC (%)
6-050-1B	2,277	3,85	96,9
6-023-1A	2,282	3,02	97,1
6-030-1A	2,282	2,89	97,1
6-033-1A	2,204	2,98	95,0
6-050-2A	2,277	1,65	96,9

Como se referiu, os ensaios triaxiais cíclicos foram realizados de acordo com a norma NF P 98-235-1 (AFNOR, 1994b), segundo a qual o ensaio decorre em duas fases: o pré-condicionamento e a caracterização do comportamento reversível, com uma frequência de 0,5 Hz.

Do pré-condicionamento, em que são aplicados 20000 ciclos de carga-descarga ao provete segundo o caminho de tensão E4 da Figura 6.9, o que corresponde a σ_{3max} de 100 kPa e a q_{max} de 600 kPa, obtém-se informação sobre a evolução da extensão vertical do material.

Na caracterização do comportamento reversível, que se segue ao pré-condicionamento, são aplicados os 22 caminhos de tensões representados na Figura 6.9, de A_1 a F_2, sendo aplicados por cada um 100 ciclos de carga-descarga.

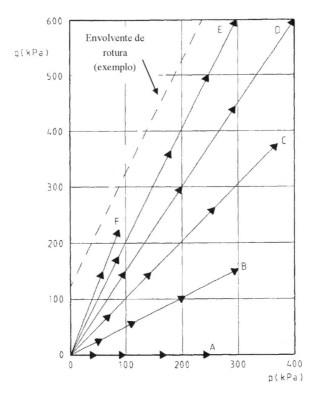

FIGURA 6.9 – Representação gráfica dos caminhos de tensão usados no estudo do comportamento reversível dos agregados não ligados (AFNOR, 1994b)

O modelo adoptado para descrever a evolução da extensão vertical do material foi o denominado modelo das extensões verticais, correspondente ao segundo modelo de Paute apresentado no capítulo 3 do trabalho agora desenvolvido.

Para descrever o comportamento não linear dos agregados não ligados foi adoptado o modelo de Boyce, apresentado no capítulo 3 do trabalho agora desenvolvido.

No Quadro 6.33 apresentam-se os parâmetros do modelo das extensões verticais obtidos para um dos provetes ensaiados. Como as extensões verticais observadas eram muito baixas, o autor optou por apresentar, para todos os provetes, a deformação aos 20000 ciclos, o que se apresenta no Quadro 6.34.

QUADRO 6.33 – Parâmetros do modelo das extensões verticais

Provete	$\varepsilon_1^P(100)$ (10^{-4})	A1 (10^{-4})	B	r
6-050-1B	107	209	0,18	0,98

QUADRO 6.34 – Indicador de extensões verticais $\varepsilon_1^{P*}(20000)$

Provete	$\varepsilon_1^{P*}(20000)$ (10^{-4})
6-050-1B	252
6-023-1A	48
6-030-1A	45
6-033-1A	52
6-050-2A	10

No Quadro 6.35 apresentam-se os parâmetros do modelo de Boyce e os valores característicos do módulo de deformabilidade e do coeficiente de Poisson (Castelo Branco, 1996).

QUADRO 6.35 – Parâmetros do modelo de Boyce e valores característicos de E e ν

Provete	K_a MPa	G_a MPa	n	β	r	E_c MPa	ν_c
6-050-1B	1233	135	0,275	0,137	0,77	675	0,29
6-023-1A	265	249	0,512	-0,049	0,65	850	0,09
6-030-1A	555	298	0,677	-0,056	0,50	987	0,23
6-033-1A	189	206	0,459	0,060	0,82	795	0,18
6-050-2A	1849	484	0,816	-0,342	0,19	1425	0,24

No que diz respeito ao comportamento mecânico *in situ*, foram realizados ensaios de carga com placa rígida de 75 cm de diâmetro sobre as camadas de agregado e sobre o solo de fundação, mas cujos resultados não se apresentam já que no trabalho agora desenvolvido este ensaio não foi realizado.

6.2.5. *Trabalho "Estudos Relativos a Camadas de Pavimentos Constituídos por Materiais Granulares"*

Considerações Iniciais

Este trabalho foi desenvolvido, com vista à obtenção do grau de Mestre, por Ana Cristina Freire em 1994, e teve como objectivo principal contribuir para um melhor conhecimento das características das camadas granulares de sub-base e base, por forma a permitir um mais correcto dimensionamento das mesmas (Freire, 1994).

Para tal, a autora procedeu à caracterização do agregado e ao estudo do efeito de várias propriedades intrínsecas do material constituinte, nomeadamente estado de tensão, compacidade, teor em água e composição granulométrica, nas relações tensão – deformação de materiais de granulometria extensa.

O trabalho foi realizado sobre materiais utilizados em alguns troços da Via Infante de Sagres ou Via Longitudinal do Algarve (VLA) e no caso dos ensaios *in situ*, nos mesmos troços, nomeadamente Nó de Faro – Nó de Tavira e Nó de Tavira – Nó da Pinheira.

O estudo realizado sobre estes materiais incluiu determinação das propriedades índice, através de ensaios laboratoriais, e caracterização mecânica, através quer de ensaios de laboratório, ensaios triaxiais cíclicos, excepto no caso do grauvaque rolado, quer de ensaios *in situ*, ensaio de carga com o deflectómetro de impacto.

Nos pontos seguintes apresentam-se os resultados mais significativos de alguns dos ensaios realizados.

Materiais Utilizados

Os materiais estudados no âmbito deste trabalho foram três. Dois materiais britados de origem grauváquica e calcária, respectivamente, à frente designados Grauvaque e Calcário e um material natural não britado, proveniente de seixeira, à frente designado por Seixo da Ribeira.

Os dois materiais britados, Grauvaque e Calcário, foram aplicados nas camadas de base granular nos troços Nó de Faro – Nó de Tavira e Nó de Tavira – Nó da Pinheira. O material não britado, Seixo da Ribeira, foi aplicado numa camada com 15 cm de espessura, sobre os aterros de pedraplenos efectuados nos lanços definidos entre Faro e Pinheira, também da Via Infante de Sagres. Como este material apresentava características de sub-base foi considerado, no decorrer do trabalho, como tendo sido aplicado numa camada daquele tipo.

O grauvaque rolado, Seixo da Ribeira, macroscopicamente é uma rocha granular de grão fino, de aspecto compacto e não friável e coloração castanho – acinzentada. Em fractura fresca identificaram-se cristais de quartzo e palhetas de mica branca, verificando-se a existência de uma coroa de alteração, de cor escura devido a uma maior concentração de óxidos de ferro. Considera-se, macroscopicamente, tratar-se de um grauvaque medianamente alterado.

O grauvaque britado utilizado é, macroscopicamente, uma rocha granular de grão fino, de aspecto compacto e não friável, de coloração cinzento – esverdeado. Em amostra de mão identificaram-se grãos detríticos de quartzo, fragmentos de rochas metasedimentares e palhetas de mica branca. Observa-se ainda que a rocha é cortada por alguns veios de quartzo e que ocorrem óxidos de ferro em veios e disseminados ao longo de planos de fracturação. Pode, por análise macroscópica, considerar-se que se trata também de um grauvaque medianamente alterado.

O calcário britado é, macroscopicamente, uma rocha de cor clara, amarelada, de aspecto compacto, sendo possível perceber a existência de alguma cristalinidade. Considera-se, em amostra de mão, que se trata de uma rocha sã, sem sinais de alteração, tendo sido designada por calcário subcristalino.

Caracterização Geotécnica

No que diz respeito à granulometria dos materiais, foram realizadas análises granulométricas sobre o grauvaque rolado e sobre um conjunto de fracções do grauvaque e calcário britados a utilizar em camada de base, cujos resultados se apresentam no Quadro 6.36 e Quadro 6.37.

QUADRO 6.36 – Análise granulométrica do grauvaque rolado

Peneiro ASTM	Passados (%)
3"	100,0
2"	89,5
1 1/2"	74,6
1"	63,9
3/4"	58,0
1/2"	54,7
3/8"	49,4
n.º 4	37,9
n.º 8	26,9
n.º 16	16,4
n.º 200	0,1

QUADRO 6.37 – Granulometria das fracções constituintes do grauvaque e calcário britados

Peneiros ASTM	Passados (%)						
	Grauvaque britado				Calcário britado		
	Brita 2 (25/50)	Brita 1 (15/25)	Areão (0/15)	Areia natural (0/5)	Brita 2 (15/50)	Brita 1 (10/20)	Areia de Britagem (0/10)
2"	100,0	-	-	-	100	-	-
1" 1/2	65,5	-	-	-	99,5	-	-
1"	10,5	100,0	-	-	30,4	100	-
3/4"	1,1	70,1	100,0	-	6,8	99,6	-
1/2"	-	3,9	92,9	-	0,2	35,9	100
3/8"	-	-	65,6	100,0	-	4,3	-
n.º 4	-	-	39,9	99,9	-	-	55,7
n.º 10	-	-	21,4	99,2	-	-	18,7
n.º 20	-	-	12,6	88,1	-	-	7,1
n.º 40	-	-	7,9	58,4	-	-	4,1
n.º 80	-	-	4,5	5,4	-	-	2,5
n.º 200	-	-	1,8	0,2	-	-	1,7

No grauvaque britado foram utilizados materiais nas fracções 0/15, 15/25 e 25/50 mm, sendo designados respectivamente por Areão, Brita 1 e Brita 2 e ainda um material natural não britado, na fracção 0/5 mm, designado por areia natural. No caso do calcário britado foram utilizadas as fracções 0/10, 10/20 e 15/50, sendo designadas por Areia de Britagem (Pó + pedrisco), Brita 1 e Brita 2.

O grauvaque e calcário britados foram aplicados na camada de base do pavimento com a composição ponderal apresentada no Quadro 6.38.

Os resultados do ensaio de *Los Angeles*, realizado sobre os três materiais referidos, apresentam-se no Quadro 6.39. Outro parâmetro avaliado foi a forma das partículas, cujos resultados, para as fracções ensaiadas, se apresentam no Quadro 6.40.

QUADRO 6.38 – Composição ponderal do grauvaque e calcário britados, aplicados na camada de base

Material	Brita 1	Brita 2	Areão	Areia natural	Areia de Britagem (Pó + pedrisco)
Grauvaque britado	20	25	40	15	-
Calcário britado	30	30	-	-	40

QUADRO 6.39 – Resultados do ensaio de *Los Angeles*

Amostra	Local de recolha	Comp. granulométrica	LA (%)
Grauvaque rolado	Rib. do Curral das Freiras	F	27
Grauvaque britado	Central		20
Calcário britado			29

QUADRO 6.40 – Índices de lamelação e alongamento

Amostra			Índice	
			Lamelação (%)	Alongamento (%)
Grauvaque britado	Brita 2	1" 1/2 a 3/4"	29	42
	Brita 1	3/4" a 1/2"	25	43
Calcário Britado	Brita 2	1" a 3/4"	20	35
	Brita 1	1/2" a 3/8"	31	32

A análise dos índices de forma foi feita à luz da norma Inglesa BS 812: Parte 1 (BSI, 1975), tendo sido verificado que o grauvaque britado tinha uma forma excessivamente alongada, o que provavelmente seria devido à natureza geológica do mesmo.

No que diz respeito à plasticidade, foi verificado, através dos limites de *Atterberg*, que os materiais eram não plásticos.

A fim de avaliar a limpeza do agregado, foi realizado o ensaio de equivalente de areia, cujos resultados se apresentam no Quadro 6.41.

QUADRO 6.41 – Resultados do equivalente de areia para os três materiais

Amostra		EA (%)
Grauvaque rolado	Ribeira do Curral das Freiras	28
Grauvaque britado	Areia	28
	Areão	83
	Mistura aplicada em obra	49
Calcário britado	Mistura aplicada em obra	60

Com vista à avaliação da argilosidade do material fino presente no agregado, isto é, avaliação da quantidade e qualidade de material fino presente no agregado, foi realizado o ensaio de adsorção de azul de metileno, utilizando o método Turbidimétrico (Freire, 1994; Luzia, 1998), cujos resultados se encontram no Quadro 6.42.

QUADRO 6.42 – Valores de adsorção de azul de metileno obtidos pelo método Turbidimétrico

Material	V_{Bt} (g/100g)
Grauvaque rolado	0,50
Grauvaque britado	0,65
Calcário britado	0,37

O grauvaque e o calcário britados a utilizar em camada de base foram sujeitos a ensaios de compactação, sendo os provetes, com vista ao estudo do efeito das partículas grosseiras nos resultados do ensaio, compostos em laboratório a partir de várias fracções do material. As composições granulométricas utilizadas e a designação do material obtido deste modo encontram-se no Quadro 6.43.

Sobre as misturas obtidas, foi efectuado um conjunto de ensaios fazendo variar as condições de realização, quer em termos granulométricos quer de tipo de compactação das amostras. Assim, realizaram-se ensaios para as condições de granulometria e tipos de compactação a seguir indicados:

- com rejeição do material com dimensão superior a 19,0 mm;
- com substituição do material com dimensão superior a 19,0 mm;
- com granulometria integral;
- compactação por apiloamento;
- compactação por vibração.

QUADRO 6.43 – Misturas utilizadas no ensaio de compactação

Material	Brita 2	Brita 1	Areão	Areia natural	Areia de Britagem (pó+pedrisco)	% retidos no peneiro 3/4"	Identificação da mistura
Grauvaque britado	0	0	70	30	-	0	MG0
	11	9	58	22	-	15	MG20
	25	20	40	15	-	30	MG45
Calcário britado	0	7	-	-	93	0	MC7
	20	20	-	-	60	10	MC40
	30	30	-	-	40	28	MC60

As técnicas utilizadas na compactação por apiloamento encontram-se no Quadro 6.44 e as características do pilão vibrador utilizado na compactação por vibração, no Quadro 6.45.

QUADRO 6.44 – Técnicas utilizadas nos ensaios de compactação por apiloamento

Molde		Peso do pilão compactador (kg)	Número de camadas	Número de pancadas por camada
Diâmetro (mm)	Altura (mm)			
152	115	4,54	5	55
240	200		3	366

QUADRO 6.45 – Características do pilão vibrador

Equipamento	Frequência de vibração (Hz)	Potência absorvida (W)	Peso estático (N)
Pilão vibrador	50	750	100

Os resultados obtidos no conjunto dos ensaios de compactação realizados encontram-se no Quadro 6.46.

QUADRO 6.46 – Resumo dos resultados obtidos no ensaio de compactação

Compactação	Material	Mat. retido # 3/4" (%)	Metodologia do ensaio									
			Rejeição				Substituição		Granulometria integral			
			Sem correcção		Com correcção				$\phi = 152$ mm		$\phi = 240$ mm	
			$\gamma_{d\,máx}$ (g/cm³)	w_{opt} (%)	$\gamma_{d\,máx}$ (g/cm³)	$(w_{opt})_c$ (%)	$\gamma_{d\,máx}$ (g/cm³)	w_{opt} (%)	$\gamma_{d\,máx}$ (g/cm³)	w_{opt} (%)	$\gamma_{d\,máx}$ (g/cm³)	w_{opt} (%)
Grauvaque britado	Apil.	0	-	-	-	-	-	-	2,19	6,0	2,17	6,5
		15	2,28	6,0	2,32	5,4	2,26	5,5	-	-	2,26	6,0
		30	2,25	6,2	2,32	4,8	2,26	6,0	-	-	2,29	6,2
	Vibr.	0	-	-	-	-	-	-	2,14	6,5	-	-
		15	2,22	6,4	2,26	5,7	2,20	6,4	-	-	-	-
		30	2,22	7,0	2,28	5,3	2,18	6,6	-	-	-	-
Calcário britado	Apil.	0	-	-	-	-	-	-	2,15	8,0	2,12	8,4
		10	2,15	7,3	2,19	6,7	2,15	6,7	-	-	2,15	7,7
		28	2,14	6,0	2,24	4,5	2,16	6,0	-	-	2,10	6,8
	Vibr.	0	-	-	-	-	-	-	1,89	7,0	-	-
		10	1,97	7,7	2,00	7,0	1,93	5,7	-	-	-	-
		28	1,94	6,0	2,10	4,5	1,95	6,0	-	-	-	-

A partir dos resultados obtidos na compactação, foi concluído que a aproximação entre os ensaios de compactação Proctor e por vibração depende do material ensaiado, interessando, deste modo, conhecer quais os resultados dos ensaios de laboratório que melhor reproduzem as condições verificadas em obra.

No caso do grauvaque britado, após analisar os resultados obtidos em laboratório e os do controlo da compactação realizados no troço da obra ensaiado, considerando um peso específico seco médio *in situ* de 2,28 g/cm³ e um teor em água médio *in situ* de 1,6%, para misturas com as mesmas granulometrias, concluiu-se que os valores obtidos em laboratório, quer por apiloamento quer por vibração, são semelhantes aqueles.

Para o calcário britado, após analisar os resultados obtidos em laboratório e os do controlo da compactação realizados no troço da obra ensaiado, onde foram obtidos peso específico seco *in situ* de 2,26 g/cm³ e teor em água médio *in situ* de 4,6%, concluiu-se serem os ensaios por apiloamento os que melhor se aproximavam dos valores obtidos *in situ*, sendo os obtidos por vibração, da ordem de 2,00 g/cm³, bastante inferiores.

Caracterização Mecânica

No que diz respeito à caracterização mecânica do material, foram realizados ensaios triaxiais cíclicos sobre o grauvaque britado e o calcário britado e ensaios de carga com o deflectómetro de impacto sobre os três tipos de material em análise.

Os ensaios triaxiais cíclicos, permitindo caracterizar quer o comportamento reversível quer a extensão vertical do material, foram realizados, sobre as misturas atrás referidas e com as composições ponderais apresentadas no Quadro 6.47, com o equipamento existente no LNEC.

QUADRO 6.47 – Composição ponderal da mistura de agregados ensaiados

Material	Brita 1	Brita 2	Areia natural	Areão	Areia britada (pó + pedrisco)
Grauvaque britado	20	25	15	40	-
Calcário britado	30	30	-	-	40

No que diz respeito à caracterização do comportamento reversível, neste trabalho foram medidas quer as deformações verticais quer as deformações radiais, para o que foi utilizado pelo LNEC um sistema constituído por uma série de roletes ligados por um cabo de aço que circunscreve o provete, sendo medido o afastamento entre as duas extremidades do cabo por intermédio de um transdutor de deslocamentos, com curso de 5 mm, estando o corpo fixo a uma das extremidades e o núcleo à outra. A montagem deste sistema foi efectuada a meia altura do provete, medindo-se, assim, as deformações na secção média.

O programa de ensaios seguido, apresentado no Quadro 6.48, foi escolhido por forma a simular, tanto quanto possível, as tensões verificadas *in situ*, sendo a frequência de aplicação de cada ciclo de cerca de 0,75 Hz.

QUADRO 6.48 – Níveis de tensão aplicados no estudo do comportamento reversível

σ_3 (kPa)*	$\sigma_1 - \sigma_3$ (kPa)*		
	Nível 1	Nível 2	Nível 3
20	130	-	-
25	130	220	-
50	150	250	280
75	220	280	300

* valores aproximados

Em cada um dos níveis de tensão indicados aplicaram-se cerca 100 ciclos de carga-descarga, para o condicionamento do provete. Após o último nível de tensão, repetiram-se, em alguns provetes, as condições de carregamento por forma a avaliar a influência da história de tensões no comportamento reversível do material.

Foram ensaiados dois provetes de cada um dos materiais, com as características de compactação e teor em água apresentados no Quadro 6.49, apresentando-se os resultados obtidos no Quadro 6.50.

QUADRO 6.49 – Características dos provetes ensaiados

Material	Identificação do ensaio	$\gamma_{d\,máx}$ (g/cm^3)	w (%)	CR (%)
Grauvaque britado	GT1	2,24	6,0	96,9
	GT2		6,6	98,0
Calcário britado	CT1	2,10	5,2	96,7
	CT2		4,6	100

QUADRO 6.50 – Módulos reversíveis obtidos nos ensaios triaxiais cíclicos

Material	Ensaio	Ciclo*	σ_3 (kPa)	M_r (MPa) nível 1	nível 2	nível 3
Grauvaque britado	GT1	1	20	253	269	-
		1	25	282	-	-
		1	50	328	-	-
		1	60	345	-	-
	GT2	1	15	266	280	310
		1	20	280	295	280
		1	25	310	300	375
		2		322	330	380
Calcário britado	CT1	1	25	461	-	-
		1	50	582	-	510
		1	75	613	-	-
	CT2	1	20	480	500	495
		1	25	550	540	600
		1	50	638	680	590
		2		647	650	660

* ciclo 1- aplicação de 100 ciclos de carga - descarga
ciclo 2- após o último nível de tensão, repetiram-se as condições de carregamento

Para o estudo da influência da tensão de confinamento no módulo reversível, procurou traduzir-se o comportamento do material por ajuste aos resultados de modelos de comportamento, nomeadamente modelo de *Dunlap* e modelo do primeiro invariante do tensor das tensões, referidos no capítulo 3. As leis de comportamento encontradas para cada um dos modelos são as apresentadas no Quadro 6.51 e Quadro 6.52.

Da análise dos resultados, foi concluído que a tensão de confinamento e o grau de compactação afectam o comportamento reversível do material granular ensaiado (Freire, 1994). As leis encontradas para estes materiais bem como os módulos resilientes apresentam-se na Figura 6.10 e Figura 6.11.

QUADRO 6.51 – Leis de comportamento para o grauvaque e calcário britados, modelo de *Dunlap*

Material	Ensaio	$Mr = k_1 \sigma_3^{k_2}$	r^2
Grauvaque britado	GT1	$M_r = 794\, \sigma_3^{0,33}$	0,96
	GT2	$M_r = 777\, \sigma_3^{0,26}$	0,96
Calcário britado	CT1	$M_r = 1259\, \sigma_3^{0,27}$	0,96
	CT2	$M_r = 1257\, \sigma_3^{0,25}$	0,84

QUADRO 6.52 – Leis de comportamento para o grauvaque e calcário britados, modelo do primeiro invariante do tensor das tensões

Material	Ensaio	$Mr = k_3 \theta^{k_4}$	r^2
Grauvaque britado	GT1	$M_r = 1250\, \theta^{0,90}$	0,70
	GT2	$M_r = 1158\, \theta^{0,66}$	0,63
Calcário britado	CT1	$M_r = 645\, \theta^{0,18}$	0,46
	CT2	$M_r = 1000\, \theta^{0,38}$	0,40

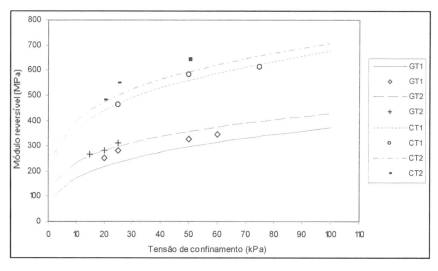

FIGURA 6.10 – Módulos reversíveis e leis de comportamento dos materiais da VLA, nível de tensão 1, modelo de *Dunlap* (Freire, 1994)

Por forma a estudar a evolução das extensões verticais com o número de ciclos de carga-descarga, foram ensaiados provetes dos dois materiais, nas condições que se apresentam no Quadro 6.53.

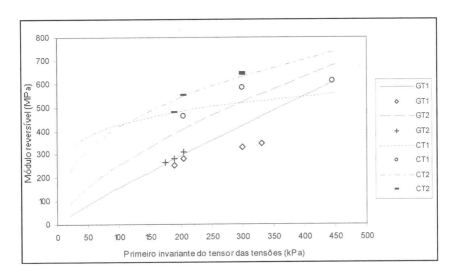

FIGURA 6.11 – Módulos reversíveis e leis de comportamento dos materiais da VLA, nível de tensão 1, modelo do primeiro invariante do tensor das tensões (Freire, 1994)

QUADRO 6.53 – Condições de ensaio às extensões verticais

Material	σ_3 (kPa)	$\sigma_1 - \sigma_3$ (kPa)	Número de Ciclos (N)
Grauvaque britado	35	200	10000 ou até à rotura
Calcário britado			

As características dos provetes ensaiados são as apresentadas no Quadro 6.54, apresentando-se os resultados, para um dado conjunto de ciclos de carga-descarga, no Quadro 6.55.

QUADRO 6.54 – Características dos provetes ensaiados

Material	$\gamma_{d\,max}$ (g/cm^3)	w (%)	CR (%)
Grauvaque britado	2,24	8,5	97,3
Calcário britado	2,10	6,2	100,0

QUADRO 6.55 – Extensões verticais obtidas para os dois materiais

Material	Ciclo N	Extensão vertical
Grauvaque britado	30	0,0030
	100	0,0037
	300	0,0048
	800	0,0054
	5000	0,0068
	9500	0,0077
Calcário britado	30	0,0009
	100	0,0012
	300	0,0020
	800	0,0027
	5000	0,0023
	7000	0,0024

Aos resultados obtidos foi ajustado o modelo de *Barskdale*, referido no capítulo 3, sendo as leis encontradas e respectivos coeficientes de determinação, os apresentados no Quadro 6.56.

As leis de comportamento, bem como as extensões verticais correspondentes apresentam-se na Figura 6.12.

QUADRO 6.56 – Leis de comportamento para os materiais da VLA, modelo de *Barksdale*

Material	$\varepsilon_{1P} = a_2 + b_2 \log N$	r^2
Grauvaque britado	$\varepsilon_p = 0,0269 \times 10^{-4} + 0,017 \times 10^{-3} \log N$	0,99
Calcário britado	$\varepsilon_p = 0,0424 \times 10^{-5} + 0,059 \times 10^{-4} \log N$	0,99

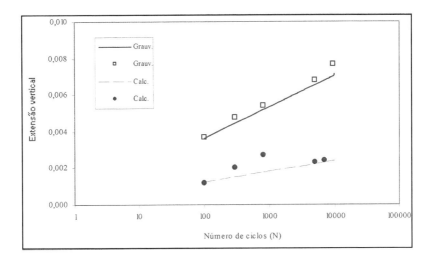

FIGURA 6.12 – Extensões verticais obtidas para os materiais da VLA, modelo de *Barskdale* (Freire, 1994)

No que diz respeito à caracterização do comportamento dos materiais a partir de ensaios *in situ*, foram realizados ensaios de carga com o deflectómetro de impacto. Estes ensaios decorreram em diversas campanhas, em função da evolução na construção do pavimento, tendo sido realizados sobre todas as camadas do mesmo.

Irão, no entanto, ser apresentados apenas os relativos às campanhas iniciais, isto é, apenas se apresentam os módulos de deformabilidade correspondentes aos ensaios realizados directamente sobre o material das formações xisto-grauvacóides utilizado na fundação, grauvaque rolado utilizado em sub-base e grauvaque britado utilizado em camada de base.

Os ensaios foram realizados com o deflectómetro de impacto existente no LNEC, cujas características podem ser encontradas em várias publicações, nomeadamente Freire (Freire, 1994) e Luzia (Luzia, 1998), sobre as camadas constituídas pelos materiais em análise, utilizando placas com raio de 22,5 cm, sendo a força usada da ordem dos 20 kN.

Os resultados obtidos nos ensaios foram interpretados utilizando um programa de cálculo automático, que associa um processo iterativo à utilização do Programa Elsym5.

As características de compactação *in situ* dos materiais, nos troços ensaiados, encontram-se no Quadro 6.57 e os módulos de deformabilidade encontrados apresentam-se no Quadro 6.58.

QUADRO 6.57 – Localização, material, camadas ensaiadas e características do material nos troços em que se realizaram ensaios de carga com o deflectómetro de impacto

Localização	Camada	Material	w (%)	$\gamma_{d\,insitu}$ (g/cm^3)
1+850 - 2+150	Fundação	Calcário	8,5[a]	-
	Sub-base	Grauvaque rolado	4,3[a]	2,13[e]
			-	1,97[f]
	Base	Grauvaque britado	-	-
10+600 -11+100	Fundação	F. xisto-grauvacóide	6,2[b]	-
			5,9[c]	-
	Sub-base	Grauvaque rolado	3,9[c]	-
	Base	Grauvaque britado	-	-
16+225 - 16+525	Fundação	Calcário	6,5[d]	-
	Sub-base	Grauvaque rolado	-	2,20[g]
	Base	Grauvaque britado	-	-

a) ao km 1+850; b) ao km 11+090; c) ao km 11+100; d) ao km 16+252; e) ao km 1+860; f) ao km 1+900; g) ao km 16+225

QUADRO 6.58 – Módulos de deformabilidade obtidos com o deflectómetro de impacto

Localização	Camada	Material	Módulo de deformabilidade (MPa)
1+850 - 2+150	Sub-base	Grauvaque rolado	130 - 235
	Base	Grauvaque britado	350 - 550
10+600 - 11+100	Fundação	F. xisto-grauvacóide	100 - 180
	Sub-base	Grauvaque rolado	290 - 480
	Base	Grauvaque britado	245 - 375
16+225 - 16+525	Sub-base	Grauvaque rolado	260 - 370
	Base	Grauvaque britado	275 - 400

6.3. Estados Unidos da América

6.3.1. *Considerações Iniciais*

Dos diferentes trabalhos publicados nos Estados Unidos da América sobre materiais granulares britados não tratados, optou-se por apresentar os dois abaixo indicados, por se entender que tinham relação com o trabalho agora desenvolvido.

6.3.2. Trabalho "Development of Resilient Modulus Prediction. Models for Base and Subgrade Pavement layers from In Situ Devices Test Results"

Considerações Iniciais

O trabalho *"Development of Resilient Modulus Prediction. Models for Base and Subgrade Pavement layers from In Situ Devices Test Results"* foi desenvolvido por *Ravindra Gudishala*, com vista à obtenção do grau de Mestre no *Department of Civil and Environmental Engineering* of *Louisiana State University and Agricultural and Mechanical College*, tendo sido concluído em Dezembro de 2004.

O objectivo principal do trabalho foi o estabelecimento de modelos para a estimativa do módulo resiliente de camadas de base e de leito do pavimento, a partir de ensaios *in situ*, entre os quais o *Light Falling Weight Deflectometer*.

No entanto, para além dos ensaios *in situ* foram também realizados ensaios de laboratório sobre os materiais granulares, nomeadamente ensaios de caracterização e ensaios triaxiais cíclicos, segundo a norma AASHTO TP 46 (AASHTO, 1994).

Deste modo, nos pontos que se seguem faz-se a apresentação dos materiais granulares ensaiados e apresentam-se os resultados da caracterização geotécnica e da caracterização do comportamento mecânico em laboratório. Apenas a título de curiosidade, já que no trabalho agora desenvolvido este ensaio não foi realizado, apresentam-se ainda os resultados dos ensaios realizados com o *Light Falling Weight Deflectometer*.

Materiais Utilizados

Os materiais granulares utilizados no estudo foram quatro. Dois materiais calcários britados, "Crushed Limestone-1" e "Crushed Limestone-2", uma areia e reciclado de mistura betuminosa.

No entanto e uma vez que o trabalho por nós desenvolvido se debruça sobre materiais britados, apenas se fará referência a este tipo de materiais, ou seja, apenas se apresentam os resultados dos materiais "Crushed Limestone-1" e "Crushed Limestone-2".

Caracterização Geotécnica

A caracterização geotécnica dos materiais granulares consistiu na realização da análise granulométrica e do ensaio de compactação, cujos resultados são os apresentados no Quadro 6.59.

QUADRO 6.59 – Características geotécnicas dos materiais granulares

Peneiro		Crushed Limestone-1	Crushed Limestone-2
Abertura (mm)	n.º		
62,50	2 1/2	100	100
50,00	2	100	100
37,50	1 1/2	100	100
25,00	1	98,4	98,8
19,00	3/4	83,8	87,9
15,88	5/8	78,4	82,2
12,70	1/2	72,2	75,9
9,53	3/8	65,6	67,5
4,75	n.º 4	52,7	50,4
2,36	n.º 8	33,7	36,3
1,18	n.º 16	30,6	33,4
0,85	n.º 20	24,5	26,3
0,60	n.º 30	20,3	19,6
0,42	n.º 40	18,5	17,1
0,30	n.º 50	17,1	15,0
0,18	n.º 80	16,4	13,4
0,15	n.º 100	15,3	12,5
0,075	n.º 200	12,9	10,6
Cu		25,7	150,0
Cc		2,3	2,9
Classificação fins rodoviários		A-1-a	A-1-a
Classificação unificada		GC	GW
w_{opt} (%)		5,9	3,2
$\gamma_{dmáx}$ (g/cm^3)		2,2	1,98

Caracterização Mecânica

A caracterização mecânica dos materiais foi realizada em laboratório através de ensaios triaxiais cíclicos de acordo com a norma AASHTO TP46 (AASHTO, 1994) e com o Protocol 46 (FHWA, 1996).

Na Figura 6.13 e na Figura 6.14 apresenta-se o módulo resiliente do material "Crushed Limestone-1", função do primeiro invariante do tensor das tensões, θ, compactado para um teor em água de 5,4% e um peso específico seco de 2,11 g/cm^3.

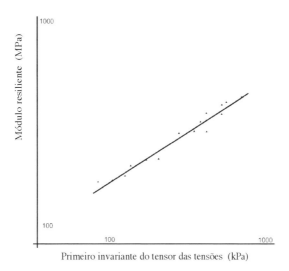

FIGURA 6.13 – Módulos resilientes do calcário britado 1 (adap. de Gudishala, 2004)

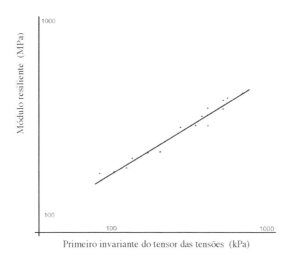

FIGURA 6.14 – Módulos resilientes do calcário britado 1 vs primeiro invariante do tensor das tensões (θ), para tensão de confinamento constante, σ_c (adap. de Gudishala, 2004)

Analisando a Figura 6.14, onde se apresenta o módulo resiliente função do primeiro invariante do tensor das tensões, θ, para tensão de confinamento constante, verifica-se que aquele aumenta com o aumento de θ.

A caracterização mecânica foi ainda realizada, em laboratório e *in situ*, através de um conjunto de ensaios entre os quais o *Light Falling Weight Deflectometer*.

Os ensaios de laboratório foram realizados sobre provetes compactados sobre uma camada de material argiloso com 30,48 cm de espessura, que serviu de leito do pavimento, em caixas de ensaio com 152,4 cm de comprimento, 91,44 cm de largura e 91,44 cm de profundidade. Os provetes foram compactados por vibração em duas camadas com 20,8 cm de espessura.

No Quadro 6.60 apresentam-se, a título de curiosidade, como se referiu, os resultados daqueles ensaios realizados em laboratório e *in situ*.

QUADRO 6.60 – Resultados dos ensaios com o LFWD

Material	Amostra	Localização	w (%)	γ_d (g/cm³)	Módulo de deformabilidade (MPa)		
					M	E(X)	DP
Calcário britado	CL1-1	Campo	4,8	1,87	5	34,5	4,6
	CL1-1	Campo	5,2	1,91	5	57,3	5,3
	CL1-1	Campo	5,6	2,11	5	82,7	3,1
	CL1-1	Lab.	6,1	1,93	4	74,4	12,7
	CL2	Lab.	3,2	1,96	3	131,2	3,9

M número de ensaios; Lab. Laboratório

6.3.3. Trabalho "Material Properties for Implementation of Mechanistic-Empirical (M-E) Pavement Design Procedures"

Considerações Iniciais

O trabalho "*Material Properties for Implementation of Mechanistic-Empirical (M-E) Pavement Design Procedures*" foi preparado por *Terushida Masada* e *Shad Sargand* do *Civil Engineering Dept. of Ohio University* e *J. Ludwig Figueroa* do *Civil Engineering Dept. of Case Western Reserve University* em cooperação com o *Ohio Department of Transportation and the U.S. Department of Transportation, Federal Highway Administration* (Masada et al., 2004).

Um dos objectivos do trabalho foi o desenvolvimento de uma base de dados das propriedades mecânicas de um largo conjunto de materiais utilizados nos pavimentos rodoviários do *Ohio*, as quais na sua maior parte e de acordo com o requerido no guia do NCHRP (McGhee, 1999) foram determinadas nos projectos de pavimentos conduzidos pelo ODOT nas últimas três décadas.

O segundo objectivo foi a avaliação da confiança da equação de *Witczack* na previsão do módulo dinâmico de misturas betuminosas utilizadas na construção de pavimentos no *Ohio*. No entanto, esta parte do trabalho não irá ser analisada, por o trabalho por nós desenvolvido apenas tratar de materiais granulares não tratados.

Deste modo, irão apresentar-se nos pontos seguintes os valores de módulo resiliente, bem como, em algumas situações, modelos de comportamento de materiais britados não ligados, recolhidos em 9 projectos desenvolvidos no *Ohio* entre 1991 e 2002.

Materiais Utilizados

Os materiais utilizados nos 9 projectos referidos são materiais granulares a utilizar em base ou sub-base granular não tratada e que são, no *Ohio*, divididos em três grupos, função, essencialmente, da granulometria:

Item 304	Agregado para base (Agregado denso para base, DGAB)
Item 307 (NJ)	Base de drenagem não estabilizada (Base de *New Jersey*)
Item 307 (IA)	Base de drenagem não estabilizada (Base de *Iowa*)

O agregado denso para base, Item 304, caracteriza-se por uma dimensão máxima das partículas de 50,8 mm e uma percentagem de finos a variar entre 0% e 13% e a base de *New Jersey*, Item 307 (NJ), por apresentar uma dimensão máxima das partículas de 38,1 mm e uma percentagem de finos a variar de 0% a 5%. Por fim a base de *Iowa*, Item 307 (IA), caracteriza-se por apresentar partículas com dimensão máxima de 25,4 mm e uma percentagem de finos a variar de 0% a 6%.

Caracterização Mecânica dos Materiais

Ao longo dos anos têm sido referidos em diferente bibliografia valores típicos de módulo resiliente de materiais granulares não tratados a utilizar em camada de base e sub-base de pavimentos rodoviários.

Por outro lado, o módulo resiliente dos materiais granulares é frequentemente apresentado sob a forma do modelo do primeiro invariante do tensor das tensões, referido no capítulo 3, equação (3.3).

Assim, e de acordo com os valores encontrados para k_3 e k_4 por *Allen* e al. em 1974 (Allen et al., 1974, ref. por Masada et al., 2004), os valores de módulo resiliente para materiais britados deveriam ser próximos de 138 MPa, 165 MPa e 193 MPa, para valores do primeiro invariante do tensor das tensões, θ, de 69 kPa, 103 kPa e 138 kPa, respectivamente.

Em 1995 o *Washington State Department of Transportation* no *WSDOT Pavement Design Guide* (WSDOT, 1995, ref. por Masada et al., 2004) entende que o valor médio do módulo resiliente para agregados britados não tratados a utilizar em camada de base pode ser obtido para o primeiro invariante do tensor das tensões, θ, de 172 kPa, quando k_3 e k_4 forem conhecidos. Esta conclusão baseou-se nos valores de módulo resiliente encontrados em ensaios de campo, de 193,7 MPa com desvio padrão de 30 MPa, e em ensaios de laboratório, a variar de 137 MPa a 240,6 MPa. Por tudo isto, recomenda um valor de módulo resiliente para os agregados britados de 172 MPa.

Por sua vez, *Huang* em 1993 (Huang, 1993, ref. por Masada et al., 2004) refere que o valor típico de módulo resiliente de materiais britados deve variar entre 138 MPa e 200 MPa, para valores de CBR a variar entre 30 % e 80 %.

Em 2001, num relatório preparado para a *Michigan Asphalt Pavement Association*, *Quintus* (Quintus, 2001, ref. por Masada et al., 2004) recomenda que se use 138 MPa, como valor típico de módulo resiliente para este tipo de materiais.

Nos pontos seguintes apresenta-se um resumo de nove projectos em que o comportamento mecânico de materiais britados não tratados, utilizados nos pavimentos de Ohio, foi caracterizado recorrendo a ensaios de laboratório e/ou ensaios *in situ*. Em alguns destes trabalhos os resultados são apresentados através dos parâmetros do modelo do primeiro invariante do tensor das tensões, θ, enquanto noutros são apresentados os valores obtidos nos ensaios.

No trabalho "*Evaluation of Resilient Modulus by Back-Calculation Technique.*" conduzido por *Sargand* em 1991 (Sargand et al, 1991, ref. por Masada et al., 2004), o módulo resiliente de um agregado denso para base, Item 304, foi resumido no modelo da equação (6.2), o que corresponde a um módulo resiliente a variar de 77,2 MPa a 172,0 MPa, para θ a variar 34,5 kPa a 172 kPa.

$$Mr = 13,24 \theta^{0,4979} \qquad (6.2)$$

onde:

Mr   Módulo resiliente
θ   Primeiro invariante do tensor das tensões [θ = $\sigma_1 + \sigma_2 + \sigma_3 = \sigma_1 + 2\sigma_3$]

No trabalho "*Reliability of AASHTO Design Equation for Predicting Pavement Performance of Flexible and Rigid Pavements in Ohio*", desenvolvido por *Abdulshafi* em 1994 (Abdulshafi et al., 1994, ref. por Masada et al., 2004), foi encontrado o módulo resiliente de um agregado denso para base, Item 304, em laboratório, de acordo com os métodos da ASSHTO, tendo sido obtidos valores médios de 104,8 MPa e de 102,0 MPa, para os materiais de dois locais diferentes, JAC-35 e LIC-70, respectivamente.

Randolph em 2000 (Randolph et al., 2000, ref. por Masada et al., 2004) determinou, no âmbito do trabalho "*Permeability and Stability of Base and Subbase Materials*", o módulo resiliente de três materiais granulares para base de acordo com o Protocol 46 (FHWA, 1996) e encontrou os resultados apresentados no Quadro 6.61.

QUADRO 6.61 – Módulo resiliente para 3 materiais de Ohio

ITEM	Tipo de material	Módulo Resiliente (MPa)	
		Intervalo	Valor Médio
304	Calcário	36,5 - 315,0	234,0
307 NJ		58,6 - 412,0	290,0
307 IA		41,4 - 307,5	206,8

Sargand em 2000 (Sargand et al., 2000a, ref. por Masada et al., 2004) no âmbito do trabalho "*Effectiveness of Base Type on Performance of PCC Pavement on ERI/LOR 2*", determinou o módulo resiliente de três agregados britados não tratados, obtendo os resultados do Quadro 6.62.

QUADRO 6.62 – Módulo resiliente para 3 materiais de Ohio

ITEM	Módulo Resiliente (MPa)
304	31,0 - 86,2
307 NJ	57,2 - 78,0
307 IA	22,8 – 74,5

No âmbito do trabalho "*Evaluation of Soil Stiffness Via Non-Destructive Testing*", *Sargand* em 2000 (Sargand et al., 2000b, ref. por Masada et al., 2004) começou por realizar uma série de ensaios de laboratório com vista à determinação do módulo resiliente de um agregado denso para base, Item 304, tendo obtido o modelo da equação (6.3) para um teor em água de 1,2% e peso específico seco de 2,11g/cm³.

$$Mr = 7,2236\theta^{0,4502} \tag{6.3}$$

onde:

Mr   Módulo resiliente
θ   Primeiro invariante do tensor das tensões [θ = $\sigma_1+\sigma_2+\sigma_3 = \sigma_1+2\sigma_3$]

De seguida foram realizados três ensaios não destrutivos *in situ*, *Soil Stiffness Gage*, *FWD* e *German Plate Load Test*, por forma a encontrar o módulo de deformabilidade do material por análise inversa. Os resultados obtidos em cada tipo de ensaio são os apresentados no Quadro 6.63.

QUADRO 6.63 – Módulo de deformabilidade obtido por análise inversa, material Item 304

Ensaio	Módulo de deformabilidade (MPa)	
	Intervalo	Valor médio
Soil Stiffness Gage	91,7 - 299,9	185,4
FWD	22,8 - 448,2	226,2
German Plate Load Test	13,8 - 275,8	111,0

Sargand em 2001 (Sargand, 2001a, ref. por Masada et al., 2004) no âmbito do trabalho *"Performance of Dowel Bars and Rigid Pavement"*, verificou, através de ensaios de laboratório, que o valor médio do módulo resiliente de um agregado britado do tipo base *New Jersey* variava entre 62,1 MPa e 89,6 MPa.

No âmbito do projecto *"Laboratory Characterization of Ohio – SHRP Test Road Pavement Material"*, *Masada & Sargand* em 2002 (Masada et al., 2002, ref. por Masada et al., 2004) caracterizaram o comportamento resiliente de um agregado denso para base, Item 304, em laboratório, através da realização de ensaios triaxiais cíclicos de acordo com o Protocol 46 (FHWA, 1996). Aos resultados encontrados foi aplicado o modelo do primeiro invariante do tensor das tensões, tendo sido obtida a lei da equação (6.4), o que corresponde a um módulo resiliente a variar de 71,0 MPa a 120,0 MPa, para θ a variar de 34,5 kPa a 172 kPa.

$$Mr = 21,862\theta^{0,3301} \qquad (6.4)$$

onde:

Mr   Módulo resiliente
θ   Primeiro invariante do tensor das tensões [θ = $\sigma_1+\sigma_2+\sigma_3 = \sigma_1+2\sigma_3$]

Em 2001, no âmbito do projecto *"Monitoring and Analysis of Data Obtained from Moisture-Temperature Recording Stations"*, *Figueroa* (Figueroa et al., 2001, ref. por Masada et al., 2004) avaliou, em laboratório, o módulo resiliente de um agregado denso para base, Item 304. Os resultados, apresentados na forma do modelo do primeiro invariante do tensor das tensões, são dados pela lei da equação (6.5), o que corresponde a um módulo resiliente a variar de 105,5 MPa a 179,5 MPa, ▫para θ a variar de 34,5 kPa a 172 kPa.

$$Mr = 32,793\theta^{0,3301} \qquad (6.5)$$

onde:

Mr   Módulo resiliente
θ   Primeiro invariante do tensor das tensões [θ = $\sigma_1+\sigma_2+\sigma_3 = \sigma_1+2\sigma_3$]

Por fim, *Sargand* em 2002 (Sargand et al., 2002, ref. por Masada et al., 2004) no âmbito do projecto *"Determination of Pavement Layer Stiffness on the Ohio-SHRP Test Road Using Backcalculation Technique"* encontrou, por análise inversa, o módulo de deformabilidade de um agregado denso para base, Item 304, a partir dos resultados de ensaios não destrutivos, FWD, realizados sobre aqueles materiais.

Os resultados encontrados indicam que o material apresenta um módulo de deformabilidade de 179,0 MPa, se aplicado em camada de base, e de 213,7 MPa, quando em sub-base.

Os resultados dos nove trabalhos referidos, encontram-se resumidos no Quadro 6.64 e no Quadro 6.65, correspondentes aos projectos em que foi encontrado um modelo para caracterizar o comportamento mecânico do material e aqueles em que apenas foram apresentados valores isolados, respectivamente.

QUADRO 6.64 – Resumo do módulo resiliente,
agregado denso para base (DGAB, Item 304)

Trabalho	Proj. n.º	N.º ensaios	$Mr = k_3 \theta^{k_4}$	
			k_3	k_4
Sargand et al. (1991)	1	13	13,2400	0,4979
Sargand et al. (2000b)	5A	10	7,2236	0,4502
Figueroa (2001)	8	15	32,7930	0,3301
Masada & Sargand (2002)	7	4	21,8620	0,3301

QUADRO 6.65 – Resumo do módulo resiliente
de vários agregados britados utilizados no Ohio

Trabalho	Proj. nº	Item material ODOT	Nº ensaios	Mr (MPa)		
				Min	E(x)	Max
Abdulshafi et al. (1994)	2A	304	20	-	104,8 (JAC-35)	-
	2B			-	102,0 (LIC-70)	-
Randolph et al. (2000)	3A	304	11	36,5	234,0	315,0
	3B	307 NJ	11	58,6	290,0	412,0
	3C	307 IA	11	41,4	206,8	307,5
Sargand et al. (2000a)	4A	304	2	31,0	58,6	86,2
	4B	307 NJ	4	57,2	87,6	78,0
	4C	307 IA	4	22,8	48,7	74,5
Sargand et al. (2000b)	5B		SSG	91,7	185,4	299,9
	5C	304	FWD	22,8	226,2	448,2
	5D		GPL	13,8	111,0	275,8
Sargand et al. (2001)	6	307 NJ	5	62,1	-	89,6
Sargand et al. (2002)	9A	304	FWD	39,3	179 Base	296,5
	9B			38,6	213,7 Sub-base	353,0

SSG - Soil Stiffness Gage; FWD - Falling Weight Deflectometer; GPL- German Plate Load

Analisando o Quadro 6.64, pode concluir-se que os parâmetros k_3 e k_4, do modelo do primeiro invariante do tensor das tensões, variam entre 7,2236 e 32,7930 e entre 0,3301 e 0,4979, respectivamente. A grande variação que se verifica no parâmetro k_3, pode reflectir diferenças nas condições físicas dos provetes ensaiados, nomeadamente dimensões do provete, dimensão máxima das partículas, peso específico seco, teor em água e percentagem de finos (Masada et al., 2004).

Do Quadro 6.65 pode concluir-se que os valores médios dos módulos encontrados, são, em geral, mais elevados para os ensaios *in situ* do que para os ensaios de laboratório.

6.4. Referências Bibliográficas

AASHTO (1994). "Standard test method for determining the resilient modulus of soils and aggregate materials". TP 46, American Association of State Highway and Transportation Officials, USA.

AFNOR (1994a). "Assises de chaussées. Graves non traitées. Methodologie d'étude en laboratoire". NF P 98-125, Association Française de Normalisation, France.

AFNOR (1994b). "Essais relatifs aux chaussées. Graves non traitées. Essai triaxial à chargements répétés.". NF P 98-235-1, Association Française de Normalisation, France.

BSI (1975). "Methods for sampling and testing of mineral aggregates, sands and fillers. Part 1: Sampling, size, shape and classification". BS 812: part 1, British standard institution, England.

CASTELO BRANCO, F. V. M. (1996). "Estudo da influência de uma contaminação no comportamento mecânico de um agregado calcário de granulometria extensa". Tese de Mestrado, Universidade de Coimbra, Coimbra.

FHWA (1996). "LTPP materials characterization: Resilient modulus of unbound granular base/subbase materials and subgrade soils". Protocol P46, U.S. Department of Transportation, Federal Highway Administration, USA.

FREIRE, A. C. O. R. (1994): "Estudos relativos a camadas de pavimentos constituídas por materiais granulares". Tese de Mestrado, Universidade Nova de Lisboa, Lisboa.

GIDEL, M. GUNTHER (2001). "Comportment et Valorisation des Graves non Tratées Calcaires Utilisées pour les Assises de Chaussées Souples". Tese de Doutoramento, Université de Bordeaux, França.

GUDISHALA, RAVINDRA (2004). "Development of resilient modulus prediction models for base and subgrade pavements layers from in situ devices test results". Tese de Mestrado, Department of Civil and Environmental Engineering, Louisiana State University and Agricultural and Mechanical College, USA.

HADJADJI, T.; QUARESMA, L. (1998). "Estudo do comportamento mecânico de camadas granulares do pavimento da Auto-estrada n.° 6, sub-lanço Évora –

Estremoz". Relatório 164/98, NPR, Laboratório Nacional de Engenharia Civil, Lisboa.

Luzia, R. C. (1998). "Fundação de Pavimentos Rodoviários. Estudo da Utilização de Materiais Xisto – Grauváquicos". Dissertação de Mestrado, Departamento de Engenharia Civil da F. C.T. da Universidade de Coimbra, Coimbra.

Masada, T.; Sargand, S. M.; Abdalla, B. e Figueroa, J. L. (2004). "Material properties for implementation of mechanistic-empirical (M-E) pavement design procedures". Final report, Stocker Center, Ohio University in cooperation with Ohio Research Institute for Transportation and the Environment, Federal Highway Administration, USA.

McGhee, K. H. (1999). "Development of the 2002 Guide for the Design of New and Rehabilitated Pavements – Project Overview". NCHRP 1-37A.

Neves, J. M. Coelho (2001). "Contribuição para a modelação do comportamento estrutural de pavimentos rodoviários flexíveis". Tese de Doutoramento, Instituto Superior Técnico, Lisboa.

Pinelo, A.; Freire, A. C.; Azevedo, M. C.; Quaresma, L.; Inácio, P. J.; Prates, M. e Cardoso, M. (1991). "Estudos relativos a Camadas Granulares". Trabalho realizado no âmbito do protocolo JAE/LNEC, Laboratório Nacional de Engenharia Civil, Lisboa.

Quaresma, L.; Freire, A. C.; Miranda, C. V. (1993). "IC 23 – Via de cintura interna do Porto. Análise dos resultados de ensaios realizados sobre camadas granulares." Trabalho realizado no âmbito do protocolo JAE/LNEC, Laboratório Nacional de Engenharia Civil, Lisboa.

Quaresma, Luís (1985). "Características Mecânicas de Camadas de Pavimentos Rodoviários e Aeroportuários Construídas por Materiais Granulares". Dissertação de Mestrado, Universidade Nova de Lisboa, Lisboa.

Werkmeister, Sabine (2003). "Permanent Deformation Behaviour of Unbound Granular Materials in Pavement Constructions". Tese de Doutoramento, Technische Universität Dresden, Alemanha.

7. ESTUDO EXPERIMENTAL: MATERIAIS ENSAIADOS E RESULTADOS DA CARACTERIZAÇÃO GEOTÉCNICA E MECÂNICA

7.1. Considerações Iniciais

No presente capítulo começa por se fazer uma breve descrição dos materiais utilizados no trabalho fazendo-se referência aos locais em que foram recolhidos bem como à sua caracterização geológica.

De seguida apresentam-se os resultados da caracterização geotécnica e da caracterização mecânica em laboratório dos materiais, os resultados da modelação do seu comportamento mecânico a partir da caracterização mecânica em laboratório e, ainda, os resultados da caracterização mecânica *in situ*.

Na parte final do capítulo analisa-se a aplicação das Especificações e Recomendações, descritas no capítulo 5, aos resultados dos ensaios realizados e faz-se a comparação do comportamento mecânico destes materiais com o apresentado por materiais semelhantes, caracterizados no âmbito de outros trabalhos e apresentados no capítulo 6.

Por fim, tecem-se as primeiras considerações sobre os resultados apresentados, no que diz respeito ao desempenho dos materiais em camadas granulares de pavimentos rodoviários.

7.2. Materiais Ensaiados e Obras Correspondentes

No presente trabalho foram ensaiados os dois tipos de material, no que se refere à litologia, mais frequentemente utilizados em camadas granulares não tratadas de pavimentos rodoviários: o calcário e o granito.

Ensaiaram-se oito amostras de material britado de granulometria extensa, cinco de calcário, Figura 7.1, identificadas como C1 a C5, e três de granito, Figura 7.2 e Figura 7.3, identificadas como G1 a G3. As amostras de calcário são todas provenientes da mesma pedreira, localizada em Pombal, Figura 7.4, sendo que quatro delas, C1 a C4, foram recolhidas na camada de sub-base da obra em que este material foi utilizado, e a quinta, C5, foi recolhida na pedreira.

FIGURA 7.1 – Material calcário

FIGURA 7.2 – Material granítico da zona de Celorico da Beira

O material granítico é proveniente de duas pedreiras localizadas em pontos geograficamente diferentes. As amostras G1 e G2 foram recolhidas numa pedreira na zona de Celorico da Beira, Figura 7.4, enquanto a amostra G3 foi recolhida em depósito de uma obra a decorrer na zona de Braga, Figura 7.4, tendo o material sido fornecido por uma pedreira da mesma zona.

FIGURA 7.3 – Material granítico da zona de Braga

Qualquer dos materiais foi utilizado em camada de sub-base granular não tratada, em obras em construção à data do desenvolvimento deste trabalho.

O material calcário foi utilizado na A23, no troço Castelo Branco Sul – Fratel, entre o Pk 0+000 e o Pk 2+4000, Figura 7.4 e Figura 7.5, onde nos foi permitido, pelos promotores da obra, SCUTVIAS – Autoestradas da Beira Interior, S.A., recolher material e proceder à realização de ensaios *in situ*.

Os materiais graníticos foram também utilizados em camada de sub-base não tratada de duas obras construídas/em construção no interior centro e norte do país, respectivamente. No entanto e devido a compromisso assumido com os promotores, as obras não irão ser identificadas, pelo que se passarão a designar doravante por "obra n.º 2" e "obra n.º 3".

Os materiais das amostras identificadas como G1 e G2, recolhidas na zona de Celorico da Beira, foram utilizados na "obra n.º 2", construída/em construção no interior centro, e os materiais da amostra identificada como G3, recolhida na zona de Braga, foram utilizados na "obra n.º 3", construída/em construção no norte.

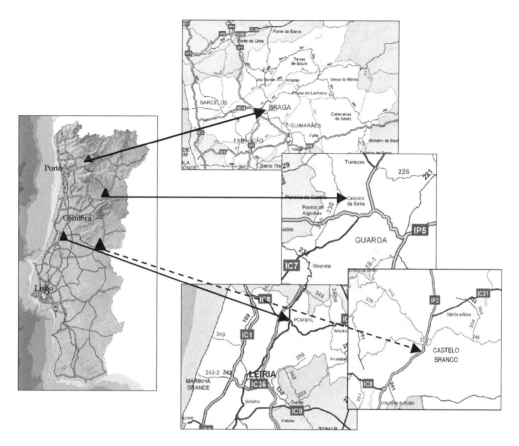

FIGURA 7.4 – Localização dos três locais de recolha dos materiais ensaiados
(adapt. de EP @, 2005)

7.3. Materiais Ensaiados. Caracterização Geológica

Os materiais estudados no presente trabalho, calcários da zona de Pombal (Serra de Sicó) e granitos da zona de Celorico da Beira e da zona de Braga, afloram, respectivamente, na Orla Ocidental e no Maciço Hespérico, mais concretamente na Zona Centro – Ibérica.

As rochas intrusivas da zona de Celorico da Beira, de acordo com a Carta Geológica de Portugal, na escala 1:500000 de 1992 (Oliveira et al., 1992), e como se referiu no capítulo 2, são granitóides relacionados com cisalhamentos dúcteis, denominados granitos monzoníticos porfiróides, ou seja, granitos calco-alcalinos, de duas micas com predomínio de biotite, em geral com megacristais.

Em amostra de mão, Figura 7.6, verifica-se ser uma rocha sã, leucocrata, de grão médio a fino, com megacristais de felspato, ou seja, de textura porfiróide, sendo possível identificar, para além do felspato, quartzo, moscovite e biotite, sendo a biotite predominante.

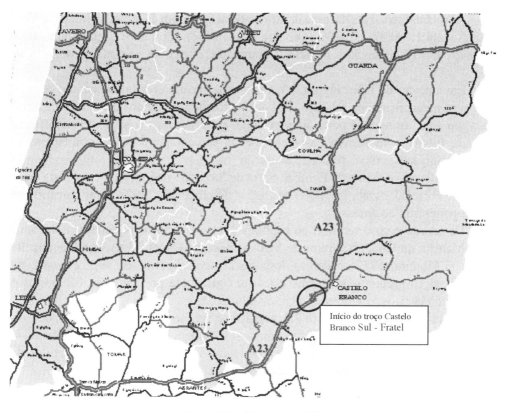

FIGURA 7.5 – Traçado da A23
e localização do início do troço Castelo Branco Sul – Fratel

FIGURA 7.6 – Amostras de mão dos três materiais em estudo

As rochas intrusivas da zona de Braga, de acordo com a Carta Geológica de Portugal, escala 1:500000 de 1992 (Oliveira et al., 1992), são também granitóides relacionados com cisalhamentos dúcteis, denominados granitos e granodioritos, porfiróides.

Em amostra de mão, Figura 7.6, verifica-se ser uma rocha leucocrata, de grão fino com megacristais de felspato, embora pouco desenvolvidos e com forma alongada, ou seja, de textura porfiróide, em que, para além do felspato se identificam quartzo, biotite e moscovite, esta em menor percentagem. A amostra apresenta aspecto compacto sem vestígios de alteração.

Os calcários da zona de Pombal, Serra de Sicó, são denominados na Carta Geológica de Portugal, escala 1:500000 de 1992 (Oliveira et al., 1992), como calcários do Sicó e pertencem ao Jurássico.

De acordo com o referido no capítulo 2, estes calcários pertencem à denominada Mancha de Condeixa-Serra de Sicó-Alvaiázere-Tomar (Giuseppe Manuppella e Balacó Moreira, 1975), e dentro desta ao Dogger superior, ou seja, é uma zona de composição predominantemente calcária, constituída por calcários compactos e duros, calciclásticos, oolíticos e microcristalinos.

Em amostra de mão, Figura 7.6, verifica-se ser uma rocha de cor clara, de tons pérola a cinzento claro, de aspecto compacto e evidenciando alguma cristalinidade (cristais e pequenos veios de calcite), com raros veios acastanhados de óxidos de ferro, podendo considerar-se que se trata de uma rocha sã.

7.4. Resultados da Caracterização Geotécnica

7.4.1. *Introdução*

Nas secções seguintes vão apresentar-se os resultados dos ensaios realizados com vista à caracterização geotécnica dos dois tipos de material em estudo, calcário e granito. A apresentação de resultados segue, sensivelmente, a ordem pela qual se fez a apresentação dos ensaios respectivos no capítulo 4. Os resultados correspondentes aos materiais calcários e graníticos irão, sempre que se achar conveniente, ser apresentados separadamente.

Como se referiu no capítulo 4 e à excepção do ensaio de micro-*Deval*, não se utilizaram as normas NP EN na realização dos ensaios, o que se deve, essencialmente, ao facto de as especificações ainda vigentes em Portugal, nomeadamente o caderno de encargos tipo da JAE (JAE, 1998), actual Estradas de Portugal – E.P.E., no que diz respeito a estradas, não indicarem ainda o uso dessas normas.

De referir que, grande parte dos resultados dos ensaios de caracterização do material granítico identificado como G3 foram fornecidos pelos promotores da obra, que, como se referiu, não irão ser identificados. Assim, sempre que os resultados apresentados não correspondam a ensaios realizados especificamente no âmbito do estudo, esse facto será assinalado.

7.4.2. *Análise Granulométrica*

A análise granulométrica foi realizada segundo a especificação E 233 (LNEC, 1969). Os resultados, bem como os coeficientes de uniformidade e curvatura, apresentam-se no Quadro 7.1 e Quadro 7.2 para o calcário e granito, respectivamente.

QUADRO 7.1 – Resultados da análise granulométrica, coeficiente de uniformidade e coeficiente de curvatura do material calcário

	Peneiro	Abertura (mm)	C1	C2	C3	C4	C5	Máx	Min	E(x)	DP
% de passados	3"	76,20	100,0	100,0	100,0	100,0	100,0	100,0	100,0	100,0	0,00
	2" 1/2	64,00	100,0	100,0	100,0	100,0	100,0	100,0	100,0	100,0	0,00
	2"	50,80	100,0	100,0	100,0	100,0	100,0	100,0	100,0	100,0	0,00
	1" 1/2	38,10	100,0	99,7	99,7	100,0	99,6	100,0	99,6	99,8	0,19
	1"	25,40	97,4	97,8	94,2	96,7	97,0	97,0	94,2	96,6	1,41
	3/4"	19,10	91,2	92,2	85,2	92,8	90,4	92,8	85,2	90,4	3,04
	1/2"	12,70	79,4	81,1	69,0	84,0	80,7	84,0	69,0	78,8	5,74
	3/8"	9,520	69,6	73,5	56,5	75,3	74,5	75,3	56,5	69,9	7,78
	n.º 4	4,760	46,5	54,8	32,7	52,3	62,8	62,8	32,7	49,8	11,21
	n.º 10	2,000	23,4	32,0	16,5	29,8	40,6	40,6	16,5	28,5	9,07
	n.º 20	0,840	12,7	17,9	9,4	17,1	23,5	23,5	9,4	16,1	5,36
	n.º 40	0,420	8,4	11,4	6,4	11,1	15,3	15,3	6,4	10,5	3,35
	n.º 80	0,177	5,8	7,2	4,3	7,1	9,9	9,9	4,3	6,9	2,05
	n.º 200	0,075	4,4	5,2	3,2	5,2	7,2	7,2	3,2	5,0	1,43
	C_u		11,9	18,0	11,8	22,6	25,3	25,3	11,8	17,9	6,1
	C_c		1,6	1,7	1,9	2,4	2,1	2,4	1,6	2,0	0,3

Analisando os resultados verifica-se que e para qualquer das amostras, a percentagem de passados no peneiro n.º 200 está dentro dos valores impostos no caderno de encargos tipo da JAE (JAE, 1998) para agregado britado de granulometria extensa a utilizar em camada de sub-base ou camada de base, ou seja entre 2% e 10%, sendo o valor mínimo, 3,2%, para a amostra C3 e o valor máximo, 7,2%, para a amostra C5. Verifica-se, também, que a percentagem de retidos no peneiro de 19 mm é, para qualquer das amostras, inferior aos 30% recomendados no mesmo caderno de encargos tipo.

Tendo em conta os coeficientes de uniformidade e de curvatura, apresentados no Quadro 7.1 e no Quadro 7.2, pode dizer-se que o material é bem graduado, com excepção para a amostra G3, já que apresenta um coeficiente de curvatura inferior a 1.

Quadro 7.2 – Resultados da análise granulométrica, coeficiente de uniformidade e coeficiente de curvatura do material granítico

Peneiro	Abertura (mm)	Amostra G1	Amostra G2	Amostra G3*	Máx	Min	E(x)	DP
3"	76,20	100,0	100,0	100,0	100,0	100,0	100,0	0,00
2" 1/2	64,00	100,0	100,0	100,0	100,0	100,0	100,0	0,00
2"	50,80	100,0	100,0	100,0	100,0	100,0	100,0	0,00
1" 1/2	38,10	99,6	99,4	100,0	100,0	99,4	99,6	0,33
1"	25,40	92,2	86,9	90,5	92,2	86,9	89,9	2,75
3/4"	19,10	84,0	75,9	82,3	84,0	75,9	80,8	4,27
1/2"	12,70	74,7	63,3	66,8	74,7	63,3	68,3	5,84
3/8"	9,520	66,4	57,2	59,2	66,4	57,2	61,0	4,84
n°4	4,760	47,5	44,1	47,2	47,5	44,1	46,3	1,91
n°10	2,000	31,1	32,9	39,1	39,1	31,1	34,4	4,19
n°20	0,840	20,0	23,4	30,0	30,0	20,0	24,5	5,07
n°40	0,420	13,3	16,3	21,9	21,9	13,3	17,2	4,35
n°80	0,177	7,9	10,2	12,5	12,5	7,9	10,2	2,28
n°200	0,075	4,6	6,2	6,5	6,5	4,6	5,8	1,01
C_u		30,0	56,1	74,6	74,6	30,0	53,6	22,4
C_c		1,7	1,4	0,6	1,7	0,6	1,2	0,6

(% de passados)

* resultados fornecidos pelo promotor

As curvas granulométricas e tal como se espera de um material de granulometria extensa apresentam forma regular. No entanto, as amostras de calcário apresentam percentagens de grossos inferiores ao recomendado e percentagens de material fino também abaixo dos valores recomendados, o que leva a que nenhuma delas respeite totalmente o fuso granulométrico apresentado no caderno de encargos tipo da JAE (JAE, 1998) como se pode verificar na Figura 7.7. O que, de qualquer modo, não inviabilizou a sua utilização em camada de sub-base granular.

No que diz respeito às amostras de granito, qualquer delas respeita o referido fuso granulométrico, como se mostra na Figura 7.8.

7.4.3. *Limites de Consistência*

Para obtenção dos limites de consistência seguiu-se o procedimento indicado na Norma Portuguesa NP-143 (IGPAI, 1969), tendo-se verificado a impossibilidade de realização dos ensaios, dadas as características dos materiais. Assim, concluiu-se que quer os materiais calcários quer os materiais graníticos são não plásticos.

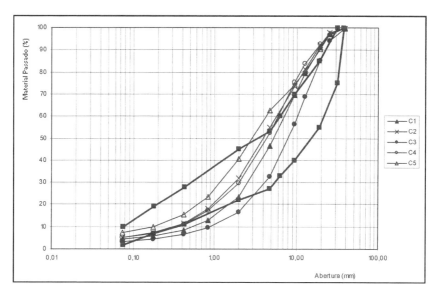

FIGURA 7.7 – Curvas granulométricas e fuso granulométrico apresentado no caderno de encargos tipo da JAE (JAE, 1998), actual EP, para o calcário

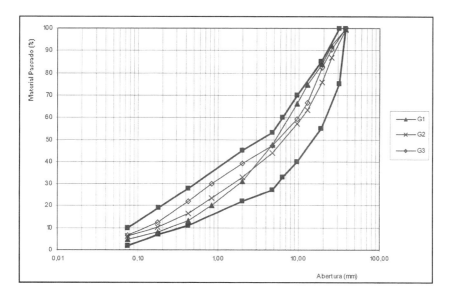

FIGURA 7.8 – Curvas granulométricas e fuso granulométrico apresentado no caderno de encargos tipo da JAE (JAE, 1998), actual EP, para o granito

Com base na análise granulométrica e nos limites de consistência, procedeu-se à classificação das amostras segundo a classificação para fins rodoviários (LNEC, 1970) e a classificação unificada (ASTM, 2001a), as quais se apresentam no Quadro 7.3.

QUADRO 7.3 – Classificações para fins rodoviários
e unificada dos materiais calcário e granítico

Amostra	Classificação fins rodoviários	Classificação unificada
C1	A-1-a (0)	GW - cascalho bem graduado com areia
C2		SW-SM - areia bem graduada com silte
C3		GW - cascalho bem graduado com areia
C4		SW-SM - areia bem graduada com silte
C5		SW-SM - areia bem graduada com silte
G1		GW - cascalho bem graduado com areia
G2		GW-GM - cascalho bem graduado com silte
G3		SP-SM - areia mal graduada com silte

Analisando o Quadro 7.3 pode ver-se que, segundo a classificação para fins rodoviários (LNEC, 1970) todas as amostras se classificam como A-1-a (0) e que, segundo a classificação unificada, quatro se classificam como cascalho, três das quais como GW – cascalho bem graduado com areia e uma como GW-GM – cascalho bem graduado com silte, e as quatro restantes como areia, três como SW-SM – areia bem graduada com silte e uma como SP-SM – areia mal graduada com silte.

7.4.4. *Compactação*

Na compactação dos materiais foram utilizadas a especificação E 197 (LNEC, 1966) e a norma BS 1377: Parte 4 (BSI, 1990).

A norma BS 1377: Parte 4 foi utilizada na compactação das cincos amostras de calcário e nas amostras de granito G1 e G2, dado que, devido às suas características granulométricas, não foi possível seguir a metodologia do ensaio Proctor modificado.

Nos ensaios realizados e tendo em conta o tipo de material a ensaiar, foi utilizado o procedimento 3.7.5.2: *Compaction procedure for soil particle susceptible to crushing*, constante da norma BS 1377: Parte 4. Este procedimento consiste em partir de aproximadamente 6 kg de material, por cada um dos 5 provetes necessários para obter a curva de compactação, misturar com a quantidade de água necessária para obter o teor em água pretendido, dividir o material em três partes e compactar, com martelo vibro – compressor, cada uma delas durante 60 ± 2 segundos em molde CBR.

Para que o ensaio seja válido, após compactação, os provetes devem apresentar altura a variar entre 127 mm e 133 mm. Caso isso não se verifique, deve rejeitar-se o resultado e proceder à compactação de novo provete.

No Quadro 7.4 apresentam-se as características do martelo vibro – compressor, Figura 7.9, utilizado na compactação.

QUADRO 7.4 – Características do martelo vibro – compressor utilizado na compactação

Características	Variação
Frequência de percussão (ipm)	2750
Potência absorvida (W)	750
Frequência a 220 V (Hz)	25 - 60
Diâmetro da placa de base (mm)	147

As amostras compactadas com martelo vibro – compressor, C1 a C5, G1 e G2, foram compactadas para três distribuições granulométricas:

- Granulometria com rejeição de todo o material retido no peneiro de 19 mm e com substituição desse material por igual peso de material da fracção 4,76/19,00 mm (à frente identificada como "com substituição");
- Granulometria com rejeição de todo o material retido no peneiro de 19 mm e sem substituição desse material (à frente identificada como "sem substituição");
- Granulometria integral, ou seja, todo o material com dimensões inferiores a 38,1 mm (à frente identificada como "amostra integral").

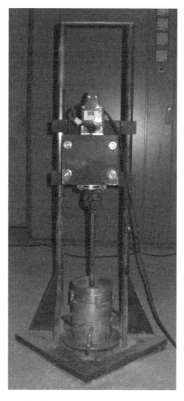

FIGURA 7.9 – Martelo vibro – compressor utilizado na compactação

A amostra G3, embora não compactada por nós, foi compactada seguindo o procedimento da especificação E 197 (LNEC, 1966), ou seja, Proctor modificado, para a granulometria com rejeição de todo o material retido no peneiro de 19 mm e com substituição desse material por igual peso de material da fracção 4,76/19,00 mm.

Os resultados da compactação para as três granulometrias ensaiadas são os apresentados no Quadro 7.5, Figura 7.10 e Figura 7.11, para o calcário, e no Quadro 7.6, Figura 7.12 e Figura 7.13, para o granito.

QUADRO 7.5 – Resultados do ensaio de compactação realizado sobre as amostras de calcário

Amostra	Granulometria					
	Com substituição		Sem substituição		Amostra integral	
	w_{opt}	$\gamma_{dmáx}$	w_{opt}	$\gamma_{dmáx}$	w_{opt}	$\gamma_{dmáx}$
	(%)	(g/cm^3)	(%)	(g/cm^3)	(%)	(g/cm^3)
C1	2,7	2,10	2,2	2,16	2,9	2,22
C2	4,2	2,28	3,3	2,28	4,1	2,34
C3	3,2	2,19	3,0	2,26	3,6	2,27
C4	3,2	2,22	3,5	2,31	2,7	2,25
C5	4,3	2,35	4,6	2,36	4,7	2,35
E(x)	3,52	2,228	3,32	2,274	3,59	2,286
DP	0,70	0,094	0,87	0,074	0,84	0,056

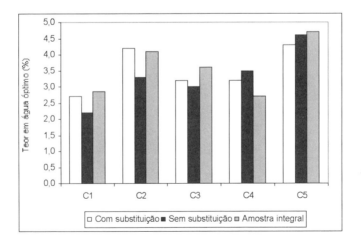

FIGURA 7.10 – Teor em água óptimo do calcário, para as três granulometrias consideradas

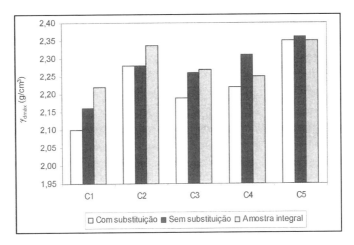

FIGURA 7.11 – Peso específico seco máximo do calcário, para as três granulometrias consideradas

QUADRO 7.6 – Resultados do ensaio de compactação realizado sobre as amostras de granito

Amostra	Granulometria					
	Com substituição		Sem substituição		Amostra integral	
	w_{opt}	$\gamma_{dmáx}$	w_{opt}	$\gamma_{dmáx}$	w_{opt}	$\gamma_{dmáx}$
	(%)	g/cm^3	(%)	g/cm^3	(%)	g/cm^3
G1	3,3	2,11	3,6	2,11	3,6	2,16
G2	3,1	2,10	3,8	2,11	3,3	2,18
E(x)	3,2	2,105	3,7	2,11	3,45	2,17
DP	0,14	0,01	0,14	0,00	0,21	0,01
G3*	5,0	2,28	-	-	-	-

* Amostra ensaiada pelo procedimento Proctor modificado; resultados fornecidos pelo promotor

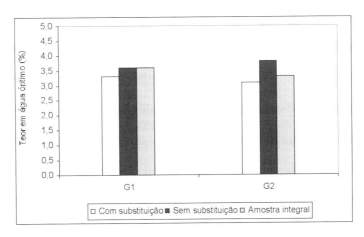

FIGURA 7.12 – Teor em água óptimo amostras G1 e G2, para as três granulometrias consideradas

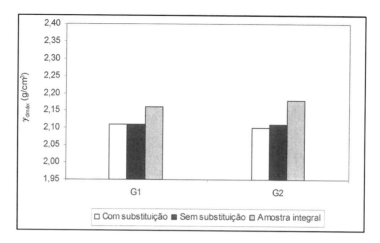

FIGURA 7.13 – Peso específico seco máximo, amostras G1 e G2, para as três granulometrias consideradas

Analisando os resultados do Quadro 7.5 e do Quadro 7.6 e da Figura 7.10 à Figura 7.13, verifica-se que, de um modo geral, para os calcários o teor em água óptimo é função da percentagem de finos da amostra, com excepção da amostra C1, que tendo uma percentagem de finos mais elevada do que a amostra C3, apresenta, para qualquer das granulometrias, teores em água óptimos menores que os da amostra C3, e da amostra C4, a qual tendo uma percentagem de finos de 5,2% apresenta, para as granulometrias "com substituição" e "amostra integral", valores de teor em água óptimo menores ou iguais que os da amostra C3, que tem a menor percentagem de finos.

De qualquer modo, para as amostras "sem substituição" obteve-se um teor em água óptimo médio de 3,5% com desvio padrão de 0,70%, para as amostras "com substituição" o valor médio obtido foi de 3,3% com desvio padrão de 0,87% e para a "amostra integral" obtiveram-se valores médios de 3,6% com desvio padrão de 0,84%.

No caso dos granitos, amostras G1 e G2, a relação entre a percentagem de finos e o teor em água óptimo não é muito nítida, sendo que, para as amostras "sem substituição" se obteve um teor em água óptimo médio de 3,2% com desvio padrão de 0,14%, para as amostras "com substituição" o valor médio obtido foi de 3,7% com desvio padrão de 0,14% e para a "amostra integral" obtiveram-se valores médios de 3,5% com desvio padrão de 0,21%.

No que diz respeito ao peso específico seco máximo, para todas as amostras, com excepção da C4 e C5, os valores mais elevados são encontrados para a granulometria "amostra integral". No caso das duas amostras referidas, C4 e C5, os valores mais elevados verificam-se para a granulometria "sem substituição".

Analisando os resultados mais em pormenor função das granulometrias consideradas, para o caso dos calcários obteve-se para as amostras "com substituição" um valor médio do peso específico seco máximo de 2,23 g/cm³ com desvio padrão de 0,09 g/cm³, para as amostras "sem substituição" o valor médio obtido foi de 2,27 g/cm³ com desvio padrão de 0,07 g/cm³ e para a "amostra integral" o peso específico seco máximo médio foi de 2,29 g/cm³ com desvio padrão de 0,06 g/cm³.

No caso dos granitos, amostras G1 e G2, os valores médios de peso específico seco máximo obtidos foram de 2,11 g/cm³ com desvio padrão de 0,1 g/cm³ para as amostras "com substituição", de 2,11 g/cm³ com desvio padrão de zero para as amostras "sem substituição" e de 2,17 g/cm³ com desvio padrão de 0,01 g/cm³ para a granulometria "amostra integral".

Verifica-se, então, que o efeito de adição de material entre os 4 mm e os 19 mm para substituir o material acima dos 19 mm (amostras "com substituição") ou a retirada pura e simples do material acima dos 19 mm (amostras "sem substituição") prejudica o encaixe finos/grossos, já que, o peso específico seco máximo é praticamente sempre mais elevado para a amostra com granulometria integral e isto tanto para o calcário como para o granito.

7.4.5. *Ensaio de CBR*

O ensaio de CBR com embebição, cujos resultados se encontram no Quadro 7.7 e Quadro 7.8 e Figura 7.14 a Figura 7.19, para o calcário e o granito, respectivamente, foi realizado segundo a especificação E 198 (LNEC, 1967), para as amostras de calcário e de granito, G1 e G2, sobre provetes compactados para o teor em água óptimo e posteriormente sujeitos a embebição. No caso da amostra G3, não foi realizado o ensaio.

QUADRO 7.7 – Resultados do ensaio de CBR com embebição, sobre as amostras de calcário

Amostra	Com substituição				Sem substituição				Amostra integral			
	CR	Água abs.	Expans.	CBR	CR	Água abs.	Expans.	CBR	CR	Água abs.	Expans.	CBR
	(%)											
C1	107	1,2	0,0	76	101	1,3	0,0	94	102	0,9	0,0	81
C2	101	0,1	0,0	117	101	0,4	0,0	115	101	0,2	0,0	84
C3	103	0,7	0,0	95	102	0,6	0,0	105	103	0,3	0,0	81
C4	99	0,9	0,0	104	99	0,4	0,0	110	99	1,3	0,0	88
C5	102	0,03	0,0	95	100	0,1	0,0	66	101	0,2	0,0	72
E(x)	102,4	0,58	0,0	97,4	100,6	0,56	0,0	98,0	101,2	0,59	0	81,2
DP	3,0	0,51	0,0	15,0	1,1	0,44	0,0	19,5	1,5	0,50	0,0	5,9

CR- Relação entre o peso específico seco obtido no ensaio e o peso específico seco máximo
Expans.- expansibilidade; Água abs.- água absorvida durante a embebição

QUADRO 7.8 – Resultados do ensaio de CBR com embebição, sobre as amostras de granito

Amostra	Com substituição				Sem substituição				Amostra integral			
	CR	Água abs.	Expans.	CBR	CR	Água abs.	Expans.	CBR	CR	Água abs.	Expans.	CBR
	(%)											
G1	100	2,3	0,0	80	100	2,6	0,0	87	98	1,9	0,0	79
G2	101	2,8	0,0	92	102	1,4	0,0	85	99	2,1	0,0	83
E(x)	100,5	2,57	0,0	86,0	101,0	2,04	0,0	86,0	98,5	1,98	0,0	81,0
DP	0,7	0,34	0,0	8,5	1,4	0,85	0,0	1,4	0,7	0,13	0,0	2,8

CR- Relação entre o peso específico seco obtido no ensaio e o peso específico seco máximo
Expans.- expansibilidade; Água abs.- água absorvida durante a embebição

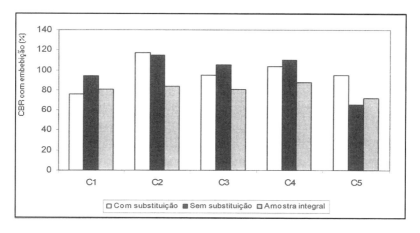

FIGURA 7.14 – CBR com embebição do calcário, para as três granulometrias consideradas

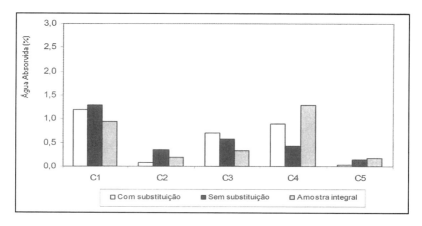

FIGURA 7.15 – Percentagem de água absorvida pelo calcário,
para as três granulometrias consideradas

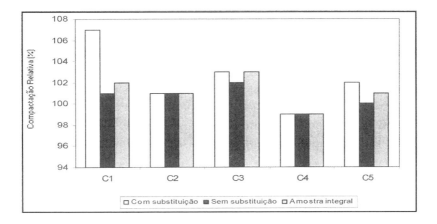

FIGURA 7.16 – Compactação relativa das amostras de calcário,
para as três granulometrias consideradas

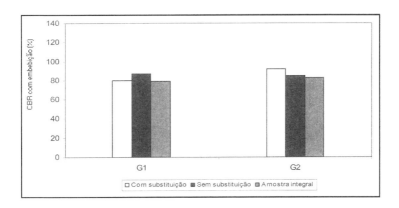

FIGURA 7.17 – CBR com embebição das amostras G1 e G2, para as três granulometrias consideradas

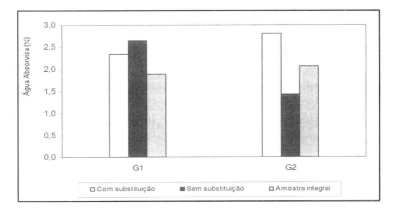

FIGURA 7.18 – Percentagem de água absorvida pelas amostras G1 e G2,
para as três granulometrias consideradas

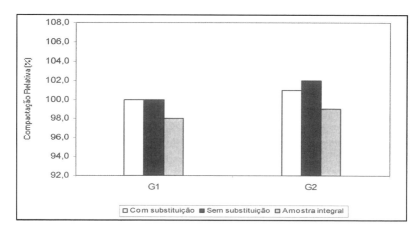

FIGURA 7.19 – Compactação relativa das amostras de granito, para as três granulometrias consideradas

Sobre os provetes do ensaio de compactação foi realizado o ensaio de CBR sem embebição e sem utilização de cargas aquando da realização do ensaio, que geralmente se denomina CBR imediato. Os resultados apresentam-se sob a forma de gráfico, para o calcário e o granito, na Figura 7.20 a Figura 7.23, respectivamente. No Quadro 7.9 apresenta-se, para cada amostra, o teor em água óptimo e o teor em água para o qual se obteve o valor de CBR mais elevado.

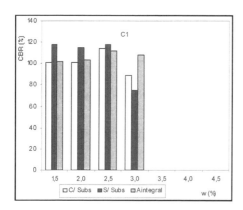
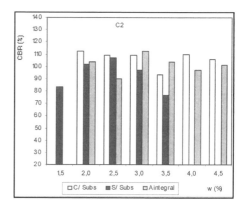

FIGURA 7.20 – Resultados do ensaio de CBR imediato, realizado sobre as amostras C1 e C2, para as 3 granulometrias

Estudo experimental: materiais ensaiados e resultados da caracterização... 199

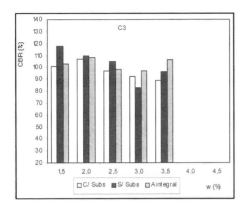 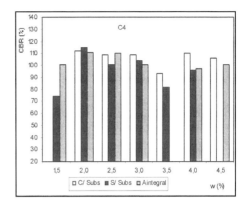

FIGURA 7.21 – Resultados do ensaio de CBR imediato,
realizado sobre as amostras C3 e C4, para as 3 granulometrias

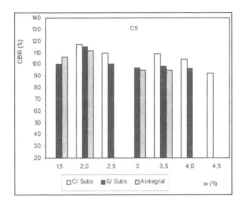

FIGURA 7.22 – Resultados do ensaio de CBR imediato,
realizado sobre a amostra C5, para as 3 granulometrias

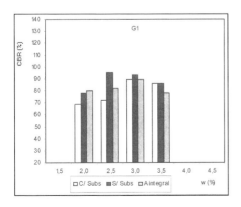 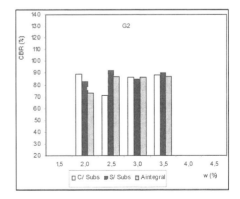

Figura 7.23 – Resultados do ensaio de CBR imediato,
realizado sobre as amostras de granito G1 e G2, para as 3 granulometrias

QUADRO 7.9 – Teores em água óptimo e correspondente
ao CBR imediato mais elevado

Amostra	Com substituição		Sem substituição		Amostra integral	
	w_{opt}	w CBR_{max}	w_{opt}	w CBR_{max}	w_{opt}	w CBR_{max}
	%					
C1	2,7	2,5	2,2	1,5	2,9	2,5
C2	4,2	2,0	3,3	2,5	4,1	3,0
C3	3,2	2,0	3,0	1,5	3,6	2,0
C4	3,2	2,5	3,5	2,0	2,7	2,0
C5	4,3	2,0	4,6	2,0	4,7	2,0
G1	3,3	3,0	3,6	2,5	3,6	3,0
G2	3,1	2,0	3,8	2,5	3,3	2,5

Analisando os resultados do CBR com embebição verifica-se, no caso dos calcários, Quadro 7.7 e Figura 7.14 a Figura 7.16, que os valores mais baixos, com um valor médio de 81,2% e desvio padrão de 5,9%, se obtiveram para a granulometria "amostra integral", sendo que, para as amostras "com substituição" se obteve um valor médio de 97,4% com desvio padrão de 15,0% e para as amostras "sem substituição" um valor médio de 98,0% com desvio padrão de 19,5%.

Embora qualquer das amostras tenha apresentado expansibilidade nula, a percentagem de água absorvida foi considerável, especialmente no caso das amostras C1 e C4, com valores de 1,2% e 0,9%, respectivamente, para a granulometria "com substituição", de 1,3% e 0,6%, respectivamente, para a granulometria "sem substituição" e de 0,9% e 1,3%, respectivamente, para a granulometria "amostra integral".

No que diz respeito à compactação relativa, verifica-se que é igual ou superior a 100% para todas as amostras de calcário e para as três granulometrias, com excepção da amostra C4, que para qualquer das granulometrias apresenta um valor de 99%.

No caso dos granitos, amostras G1 e G2, Quadro 7.8 e Figura 7.17 a Figura 7.19, os valores médios de CBR com embebição mais baixos foram obtidos, também, para a granulometria "amostra integral", 81,0% com desvio padrão de 2,8%, sendo que para as granulometrias "com substituição" e "sem substituição" se obteve um valor médio de 86,0% com desvio padrão de 8,5% e de 1,4%, respectivamente.

Também nas amostras de granito a expansibilidade foi nula, sendo a percentagem de água absorvida mais elevada do que no caso dos calcários. Assim, para a granulometria "com substituição" o valor médio da percentagem de água absorvida foi de 2,57% com desvio padrão de 0,34%, para a granulometria "sem substituição" foi de 2,04% com desvio padrão de 0,85% e para a "amostra integral" foi de 1,98% com desvio padrão de 0,13%.

A compactação relativa é, no caso das amostras G1 e G2, superior ou igual a 100% para as granulometrias "com substituição" e "sem substituição" e 98% e 99%, respectivamente, para a granulometria "amostra integral".

Do que foi referido, conclui-se que o calcário apresenta valores de CBR com embebição mais elevados do que o granito, para as granulometrias "com substituição" e "sem substituição" e valores muito próximos, da ordem dos 81%, no caso da granulometria "amostra integral".

Analisando o CBR imediato, verifica-se que, no caso do calcário, Figura 7.20 a Figura 7.22, os valores de CBR são, para qualquer das granulometrias, iguais ou superiores a 100%, com excepção da amostra C3, para a granulometria "com substituição", cujo valor médio é de 97,2% com desvio padrão de 7,2% e das amostras C2 e C4 para a granulometria "sem substituição", cujo valor médio é de 93,2% com desvio padrão de 12,7% e de 95,3% com desvio padrão de 15,0%, respectivamente.

No caso do granito, amostras G1 e G2, Figura 7.23, verifica-se que os valores de CBR imediato são inferiores aos obtidos para o calcário, sendo que os valores médios variam de 79% a 88%.

Verifica-se, ainda, Quadro 7.9, que para todas as amostras e todas as granulometrias, o CBR imediato mais elevado se obtém para provetes com valores de teor em água inferiores ao teor em água óptimo, tal como seria de esperar.

7.4.6. *Ensaio de Adsorção de Azul de Metileno*

O ensaio de adsorção de azul de metileno foi realizado de acordo com a Norma Francesa P 18-592 (AFNOR, 1990a), sobre as amostras de material em estudo. O ensaio foi, assim, realizado sobre a fracção 0/0,075 mm, obtendo-se o "valor de azul de metileno" para a fracção 0/D mm recorrendo à equação (7.1) (Tran Ngoc Lan, 1981) e à distribuição granulométrica dos materiais.

$$\text{Vam (0/D)} = \frac{\text{Vam.f'}}{100} \qquad (7.1)$$

onde f' é a proporção de finos (< 0,075 mm) existentes no material 0/D mm.

No Quadro 7.10 e Quadro 7.11 apresentam-se os resultados do ensaio, para as fracções granulométricas 0/0,075 mm, 0/2,00 mm e 0/38,10 mm, para as amostras de calcário e granito, respectivamente.

Quadro 7.10 – Resultados do ensaio de adsorção de azul de metileno, amostras de calcário

Amostra	Vam (0/0,075) (g/100g)	f' (0/2) (%)	Vam (0/2) (g/100g)	f' (0/38,1) (%)	Vam (0/38,1) (g/100g)	Vamc
C1	0,7	18,8	0,13	4,4	0,03	13
C2	0,8	16,2	0,13	5,2	0,04	13
C3	0,8	19,3	0,15	3,2	0,03	16
C4	1,1	17,5	0,19	5,2	0,06	19
C5	1,0	17,7	0,18	7,2	0,07	18
E(x)	0,88	-	0,16	-	0,05	15,7
DP	0,16	-	0,03	-	0,02	2,7

f' proporção de finos (< 0,075 mm) existente no material 0/D
Vamc valor de azul de metileno corrigido (JAE, 1998), actual EP

Quadro 7.11 – Resultados do ensaio de adsorção de azul de metileno, amostras de granito

Amostra	Vam (0/0,075) (g/100g)	f' (0/2) (%)	Vam (0/2) (g/100g)	f' (0/38,1) (%)	Vam (0/38,1) (g/100g)	Vamc
G1	1,5	14,8	0,22	4,6	0,07	22
G2	1,6	18,8	0,30	6,2	0,10	30
G3*	0,6	16,6	0,10	6,5	0,04	10
E(X)	1,23	-	0,21	-	0,07	20,8
DP	0,55	-	0,10	-	0,03	10,2

f' proporção de finos (< 0,075 mm) existente no material 0/D
Vamc valor de azul de metileno corrigido (JAE, 1998);   * resultados fornecidos pelo promotor

De acordo com o Guia Técnico para a Construção de Aterros e Leito do Pavimento (LCPC/SETRA, 1992), e sendo os valores de azul de metileno obtidos, neste caso para a amostra integral, fracção 0/38,1 mm, inferiores ou iguais, no caso da amostra G2, a 0,1 g/100g, os materiais podem classificar-se como insensíveis à água, o que era, aliás, esperado que acontecesse para este tipo de materiais.

7.4.7. *Equivalente de Areia*

O ensaio de equivalente de areia tem por objectivo avaliar a quantidade de finos associados a um agregado, isto é, avaliar o seu estado de limpeza. O ensaio foi realizado, neste trabalho, segundo a especificação E 199 (LNEC,1967b).

Os resultados dos ensaios realizados sobre os materiais calcário e granítico encontram-se no Quadro 7.12 e Quadro 7.13, respectivamente.

Quadro 7.12 – Resultados do ensaio de equivalente de areia, material calcário

Amostra	EA (%)
C1	68
C2	74
C3	81
C4	53
C5	48
E(x)	64,8
DP	14,0

Quadro 7.13 – Resultados do ensaio de equivalente de areia, material granítico

Amostra	EA (%)
G1	71
G2	60
G3	65
E(x)	65,3
DP	5,5

Os valores de equivalente de areia obtidos variam entre 48% e 81%, ou seja, o material de qualquer das amostras pode ser classificado como não plástico, de acordo com a classificação apresentada no Quadro 4.3.

Por outro lado, segundo o caderno de encargos tipo da JAE (JAE, 1998) os materiais britados de granulometria extensa a aplicar em sub-base e base granulares devem apresentar valores de equivalente de areia mínimos de 45% e 50%, respectivamente. Analisando os resultados apresentados, verifica-se que, com excepção da amostra C5, qualquer das amostras apresenta valores de equivalente de areia superiores a 50%, ou seja os materiais podem, deste ponto de vista, ser utilizados quer em camada de sub-base quer em camada de base.

A amostra C5, apresentando um equivalente de areia de 48%, embora podendo ser aplicada em camada de sub-base, só o poderá ser em camada de base se o valor de azul de metileno corrigido (Vamc) for inferior a 25 (JAE, 1998), actual EP.

Consultando o Quadro 7.10, pode ver-se que o Vamc para a amostra C5 é de 18, logo o material correspondente poderá também ser utilizado em camada de base granular.

7.4.8. *Los Angeles*

O ensaio de *Los Angeles* foi realizado tendo em conta a distribuição granulométrica dos materiais, para a composição granulométrica A, de acordo com a especificação E 237 (LNEC 1970).

Os resultados do ensaio são os apresentados no Quadro 7.14 e Quadro 7.15, para os materiais calcário e granítico, respectivamente.

Quadro 7.14 – Resultados do ensaio de *Los Angeles*, material calcário

Amostra	LA(%)
C1	34
C2	33
C3	33
C4	32
C5	31
E(x)	32,6
DP	1,1

Quadro 7.15 – Resultados do ensaio de *Los Angeles*, material granítico

Amostra	LA(%)
G1	35
G2	35
G3*	40
E(x)	36,7
DP	2,9

* resultados fornecidos pelo promotor

Analisando os resultados do ensaio de *Los Angeles*, verifica-se que para qualquer das amostras se obtiveram valores de desgaste inferiores ou iguais, no caso da amostra G3, a 40%.

Pode, assim, concluir-se que qualquer dos materiais apresenta boa resistência ao desgaste, podendo, segundo este parâmetro, ser utilizados em camada de sub-base ou em camada de base, dado que, segundo o caderno de encargos tipo da JAE (JAE, 1998) os materiais britados de granulometria extensa a aplicar em sub-base e base devem apresentar valores de LA máximos de 45% e 40%, respectivamente.

De referir que a amostra G3, tendo um LA de 40%, se encontra no limite para utilização como camada de base.

7.4.9. *Micro-Deval*

Na realização do ensaio de micro-*Deval* seguiu-se o procedimento indicado na NP EN 1097-1 (IPQ, 2002), ou seja, submeteu-se a 12000 rotações com uma velocidade de 100 ± 5 rpm, num tambor e máquina adequados (Figura 7.24), uma massa de 5000 ± 5 g, composta por um provete de 500 ± 2 g de agregado e o res-tante por carga abrasiva, constituída por esferas de aço com diâmetro de 10 ± 0,5 mm.

FIGURA 7.24 – Equipamento para ensaio de micro-*Deval*, do Laboratório de Mecânica de Pavimentos do DECUC

O ensaio foi realizado com truncagem da amostra em 11,2 mm, ou seja, com 30% a 40% de material passando no peneiro de 11,2 mm e com agregado seco e agregado húmido, como se indica na referida norma.

Os resultados obtidos são os que se apresentam no Quadro 7.16 e Quadro 7.17 para o calcário e o granito, respectivamente.

Analisando os resultados obtidos, verifica-se, como era esperado, que o desgaste no ensaio com água é mais elevado do que no ensaio a seco. Verifica-se, por outro lado, que os materiais graníticos apresentam valores de desgaste superiores aos materiais calcários, o que também era esperado que acontecesse, tendo em conta que no ensaio de *Los Angeles* o desgaste foi também mais elevado nos granitos.

QUADRO 7.16 – Resultados do ensaio de micro – *Deval*, material calcário

Amostra	M_{DE}	M_{DS}
	(%)	
C1	14	6
C2	13	6
C3	13	6
C4	14	6
C5	14	6
E(x)	13,6	6,0
DP	0,5	0,0

QUADRO 7.17 – Resultados do ensaio de micro – *Deval*, material granítico

Amostra	M_{DE}	M_{DS}
	(%)	
G1	17	6
G2	15	6
G3	30	8
E(x)	20,7	6,7
DP	8,1	1,2

No que respeita aos valores de desgaste propriamente ditos, verifica-se que o calcário, quando ensaiado a seco, apresenta valores de desgaste de 6% e de, em média, 13,6%, quando ensaiado na presença de água, ou seja, quando ensaiado a seco apresenta um desgaste de menos de metade do que quando ensaiado na presença de água.

O granito, quando ensaiado a seco apresenta um desgaste médio de 6,7% e quando ensaiado na presença de água um valor médio de 20,7%, ou seja, quando ensaiado a seco apresenta um desgaste de cerca de 1/3 do que quando ensaiado na presença de água, evidenciando uma maior dimensão para a diferença do que no caso do calcário.

Quanto ao significado do desgaste verificado para os materiais e tendo em conta que nas especificações portuguesas este ensaio não é contemplado, recorreu-se ao Guia Técnico para a Construção de Aterros e Leito do Pavimento (LCPC/SETRA, 1992).

Assim, segundo aquele guia técnico, os calcários, apresentando coeficientes de micro-Deval na presença de água, menores do que 45%, classificam-se como R_{21}, ou seja, calcários duros. Os granitos, apresentando valores de micro-Deval na presença de água, menores do que 45% e valores de *Los Angeles* também inferiores a 45%, classificam-se como R_{61}, ou seja, rochas magmáticas duras.

Recorrendo, por outro lado, à norma NP EN 13043 (IPQ, 2004), verifica-se que todas as amostras de material calcário pertencem à classe $M_{DE}15$, que as amostras G1 e G2 pertencem à classe $M_{DE}20$ e que a amostra G3 pertence à classe $M_{DE}35$.

Pode, por fim, concluir-se que os materiais apresentam uma boa resistência ao desgaste quer a seco quer na presença de água.

7.4.10. *Slake Durability Test*

O *slake durability test* ou ensaio de desgaste em meio húmido, foi realizado de acordo com o procedimento sugerido pela Sociedade Internacional de Mecânica das Rochas (ISRM, 1981), ou seja, sujeitando o provete a dois ciclos de molhagem – secagem, determinando o índice de desgaste em meio húmido após o 2.º ciclo, Id_2 (%), e segundo o procedimento sugerido por Monteiro (Monteiro e Delgado Rodrigues, 1994), que consiste em sujeitar o provete a sete ciclos de molhagem – secagem, determinando o índice de desgaste em meio húmido após o 7.º ciclo, Id_7 (%).

Os resultados obtidos segundo os dois procedimentos, encontram-se no Quadro 7.18 e Quadro 7.19, para o calcário e o granito, respectivamente.

QUADRO 7.18 – Resultados do ensaio de desgaste em meio húmido, material calcário

Amostra	Id_2(méd)	Id_7(méd)
	(%)	(%)
C1	99	99
C2	100	99
C3	99	98
C4	99	99
C5	99	99
E(x)	99,2	98,8
DP	0,4	0,4

QUADRO 7.19 – Resultados do ensaio de desgaste em meio húmido, material granítico

Amostra	Id_2(méd)	Id_7(méd)
	(%)	(%)
G1	99	98
G2	99	99
G3	99	98
E(x)	99,0	98,3
DP	0,0	0,6

Com base no índice de desgaste em meio húmido após o 2.º ciclo, Id$_2$ (%), e de acordo com a classificação proposta por Gamble (Gamble, 1971), apresentada no Quadro 4.4, os materiais das oito amostras ensaiadas podem ser classificados como tendo durabilidade muito alta, já que, para qualquer deles, se obtêm valores de Id$_2$ (%) superiores a 98%, ou seja, os materiais sofreram um desgaste muito pouco significativo quando sujeitos a dois ciclos do ensaio de desgaste em meio húmido para as condições referidas em 4.2.10, o que significa que são excelentes materiais deste ponto de vista. Analisando os resultados do ensaio para sete ciclos verifica-se que o desgaste é também muito pequeno, sendo o valor de Id$_7$ (%) mais baixo de 98%.

7.4.11. *Índices de Forma*

Os resultados encontrados para o índice de lamelação e índice de alongamento são os apresentados no Quadro 7.20.

QUADRO 7.20 – Resultados do índice de lamelação e índice de alongamento

Amostra	I_{Lam}	I_{Along}
	(%)	
C	19	43
G1 e G2	17	33
G3	25	31

No que diz respeito aos índices de forma, o caderno de encargos tipo da JAE (JAE, 1998) só exige a sua verificação no caso da utilização do agregado britado de granulometria extensa em camada de base ou camadas de misturas betuminosas sendo, no caso da aplicação em camada de base granular, 35% o valor máximo permitido quer para o índice de lamelação quer para o índice de alongamento.

A partir dos resultados do Quadro 7.20 pode concluir-se que, com base nos valores dos índices de forma, qualquer dos materiais graníticos poderia ser utilizado como base granular. Pelo contrário, o material calcário não o poderia ser, já que apresenta um índice de alongamento superior aos 35% exigidos no caderno de encargos tipo da JAE (JAE, 1998).

7.5. Resultados da Caracterização Mecânica em Laboratório

7.5.1. *Considerações Iniciais*

A caracterização mecânica, em laboratório, dos materiais granulares foi realizada com recurso ao ensaio triaxial cíclico, usando o procedimento indicado na norma AASHTO TP 46 (AASHTO, 1994) e no *LTPP protocol* P46 (FHWA, 1996).

Segundo aquela norma, sendo o material para utilização em camada de sub-base ou base granular não tratadas, no ensaio deve utilizar-se a fracção 0/37,5 mm do mesmo, e os provetes, com diâmetro de 150 mm e altura de 300 mm, devem ser compactados por vibro-compressão, em 6 camadas com espessura aproximada de 50 mm e em molde bipartido, tendo a compactação a duração necessária para se obter essa espessura de forma a atingir o peso específico seco pretendido.

O equipamento utilizado na compactação foi o martelo vibro – compressor, Figura 7.9, com as características apresentadas no Quadro 7.4, obedecendo às especificações apresentadas na norma AASHTO TP 46 (AASHTO, 1994).

O ensaio triaxial cíclico consiste na aplicação de 16 sequências de carga ao provete, nas quais variam quer a tensão deviatória quer a tensão de confinamento, mantendo o provete durante o ensaio sujeito a um vácuo de 7 kPa. O número de ciclos de carga-descarga aplicado é de 1000 para a primeira sequência, correspondente ao condicionamento do provete, e de 100 nas 15 restantes, correspondentes ao ensaio de módulos. As condições de carregamento são as apresentadas no Quadro 7.21 que correspondem aos caminhos de tensões apresentados na Figura 7.25.

Os ensaios foram realizados para os dois tipos de condições de compactação referidos no Capítulo 4, ou seja, para o teor em água óptimo e 95% do peso específico seco máximo, à frente designadas por "condições de laboratório" e os provetes identificados com "A", e para as condições de compactação do material em obra, à frente designadas por "condições de campo" e os provetes identificados com "B".

Para as condições de campo, apenas se ensaiaram as amostras de calcário C1 a C4, já que a amostra C5 foi recolhida na pedreira, e a amostra de granito G3, já que para as amostras G1 e G2 não foi possível ter acesso aos valores de compactação em obra.

Dado que foi realizado o ensaio de compactação dos materiais, com excepção da amostra G3, para três granulometrias, foram utilizadas nos ensaios triaxiais cíclicos as condições obtidas para a granulometria 0/38,1 mm (amostra integral), com excepção para a amostra G3 em que, embora se tenha realizado o ensaio sobre a amostra integral, foram utilizadas as condições obtidas na única granulometria utilizada no ensaio de compactação, fracção 0/19 mm com substituição.

Por cada amostra foram ensaiados dois provetes por condição de compactação, sendo que os resultados à frente apresentados são os valores médios dos dois provetes.

QUADRO 7.21 – Sequências de carga aplicadas durante o ensaio triaxial cíclico

Seq.	σ_3	$\sigma_{máx}$	$\sigma_1-\sigma_3$	σ_{cont}	Nº ciclos
	(kPa)				
0	103,4	103,4	93,1	10,3	1000
1	20,7	20,7	18,6	2,1	100
2	20,7	41,4	37,3	4,1	
3	20,7	62,5	55,9	6,2	
4	34,5	34,5	31,0	3,5	
5	34,5	68,9	62,0	6,9	
6	34,5	103,4	93,1	10,3	
7	68,9	68,9	62,0	6,9	
8	68,9	137,9	124,1	13,8	
9	68,9	206,8	186,1	20,7	
10	103,4	68,9	62,0	6,9	
11	103,4	103,4	93,1	10,3	
12	103,4	206,8	186,1	20,7	
13	137,9	103,4	93,1	10,3	
14	137,9	137,9	124,1	13,8	
15	137,9	275,8	248,2	27,6	

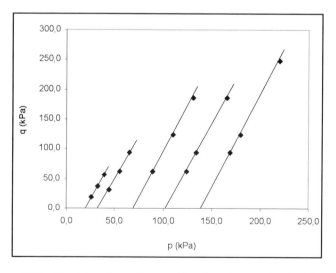

FIGURA 7.25 – Caminhos de tensões seguidos durante o ensaio triaxial cíclico

7.5.2. Resultados do Módulo Resiliente

Nesta secção apresentam-se os resultados dos ensaios triaxiais cíclicos, de acordo com a norma AASHTO TP 46 (AASHTO, 1994) correspondentes ao ensaio de módulos. No Quadro 7.22 e na Figura 7.26 apresentam-se os 3 níveis de tensão q/p aplicados durante o ensaio de módulos.

QUADRO 7.22 – Níveis de tensão p/q aplicados durante o ensaio de módulos

Seq.	σ_3	$\sigma_{máx}$	$\sigma_1-\sigma_3$	σ_{cont}	q/p	N. Tensão (NT)
			(kPa)			
1	20,7	20,7	18,6	2,1	0,7	
4	34,5	34,5	31	3,5	0,7	
7	68,9	68,9	62	6,9	0,7	
10	103,4	68,9	62	6,9	0,5	1
11	103,4	103,4	93,1	10,3	0,7	
13	137,9	103,4	93,1	10,3	0,6	
14	137,9	137,9	124,1	13,8	0,7	
2	20,7	41,4	37,3	4,1	1,1	
5	34,5	68,9	62	6,9	1,1	
8	68,9	137,9	124,1	13,8	1,1	2
12	103,4	206,8	186,1	20,7	1,1	
15	137,9	275,8	248,1	27,6	1,1	
3	20,7	62,5	55,9	6,2	1,4	
6	34,5	103,4	93,1	10,3	1,4	3
9	68,9	206,8	186,1	20,7	1,4	

σ_3 tensão de confinamento; σ_{max} tensão axial máxima; $\sigma_{cíclica}$ tensão axial cíclica ou resiliente; $\sigma_{contacto}$ tensão de contacto

O módulo resiliente é, como se referiu no Capítulo 3, calculado a partir da equação (3.1), para cada um dos últimos cinco ciclos de cada sequência de carga, sendo o módulo resiliente correspondente à sequência o valor médio dos calculados para cada um dos cinco ciclos.

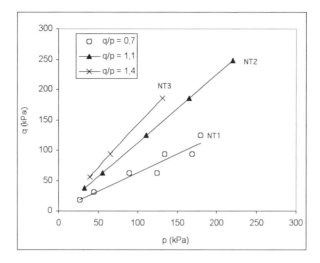

FIGURA 7.26 – Níveis de tensão q/p aplicados durante o ensaio de módulos

No Quadro 7.23 a Quadro 7.26 apresentam-se o teor em água e o peso específico seco para cada amostra, em condições de laboratório e em condições de campo, utilizados na compactação dos provetes, bem como os valores efectivamente obtidos no fim da compactação.

QUADRO 7.23 – Teor em água e peso específico seco de compactação
dos provetes de calcário, usados no ensaio triaxial cíclico, condições de laboratório

Amostra	Amostra integral			
	w_{opt}	w_{com}	$\gamma_{dmáx}$	$95\%\gamma_{dmáx}$
	(%)		(g/cm^3)	
C1	2,9	2,7	2,22	2,11
C2	4,1	5,1	2,34	2,22
C3	3,6	3,8	2,27	2,16
C4	2,7	2,6	2,25	2,14
C5	4,7	5,3	2,35	2,23
E(x)	3,59	3,9	2,286	2,171
DP	0,84	1,3	0,056	0,054

QUADRO 7.24 – Teor em água e peso específico seco de compactação
dos provetes de calcário, usados no ensaio triaxial cíclico, condições de campo

Amostra	$w_{méd}$	w_{com}	$\gamma_{din\,situ}$
	(%)	(%)	(g/cm^3)
C1	3,6	4,0	2,22
C2	3,4	3,6	2,34
C3	3,5	3,7	2,27
C4	3,6	3,8	2,25
E(x)	3,53	3,80	2,270
DP	0,10	0,15	0,051

QUADRO 7.25 – Teor em água e peso específico seco de compactação
dos provetes de granito, usados no ensaio triaxial cíclico, condições de laboratório

Amostra	Amostra integral				Amostra c/ substituição			
	w_{opt}	w_{com}	$\gamma_{dmáx}$	95%$\gamma_{dmáx}$	w_{opt}	w_{com}	$\gamma_{dmáx}$	95%$\gamma_{dmáx}$
	(%)		(g/cm^3)		(%)		(g/cm^3)	
G1	3,6	4,3	2,16	2,05	-	-	-	-
G2	3,3	3,4	2,18	2,07	-	-	-	-
G3	-	-	-	-	5,0	6,1	2,28	2,16
E(x)	3,5	3,9	2,17	2,06	-	-	-	-
DP	0,21	0,64	0,01	0,01	-	-	-	-

QUADRO 7.26 – Teor em água e peso específico seco de compactação
dos provetes de granito, usados no ensaio triaxial cíclico, condições de campo

Amostra	$w_{méd}$	w_{comp}	$\gamma_{din\,situ}$
	(%)	(%)	(g/cm^3)
G3	4,2	5,0	2,21

Os resultados do módulo resiliente para cada sequência de carga que se mostram no Quadro 7.27 a Quadro 7.30, podem ser apresentados graficamente relacionando os resultados obtidos para condições de laboratório e para condições de campo (Ping et al., 2002). Assim, na Figura 7.27 e Figura 7.28 apresentam-se os resultados para as quatro amostras de calcário ensaiadas para as duas condições de compactação e para a amostra G3, a única amostra de granito ensaiada para as duas condições de compactação.

QUADRO 7.27 – Valores do módulo resiliente obtidos para o calcário, condições de laboratório

Seq.	σ_3	$\sigma_{máx}$	$\sigma_1-\sigma_3$	σ_{cont}	Mr (MPa)					
	(kPa)				C1A	C2A	C3A	C4A	C5A	E(x)	DP
1	20,7	20,7	18,6	2,1	171	107	180	172	186	163	32
2	20,7	41,4	37,3	4,1	211	120	236	227	210	201	46
3	20,7	62,5	55,9	6,2	238	121	249	240	223	214	53
4	34,5	34,5	31,0	3,5	224	134	227	230	219	207	41
5	34,5	68,9	62,0	6,9	269	149	266	267	249	240	52
6	34,5	103,4	93,1	10,3	276	155	301	296	267	259	60
7	68,9	68,9	62,0	6,9	301	211	339	326	286	293	50
8	68,9	137,9	124,1	13,8	338	230	389	361	338	331	60
9	68,9	206,8	186,1	20,7	365	239	412	385	359	352	66
10	103,4	68,9	62,0	6,9	320	241	372	335	321	318	48
11	103,4	103,4	93,1	10,3	339	261	400	364	340	341	51
12	103,4	206,8	186,1	20,7	391	294	461	409	405	392	61
13	137,9	103,4	93,1	10,3	360	309	439	386	386	376	47
14	137,9	137,9	124,1	13,8	370	313	466	422	397	394	57
15	137,9	275,8	248,2	27,6	427	359	553	471	452	453	70

QUADRO 7.28 – Valores do módulo resiliente obtidos para o calcário, condições de campo

Seq.	σ_3	$\sigma_{máx}$	$\sigma_1-\sigma_3$	σ_{cont}	Mr (MPa)				
	(kPa)				C1B	C2B	C3B	C4B	E(x)	DP
1	20,7	20,7	18,6	2,1	177	160	168	150	164	11
2	20,7	41,4	37,3	4,1	199	202	208	176	196	14
3	20,7	62,5	55,9	6,2	224	235	217	214	222	9
4	34,5	34,5	31,0	3,5	221	224	229	210	221	8
5	34,5	68,9	62,0	6,9	270	272	280	270	273	5
6	34,5	103,4	93,1	10,3	293	305	288	317	301	13
7	68,9	68,9	62,0	6,9	308	351	339	359	339	23
8	68,9	137,9	124,1	13,8	398	442	374	441	414	34
9	68,9	206,8	186,1	20,7	449	472	411	466	450	28
10	103,4	68,9	62,0	6,9	337	407	346	434	381	47
11	103,4	103,4	93,1	10,3	396	457	395	453	425	34
12	103,4	206,8	186,1	20,7	506	537	481	534	514	26
13	137,9	103,4	93,1	10,3	414	522	448	534	479	58
14	137,9	137,9	124,1	13,8	471	527	462	531	498	37
15	137,9	275,8	248,2	27,6	601	644	566	636	612	36

Quadro 7.29 – Valores do módulo resiliente obtidos para o granito, condições de laboratório

Seq.	σ_3	$\sigma_{máx}$	σ_1-σ_3	σ_{cont}	Mr (MPa)		
	(kPa)				G1A	G2A	G3A
1	20,7	20,7	18,6	2,1	92	98	74
2	20,7	41,4	37,3	4,1	103	120	83
3	20,7	62,5	55,9	6,2	116	129	91
4	34,5	34,5	31,0	3,5	121	129	99
5	34,5	68,9	62,0	6,9	139	155	114
6	34,5	103,4	93,1	10,3	155	178	127
7	68,9	68,9	62,0	6,9	191	208	161
8	68,9	137,9	124,1	13,8	215	237	183
9	68,9	206,8	186,1	20,7	231	254	200
10	103,4	68,9	62,0	6,9	226	235	188
11	103,4	103,4	93,1	10,3	238	251	205
12	103,4	206,8	186,1	20,7	275	292	239
13	137,9	103,4	93,1	10,3	267	288	239
14	137,9	137,9	124,1	13,8	288	309	256
15	137,9	275,8	248,2	27,6	325	338	288

Quadro 7.30 – Valores do módulo resiliente obtidos para o granito, condições de campo

Seq.	σ_3	$\sigma_{máx}$	σ_1-σ_3	σ_{cont}	Mr (MPa)
	(kPa)				G3B
1	20,7	20,7	18,6	2,1	80
2	20,7	41,4	37,3	4,1	91
3	20,7	62,5	55,9	6,2	102
4	34,5	34,5	31,0	3,5	103
5	34,5	68,9	62,0	6,9	122
6	34,5	103,4	93,1	10,3	138
7	68,9	68,9	62,0	6,9	164
8	68,9	137,9	124,1	13,8	194
9	68,9	206,8	186,1	20,7	212
10	103,4	68,9	62,0	6,9	186
11	103,4	103,4	93,1	10,3	210
12	103,4	206,8	186,1	20,7	245
13	137,9	103,4	93,1	10,3	236
14	137,9	137,9	124,1	13,8	250
15	137,9	275,8	248,2	27,6	294

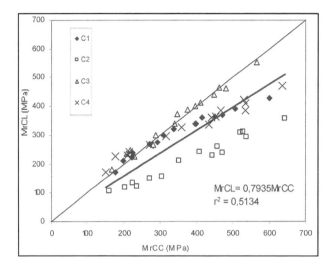

FIGURA 7.27 – Módulo resiliente para condições de laboratório vs condições de campo, calcário

Analisando os resultados apresentados, verifica-se que para qualquer das condições de compactação os calcários apresentam sempre valores de módulo reversível superiores.

Pode também verificar-se que, para os níveis de tensão considerados, os valores do módulo reversível aumentam quer com o aumento da tensão de confinamento para a mesma tensão deviatória, quer com o aumento da tensão deviatória para a mesma tensão de confinamento.

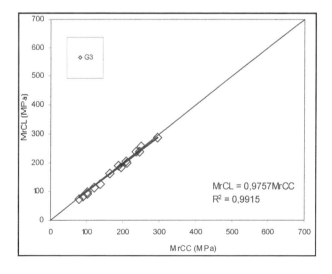

FIGURA 7.28 – Módulo resiliente para condições de laboratório vs condições de campo, G3.

Analisando cada material em termos de condições de compactação, verifica-se que no caso dos calcários os valores de módulo reversível obtidos para as condições de campo são mais elevados do que para as condições de laboratório, ou seja, para condições de laboratório obtêm-se, em função do estado de tensão, valores médios de módulo reversível a variar entre 163 MPa e 453 MPa com desvio padrão a variar entre 32 MPa e 70 MPa, enquanto para condições de campo se obtêm valores médios de módulo reversível a variar entre 150 MPa e 612 MPa, com desvio padrão a variar entre 5 MPa e 58 MPa.

Isto mesmo é confirmado pela Figura 7.27, de onde se conclui que a relação entre o módulo resiliente para condições de laboratório e o módulo resiliente para condições de campo, para as amostras de calcário ensaiadas para as duas condições de compactação, é de cerca de 0,8, ou seja, equação (7.2).

$$MrCL = 0,7935\ MrCC \tag{7.2}$$

onde:

MrCL   Módulo resiliente para condições de laboratório
MrCC   Módulo resiliente para condições de campo

No caso dos granitos, embora só se podendo fazer a comparação para a amostra G3, verifica-se que para condições de laboratório o módulo resiliente varia entre 74 MPa e 288 MPa, enquanto para condições de campo varia entre 80 MPa e 294 MPa, ou seja, apresenta, à semelhança do calcário, valores mais baixos para condições de laboratório, embora nesta situação não exista praticamente qualquer diferença.

Isto é também confirmado pela Figura 7.28, de onde se conclui que a relação entre o módulo resiliente para condições de laboratório e o módulo resiliente para condições de campo, para a amostra G3 ensaiada para as duas condições de compactação, é de cerca de 0,98, equação (7.3).

$$MrCL = 0,9757\ MrCC \tag{7.3}$$

onde:

MrCL   Módulo resiliente para condições de laboratório
MrCC   Módulo resiliente para condições de campo

Estes resultados poderão estar relacionados com o teor em água e o peso específico de compactação dos provetes como se pode observar na Figura 7.29 e Figura 7.30 ou no Quadro 7.27 a Quadro 7.30.

No caso dos calcários, os valores mais elevados de módulo reversível por sequência de ensaio variam entre 180 MPa (sequência 1) e 553 MPa (sequência 15), para condições de laboratório e para a amostra C3, cujos provetes foram compactados com w = 3,8% tendo resultado γ_d = 2,16 g/cm³. Para condições de campo os valores foram de 160 MPa (sequência 1) a 644 MPa (sequência 15), sendo obtidos para a amostra C2 cujos provetes foram compactados com w = 3,6% tendo resultado γ_d = 2,34 g/cm³. Para o tipo de material referido, obtiveram-se os melhores resultados para valores de teor em água variáveis entre 3,6% e 3,8% e pesos específicos secos variáveis entre 2,16 g/cm³ e 2,34 g/cm³.

As restantes amostras de calcário têm valores de teor em água superiores ou inferiores em cerca de 1,2%, para condições de laboratório e pouco mais elevados (no máximo 0,4%) para condições de campo.

No caso dos granitos, passa-se algo semelhante, já que, para condições de laboratório os valores de módulo resiliente mais elevados se obtêm para as amostras G1 e G2, cujos provetes foram compactados para valores de w = 4,3% e γ_d = 2,05 g/cm³ e w = 3,4% e γ_d = 2,07 g/cm³, respectivamente. Os provetes da amostra G3, por sua vez, foram compactados com w = 6,1% e γ_d = 2,16 g/cm³ e w = 5,0% e γ_d = 2,21 g/cm³, para condições de laboratório e de campo, respectivamente, tendo-se obtido, como se referiu, os melhores valores de módulo resiliente para as condições de campo, ou seja para o menor valor de teor em água.

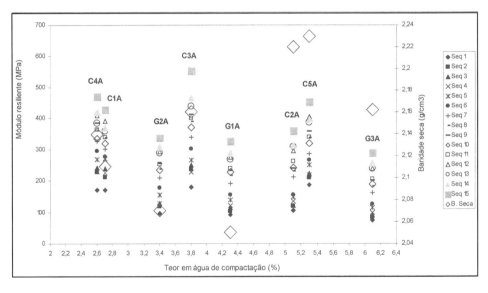

FIGURA 7.29 – Relação módulo resiliente teor em água de compactação, para cada sequência de carga, condições de laboratório

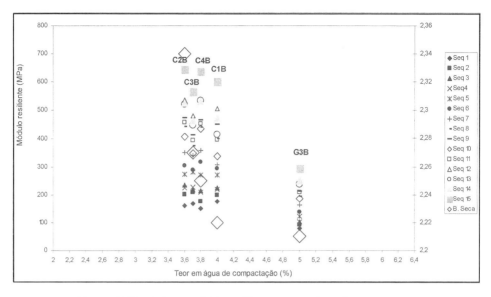

FIGURA 7.30 – Relação módulo resiliente teor em água de compactação, para cada sequência de carga, condições de campo

Os resultados, parecem, no entanto, não estar dependentes da percentagem de finos presentes na amostra, o que geralmente implica maior ou menor teor em água, dado que a amostra C3, a qual apresenta os melhores resultados para condições de laboratório, tem uma percentagem de finos de 3,2% e a amostra C2, que apresenta os melhores resultados para condições de campo, tem uma percentagem de finos de 5,2%. Em ambos os casos o teor em água é relativamente baixo para este tipo de materiais, sendo até mais baixo em C2.

7.5.3. *Resultados da Extensão Vertical*

O ensaio triaxial cíclico decorre, como se disse, em 16 sequências de carga, o que corresponde a 2500 ciclos de carga-descarga, sendo os primeiros 1000 correspondentes ao condicionamento do provete.

Em cada sequência de carga, ao longo dos 2500 ciclos de carga-descarga, um dos parâmetros que é registado é a extensão vertical.

Nos quadros e figuras seguintes apresenta-se a evolução da extensão vertical entre os 1000 e os 2500 ciclos de carga-descarga, já que relativamente aos 1000 ciclos iniciais apenas se dispõe do valor total, para cada uma das amostras e condição de compactação.

QUADRO 7.31 – Evolução da extensão vertical, entre os 1000 e 2500 ciclos
de carga-descarga, para o calcário compactado para condições de laboratório

Nº ciclos	Extensão vertical							
	C1A	C2A	C3A	C4A	C5A	E(x)	DP
	(%)						
1000	0,02727	0,06371	0,04199	0,04313	0,03937	0,04309	0,01175
1100	0,03328	0,08788	0,06323	0,05619	0,05687	0,05949	0,01746
1200	0,03813	0,11012	0,08348	0,07009	0,07393	0,07515	0,02319
1300	0,04442	0,12973	0,10378	0,08499	0,08998	0,09058	0,02782
1400	0,05257	0,15289	0,12650	0,10363	0,10576	0,10827	0,03303
1500	0,06281	0,18177	0,15089	0,12386	0,12187	0,12824	0,03929
1600	0,07582	0,23217	0,17993	0,14722	0,14531	0,15609	0,05098
1700	0,09477	0,29324	0,21654	0,18016	0,17740	0,19242	0,06428
1800	0,11805	0,36965	0,25781	0,21748	0,21709	0,23602	0,08118
1900	0,15451	0,49325	0,31197	0,26636	0,28136	0,30149	0,10966
2000	0,19126	0,61657	0,36781	0,31854	0,34640	0,36811	0,13852
2100	0,22876	0,74289	0,42518	0,37210	0,41267	0,43632	0,16845
2200	0,27312	0,88679	0,49010	0,43256	0,48903	0,51432	0,2024
2300	0,31913	1,03458	0,55799	0,49767	0,56865	0,59560	0,23701
2400	0,36549	1,18400	0,62762	0,56422	0,64859	0,67798	0,27205
2500	0,42450	1,35923	0,70747	0,64366	0,74460	0,77589	0,31206

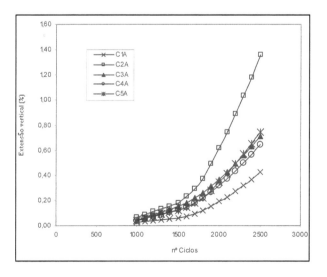

FIGURA 7.31 – Evolução da extensão vertical, entre os 1000 e 2500 ciclos
de carga-descarga, para o calcário compactado para condições de laboratório

QUADRO 7.32 – Evolução da extensão vertical, entre os 1000 e 2500 ciclos de carga-descarga, para o calcário compactado para condições de campo

| Nº ciclos | Extensão vertical | | | | | |
	C1B	C2B	C3B	C4B	E(x)	DP
	(%)					
1000	0,05922	0,04589	0,08685	0,08293	0,06872	0,01952
1100	0,09399	0,05496	0,14248	0,12577	0,10430	0,03856
1200	0,13006	0,06629	0,19954	0,17092	0,14170	0,05779
1300	0,16880	0,08010	0,25806	0,22030	0,18181	0,07705
1400	0,21000	0,09805	0,31957	0,27577	0,22585	0,09637
1500	0,25363	0,11951	0,38405	0,33459	0,27295	0,11556
1600	0,30084	0,14508	0,45256	0,39913	0,32441	0,13506
1700	0,35434	0,18171	0,53239	0,47555	0,38600	0,15512
1800	0,41551	0,22792	0,61814	0,55897	0,45514	0,17373
1900	0,49196	0,28534	0,71762	0,65709	0,53800	0,19357
2000	0,56843	0,34626	0,82154	0,76020	0,62411	0,21432
2100	0,64734	0,40891	0,92704	0,86519	0,71212	0,23506
2200	0,73501	0,47785	1,04188	0,97710	0,80796	0,25666
2300	0,82476	0,55172	1,16220	1,09526	0,90849	0,27901
2400	0,91709	0,62613	1,28376	1,21440	1,01035	0,3015
2500	1,02167	0,71013	1,41734	1,34554	1,12367	0,32501

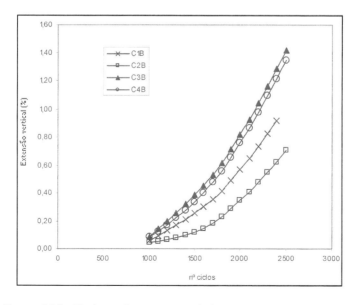

FIGURA 7.32 – Evolução da extensão vertical, entre os 1000 e 2500 ciclos de carga-descarga, para o calcário compactado para condições de campo

QUADRO 7.33 – Evolução da extensão vertical, entre os 1000 e 2500 ciclos de carga-escarga, para o granito compactado para condições de laboratório

Nº ciclos	Extensão vertical				
	G1A	G2A	G3A	E(x)	DP
	(%)				
1000	0,12805	0,07164	0,14976	0,11648	0,04033
1100	0,19029	0,08892	0,20604	0,16175	0,06356
1200	0,25794	0,10983	0,26823	0,21200	0,08863
1300	0,33299	0,13721	0,33971	0,26997	0,11502
1400	0,41475	0,17055	0,42263	0,33598	0,14332
1500	0,50325	0,20947	0,51423	0,40898	0,17287
1600	0,60301	0,25904	0,62104	0,49436	0,204
1700	0,72034	0,32165	0,75128	0,59776	0,23961
1800	0,85292	0,39782	0,89915	0,71663	0,27707
1900	1,02028	0,50233	1,08457	0,86906	0,31922
2000	1,19138	0,60871	1,27570	1,02526	0,3632
2100	1,36515	0,71772	1,46995	1,18427	0,40743
2200	1,55658	0,83965	1,68155	1,35926	0,45431
2300	1,75436	0,96527	1,90134	1,54032	0,50341
2400	1,95496	1,09388	2,12408	1,72431	0,55247
2500	2,18381	1,24341	2,37716	1,93479	0,60651

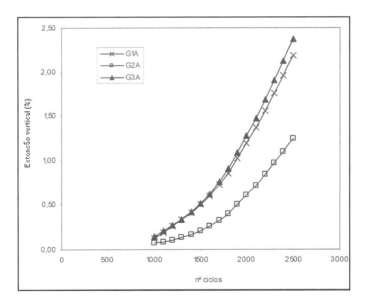

FIGURA 7.33 – Evolução da extensão vertical, entre os 1000 e 2500 ciclos de carga-descarga, para o granito compactado para condições de laboratório

QUADRO 7.34 – Evolução da extensão vertical, entre os 1000 e 2500 ciclos de carga-descarga, para o granito compactado para condições de campo

Nº ciclos	Extensão vertical G3B (%)
1000	0,12243
1100	0,16809
1200	0,21878
1300	0,27617
1400	0,34235
1500	0,41529
1600	0,49975
1700	0,60595
1800	0,72729
1900	0,87726
2000	1,03174
2100	1,18988
2200	1,36429
2300	1,54600
2400	1,73091
2500	1,94188

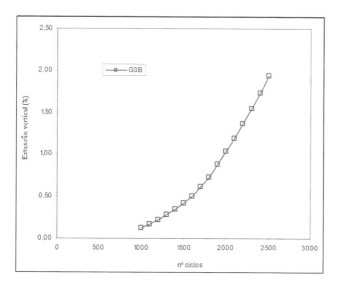

FIGURA 7.34 – Evolução da extensão vertical, entre os 1000 e 2500 ciclos de carga-descarga, para o granito compactado para condições de campo

Analisando os valores da extensão vertical apresentados, constata-se que as maiores extensões se obtiveram para os granitos, sendo estas em média de 1,9% para condições de laboratório, com um desvio padrão de 0,6%, sendo o valor mais baixo, 1,2%, apresentado pela amostra G2, e também de 1,9% para a amostra G3 compactada para condições de campo.

Os calcários apresentam, para condições de laboratório, valores médios de extensão vertical de 0,8%, com desvio padrão de 0,3%, sendo o valor mais baixo apresentado pela amostra C1, 0,4%, e o mais elevado pela amostra C2, 1,4%. Para condições de campo o valor médio da extensão vertical é de 1,1% com desvio padrão de 0,3%, sendo que o valor mais elevado corresponde à amostra C3, 1,4%, e o mais baixo à amostra C2, 0,7%.

Por fim, pode verificar-se que as amostras que apresentam, em média, melhores valores de módulo resiliente são as que apresentam as menores extensões verticais.

Este facto parece indicar que as diferenças se devem, essencialmente, ao teor em água de compactação, já que, para a mesma granulometria e as mesmas condições de ensaio, a amostra C2 quando compactada com um teor em água de 5,1%, condições de laboratório, apresenta uma extensão vertical de cerca de 1,4% e quando compactada com teor em água de 3,6%, condições de campo, apresenta uma extensão vertical de 0,7%.

O mesmo se pode concluir da análise dos resultados de outras amostras, como é o caso das que apresentam menor extensão vertical, C1 no caso dos calcários condições de laboratório e G2 para o granito condições de laboratório, que foram compactadas para teores em água de 2,7% e 3,4%, respectivamente, e as que apresentam maiores valores de extensão vertical, C2 condições de laboratório e G3 condições de laboratório, que foram compactadas para teores em água de 5,1% e 6,1%, respectivamente.

7.5.4. *Modelação do Comportamento Mecânico a partir do Módulo Resiliente*

Considerações Iniciais

A partir dos resultados dos ensaios triaxiais cíclicos e no que diz respeito ao ensaio de módulos, tentou modelar-se o efeito do estado de tensão no comportamento mecânico dos materiais em estudo, para o que aos resultados apresentados em 7.5.2 foram aplicados os sete modelos de comportamento apresentados no capítulo 3.

A modelação fez-se para as 15 sequências de ensaio em simultâneo, a que se chamou modelação para os 3 níveis de tensão (3 NT), e para cada um dos 3 níveis de tensão referidos em 7.5.2 em separado (NT1, NT2 e NT3). Os resultados dessa modelação apresentam-se nas secções seguintes.

Modelo de *Dunlap* ou da Tensão de Confinamento

O modelo de *Dunlap* ou da tensão de confinamento (Dunlap, 1963, ref. por

Lekarp et al., 2000a) faz variar o módulo resiliente com a tensão de confinamento, de acordo com a equação (3.2).

Os resultados da modelação para os 3 níveis de tensão, incluindo o coeficiente de determinação, apresentam-se no Quadro 7.35 e na Figura 7.35 e Figura 7.36, para os materiais calcário e granítico ensaiados para condições de laboratório e de campo, respectivamente. No Quadro 7.36 apresentam-se os resultados para os níveis de tensão NT1, NT2 e NT3.

Por análise do Quadro 7.35 e Quadro 7.36 e da Figura 7.35 e Figura 7.36, pode dizer-se que a simulação da variação do módulo reversível com a tensão de confinamento é, de um modo geral, correcta, já que se obtêm coeficientes de determinação a variar de 0,8295 a 1,0000.

Fazendo a análise para os três níveis de tensão em simultâneo e em separado, verifica-se que a pior simulação da variação do módulo reversível com a tensão de confinamento ocorre quando se consideram os 3 níveis de tensão em simultâneo, sendo que, neste caso, o coeficiente de determinação varia entre 0,8295 e 0,9667. Considerando os 3 níveis de tensão em separado verifica-se que o coeficiente de determinação varia entre 0,9672 e 0,9965 para o NT1, entre 0,9854 e 1,0000 para NT2 e entre 0,9900 e 1,0000 para o NT3, ou seja, os melhores valores são os apresentados para o nível de tensão 3.

QUADRO 7.35 – Parâmetros do modelo $Mr = k_1 \sigma_3^{k_2}$, para 3 NT

Amostra	$Mr = k_1 \sigma_3^{k_2}$	r^2	k_1	k_2
C1A	$Mr = 749,50 \sigma_3^{0,3251}$	0,8309	749,5	0,3251
C2A	$Mr = 941,68 \sigma_3^{0,5431}$	0,9667	941,68	0,5431
C3A	$Mr = 1090,8 \sigma_3^{0,4139}$	0,8729	1090,8	0,4139
C4A	$Mr = 873,95 \sigma_3^{0,3606}$	0,8458	873,95	0,3606
C5A	$Mr = 826,47 \sigma_3^{0,3589}$	0,8911	826,47	0,3589
C1B	$Mr = 1228,1 \sigma_3^{0,4634}$	0,8295	1228,1	0,4634
C2B	$Mr = 1675,9 \sigma_3^{0,5462}$	0,8938	1675,9	0,5462
C3B	$Mr = 1212,0 \sigma_3^{0,4599}$	0,8865	1212,0	0,4599
C4B	$Mr = 1908,0 s_3^{0,5985}$	0,9058	1908,0	0,5985
G1A	$Mr = 871,28 s_3^{0,5465}$	0,9459	871,28	0,5465
G2A	$Mr = 871,09 s_3^{0,5166}$	0,9235	871,09	0,5166
G3A	$Mr = 845,83 s_3^{0,5952}$	0,9514	845,83	0,5952
G3B	$Mr = 774,98 s_3^{0,5525}$	0,9215	774,98	0,5525

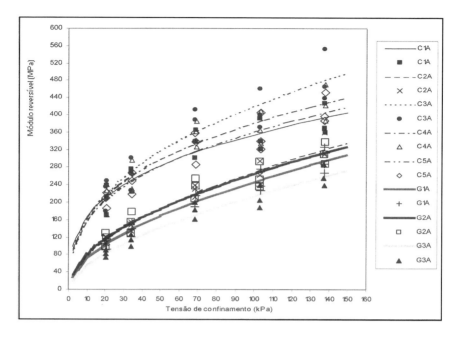

FIGURA 7.35 – Leis de comportamento segundo o modelo $Mr = k_1 \sigma_3^{k_2}$, para 3 NT, condições de laboratório

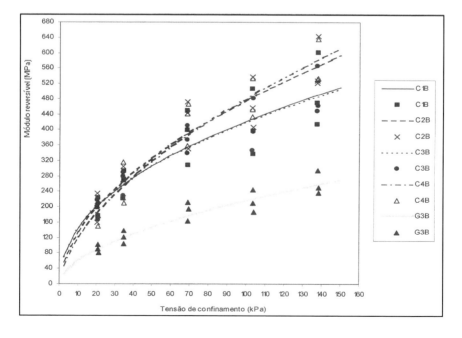

FIGURA 7.36 – Leis de comportamento segundo o modelo $Mr = k_1 \sigma_3^{k_2}$, para 3 NT, condições de campo

QUADRO 7.36 – Parâmetros do modelo $Mr = k_1 \sigma_3^{k_2}$, para NT1, NT2 e NT3

Amostra	NT1			NT2			NT3		
	r^2	k_1	k_2	r^2	k_1	k_2	r^2	k_1	k_2
C1A	0,9815	797,14	0,3855	0,9944	892,47	0,3645	0,9938	937,06	0,3556
C2A	0,9915	931,21	0,5634	0,9950	1117,0	0,5843	0,9946	1063,0	0,5610
C3A	0,9902	1169,0	0,4800	0,9854	1324,3	0,4567	0,9980	1269,2	0,4220
C4A	0,9695	955,2	0,4316	0,9965	1003,7	0,3878	0,9992	1105,4	0,3937
C5A	0,9868	821,53	0,3890	0,9977	1020,5	0,4113	0,9974	1038,2	0,3988
C1B	0,9672	1106,1	0,4760	1,0000	1892,8	0,5803	0,9975	2111,8	0,5813
C2B	0,9931	1766,2	0,6141	0,9975	2205,8	0,6156	0,9960	2185,3	0,5764
C3B	0,9762	1213,6	0,5022	0,9958	1547,7	0,5156	0,9977	1686,5	0,5257
C4B	0,9965	2039,3	0,6705	0,9918	2488,9	0,6705	0,9900	2629,6	0,6399
G1A	0,9949	881,87	0,5838	0,9998	1085,2	0,6061	1,0000	1067,0	0,5720
G2A	0,9909	928,57	0,5777	0,9990	1028,2	0,5550	0,9968	1140,1	0,5574
G3A	0,9917	838,53	0,6251	0,9999	1068,30	0,6593	1,0000	1137,0	0,6481
G3B	0,9887	771,89	0,5908	0,9993	1019,1	0,6270	0,9999	1092,9	0,6149

No Quadro 7.37 apresentam-se, para cada nível de tensão e para os três níveis em simultâneo, as amostras para as quais se obtiveram a melhor e a pior simulações da variação do módulo reversível com a tensão de confinamento.

QUADRO 7.37 – Amostras que apresentam a melhor e a pior simulações da variação de Mr com σ_3, função dos níveis de tensão

NT	Calcário	r^2	w_{com} (%)	Granito	r^2	w_{com} (%)
3NT	C2A	0,9667	5,1	G3A	0,9514	6,1
1	C4B	0,9965	3,8	G1A	0,9949	4,3
2	C1B	1,0000	4,0	G3A	0,9999	6,1
3	C4A	0,9992	2,6	G1A, G3A	1,0000	4,3; 6,1
3NT	C1B	0,8295	4,0	G3B	0,9215	5,0
1	C1B	0,9672	4,0	G3B	0,9887	5,0
2	C3A	0,9854	3,8	G2A	0,9990	3,4
3	C4B	0,9900	3,8	G2A	0,9968	3,4

Como se descreveu na secção respeitante à apresentação dos resultados do módulo reversível, este aumenta com o aumento da tensão de confinamento o que significa que uma maior contenção lateral implica uma diminuição da deformação para a mesma tensão axial aplicada. O modelo agora usado é consistente com esta verificação.

Modelo do Primeiro Invariante do Tensor das Tensões ou Modelo k-θ

O modelo k-θ ou do primeiro invariante do tensor das tensões (Seed et al., 1967; Brown e Pell, 1967; Hicks, 1970, ref[os]. por Lekarp et al., 2000a) faz variar o módulo resiliente com o primeiro invariante do tensor das tensões, de acordo com a equação (3.3).

Os resultados da modelação para os 3 níveis de tensão, incluindo o coeficiente de determinação, apresentam-se no Quadro 7.38 e na Figura 7.37 e Figura 7.38, para os materiais calcário e granítico ensaiados para condições de laboratório e de campo, respectivamente. No Quadro 7.39 apresentam-se os resultados para os níveis de tensão NT1, NT2 e NT3.

Por análise do Quadro 7.38 e Quadro 7.39 e da Figura 7.37 e Figura 7.38, pode dizer-se que a simulação da variação do módulo reversível com o primeiro invariante do tensor das tensões é, de um modo geral, bastante correcta, já que se obtêm coeficientes de determinação a variar de 0,9519 a 1,0000.

Quadro 7.38 – Parâmetros do modelo $Mr = k_3 \theta^{k_4}$, para 3 NT

Amostra	$Mr = k_3 \theta^{k_4}$	r^2	k_3	k_4
C1A	$Mr = 490,51 \theta^{0,3722}$	0,9551	490,51	0,3722
C2A	$Mr = 442,72 \theta^{0,5873}$	0,9887	442,72	0,5873
C3A	$Mr = 629,04 \theta^{0,4657}$	0,9731	629,04	0,4657
C4A	$Mr = 543,72 \theta^{0,4089}$	0,9606	543,72	0,4089
C5A	$Mr = 511,50 \theta^{0,4019}$	0,9818	511,50	0,4019
C1B	$Mr = 670,35 \theta^{0,5293}$	0,9519	670,35	0,5293
C2B	$Mr = 808,35 \theta^{0,6128}$	0,9863	808,35	0,6128
C3B	$Mr = 656,03 \theta^{0,5160}$	0,9774	656,03	0,5160
C4B	$Mr = 853,22 \theta^{0,6665}$	0,9882	853,22	0,6665
G1A	$Mr = 412,53 \theta^{0,5992}$	0,9987	412,53	0,5992
G2A	$Mr = 432,91 \theta^{0,5725}$	0,9940	432,91	0,5725
G3A	$Mr = 373,45 \theta^{0,6510}$	0,9978	373,45	0,6510
G3B	$Mr = 366,94 \theta^{0,6109}$	0,9944	366,94	0,6109

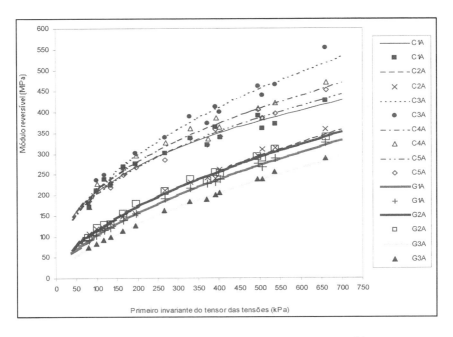

FIGURA 7.37 – Leis de comportamento segundo o modelo Mr = $k_3\theta^{k_4}$, para 3 NT, condições de laboratório

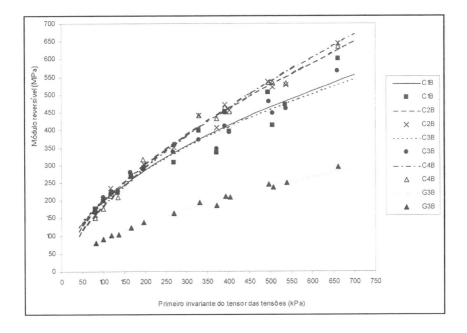

FIGURA 7.38 – Leis de comportamento segundo o modelo Mr = $k_3\theta^{k_4}$, para 3 NT, condições de campo

QUADRO 7.39 – Parâmetros do modelo $Mr = k_3 \theta^{k_4}$, para NT1, NT2 e NT3

Amostra	NT1			NT2			NT3		
	r^2	k_3	k_4	r^2	k_3	k_4	r^2	k_3	k_4
C1A	0,9876	480,92	0,3946	0,9946	504,10	0,3653	0,9929	504,20	0,3556
C2A	0,9951	445,30	0,5780	0,9949	446,42	0,5844	0,9952	401,43	0,5658
C3A	0,9961	622,66	0,4910	0,9850	646,61	0,4566	0,9977	607,37	0,4209
C4A	0,9759	551,53	0,4497	0,9966	546,12	0,3870	0,9993	557,51	0,3936
C5A	0,9908	492,96	0,3974	0,9977	535,62	0,4118	0,9975	518,93	0,3994
C1B	0,9795	593,58	0,4881	0,9999	762,08	0,5808	0,9978	767,74	0,5812
C2B	0,9975	789,65	0,6289	0,9975	839,71	0,6156	0,9963	803,63	0,5792
C3B	0,9852	629,11	0,5153	0,9957	689,27	0,5157	0,9996	676,71	0,5285
C4B	0,9971	844,51	0,6839	0,9919	868,99	0,6702	0,9908	862,68	0,6394
G1A	0,9984	399,88	0,5908	0,9998	419,95	0,6074	1,0000	394,07	0,5716
G2A	0,9961	435,86	0,5927	0,9990	430,50	0,5561	0,9965	433,24	0,5599
G3A	0,9966	369,54	0,6466	0,9998	379,56	0,6603	1,0000	367,34	0,6491
G3B	0,9950	355,79	0,6041	0,9993	381,06	0,6255	0,9999	374,54	0,6123

Fazendo a análise para os três níveis de tensão em simultâneo e separadamente, verifica-se que a pior simulação da variação do módulo reversível com o primeiro invariante do tensor das tensões ocorre quando se consideram os 3 níveis de tensão em simultâneo, sendo que, neste caso o coeficiente de determinação varia entre 0,9519 e 0,9987. Considerando os 3 níveis de tensão em separado verifica-se que o coeficiente de determinação varia entre 0,9759 e 0,9984 para o NT1, entre 0,9850 e 0,9999 para NT2 e entre 0,9908 e 1,0000 para o NT3, ou seja, os melhores valores são os apresentados para o nível de tensão 3.

No Quadro 7.40 apresentam-se, para cada nível de tensão e para os três níveis em simultâneo, as amostras para as quais se obtiveram a melhor e a pior simulações da variação do módulo reversível com o primeiro invariante do tensor das tensões.

QUADRO 7.40 – Amostras que apresentam a melhor e a pior simulações da variação de Mr com θ, função dos níveis de tensão

NT	Calcário	r^2	w_{com} (%)	Granito	r^2	w_{com} (%)
3NT	C2A	0,9887	5,1	G1A	0,9987	4,3
1	C2B	0,9975	3,6	G1A	0,9984	4,3
2	C1B	0,9999	4,0	G1A;G3A	0,9998	4,3; 6,1
3	C3B	0,9996	3,7	G1A;G3A	1,0000	4,3; 6,3
3NT	C1B	0,9519	4,0	G2A	0,9940	3,4
1	C4A	0,9759	2,6	G3B	0,9950	5,0
2	C3A	0,9850	3,8	G2A	0,9990	3,4
3	C4B	0,9908	3,8	G2A	0,9965	3,4

Modelo da Tensão Deviatória

O modelo que faz variar o módulo resiliente com a tensão deviatória (Barksdale, et al., 1997), embora seja mais frequentemente utilizado para materiais utilizados em leito do pavimento, portanto mais finos, foi também utilizado nos materiais em estudo. Este modelo traduz-se pela equação (3.4).

Os resultados da modelação para os 3 níveis de tensão, incluindo o coeficiente de determinação, apresentam-se no Quadro 7.41 e na Figura 7.39 e Figura 7.40, para os materiais calcário e granítico ensaiados para condições de laboratório e de campo, respectivamente. No Quadro 7.42 apresentam-se os resultados para os níveis de tensão NT1, NT2 e NT3.

Por análise do Quadro 7.41 e Quadro 7.42 e da Figura 7.39 e Figura 7.40, pode dizer-se que a simulação da variação do módulo reversível com a tensão deviatória é, quando se consideram os 3 níveis de tensão separadamente, razoavelmente correcta, obtendo-se coeficientes de determinação a variar de 0,9566 a 1,0000. Já quando se consideram os 3 níveis de tensão em simultâneo o mesmo não poderá ser afirmado, uma vez que o coeficiente de determinação varia, neste caso, entre 0,6999 e 0,8876.

QUADRO 7.41 – Parâmetros do modelo $Mr = k_5 \sigma_d^{k_6}$, para 3 NT

Amostra	$Mr = k_5 \sigma_d^{k_6}$	r^2	k_5	k_6
C1A	$Mr = 708,57 \sigma_d^{0,3418}$	0,8822	708,57	0,3418
C2A	$Mr = 670,77 \sigma_d^{0,4748}$	0,6999	670,77	0,4748
C3A	$Mr = 962,10 \sigma_d^{0,4137}$	0,8456	962,10	0,4137
C4A	$Mr = 801,78 \sigma_d^{0,3680}$	0,8680	801,78	0,3680
C5A	$Mr = 729,44 \sigma_d^{0,3500}$	0,8300	729,44	0,3500
C1B	$Mr = 1133,40 \sigma_d^{0,4863}$	0,8876	1133,4	0,4863
C2B	$Mr = 1396,09 \sigma_d^{0,5395}$	0,8340	1396,1	0,5395
C3B	$Mr = 1042,4 \sigma_d^{0,4554}$	0,8325	1042,4	0,4554
C4B	$Mr = 1494,7 \sigma_d^{0,5727}$	0,8048	1494,7	0,5727
G1A	$Mr = 658,77 \sigma_d^{0,5013}$	0,7623	658,77	0,5013
G2A	$Mr = 697,18 \sigma_d^{0,4910}$	0,7938	697,18	0,4910
G3A	$Mr = 612,42 \sigma_d^{0,5400}$	0,7493	614,42	0,5400
G3B	$Mr = 607,76 \sigma_d^{0,5202}$	0,7989	607,76	0,5202

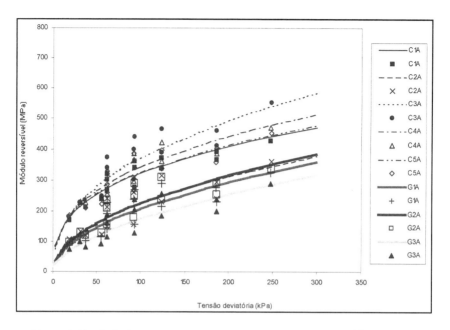

FIGURA 7.39 – Leis de comportamento segundo o modelo Mr = $k_5 \sigma_d^{k_6}$, para 3 NT, condições de laboratório

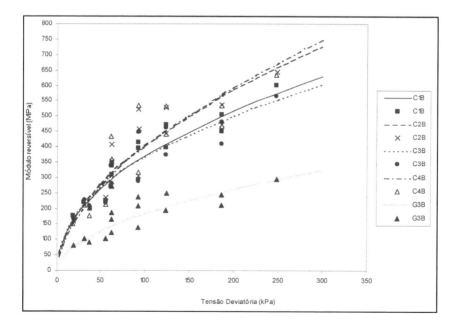

FIGURA 7.40 – Leis de comportamento segundo o modelo Mr = $k_5 \sigma_d^{k_6}$, para 3 NT, condições de campo

QUADRO 7.42 – Parâmetros do modelo $Mr = k_5 \sigma_d^{k_6}$, para NT1, NT2 e NT3

Amostra	NT1			NT2			NT3		
	r^2	k_5	k_6	r^2	k_5	k_6	r^2	k_5	k_6
C1A	0,9708	940,40	0,4163	0,9947	722,96	0,3666	0,9916	658,98	0,3571
C2A	0,9671	1199,6	0,6137	0,9949	791,32	0,5847	0,9954	615,86	0,5692
C3A	0,9784	1427,2	0,5162	0,9843	1010,80	0,4563	0,9972	828,95	0,4198
C4A	0,9851	1154,5	0,4664	0,9968	796,64	0,3856	0,9993	748,64	0,3934
C5A	0,9650	960,27	0,4158	0,9977	803,44	0,4126	0,9975	700,24	0,4001
C1B	0,9912	1382,2	0,5198	0,9998	1349,30	0,5817	0,9982	1185,1	0,5812
C2B	0,9729	2298,8	0,6639	0,9974	1535,60	0,6157	0,9966	1245,8	0,5824
C3B	0,9729	2298,8	0,6639	0,9956	1143,0	0,5158	0,9993	1008,6	0,5314
C4B	0,9566	2622,9	0,7105	0,9921	1674,6	0,6696	0,9916	1389,3	0,6389
G1A	0,9695	1126,4	0,6292	0,9998	765,38	0,6097	0,9999	603,46	0,5712
G2A	0,9758	1207,6	0,6305	0,9989	744,03	0,5576	0,9962	661,49	0,5627
G3A	0,9751	1099,4	0,6770	0,9997	725,65	0,6619	1,0000	595,81	0,6502
G3B	0,9783	988,99	0,6344	0,9992	701,83	0,6230	0,9998	590,03	0,6093

Para cada um dos 3 níveis de tensão em separado, o coeficiente de determinação varia entre 0,9566 e 0,9912 para NT1, entre 0,9843 e 0,9998 para NT2 e entre 0,9916 e 1,0000 para NT3, ou seja, os melhores valores são os apresentados para o nível de tensão 3.

No Quadro 7.43 apresentam-se as amostras para as quais se obtiveram a melhor e a pior simulações da variação do módulo reversível com a tensão deviatória, para cada nível de tensão e para os três níveis em simultâneo.

QUADRO 7.43 – Amostras que apresentam a melhor e a pior simulações da variação de Mr com σ_d, função dos níveis de tensão

NT	Calcário	r^2	w_{com} (%)	Granito	r^2	w_{com} (%)
3NT	C1B	0,8876	4,0	G3B	0,7989	5,0
1	C1B	0,9912	4,0	G3B	0,9783	5,0
2	C1B	0,9998	4,0	G1A	0,9998	4,3
3	C4A;C3B	0,9993	2,6; 3,7	G3A	1,0000	6,1
3NT	C2A	0,6999	5,1	G3A	0,7493	6,1
1	C4B	0,9566	3,8	G1A	0,9695	4,3
2	C3A	0,9843	3,8	G2A	0,9989	3,4
3	C1A;C4B	0,9916	2,7; 3,8	G2A	0,9962	3,4

Modelo da Tensão Média Normal/Tensão Deviatória

O módulo resiliente pode também fazer-se variar em função da relação entre a tensão média normal e a tensão deviatória (Tam e Brown, 1988, ref. por Lekarp et al., 2000a), sendo o modelo traduzido pela equação (3.5).

Os resultados da modelação, incluindo o coeficiente de determinação, apresentam-se no Quadro 7.44 e no Quadro 7.45 para os 3 níveis de tensão e para os níveis de tensão NT1, NT2 e NT3, respectivamente. Tendo em conta os valores do coeficiente de determinação, não se apresentam as figuras correspondentes à modelação.

Sobre este modelo apenas se poderá dizer que, para os materiais em estudo, não existe qualquer tipo de relação entre a variação do módulo resiliente e a evolução do quociente tensão média normal/tensão deviatória, para qualquer dos níveis de tensão, sendo que os valores de coeficiente de determinação obtidos assim o demonstram.

QUADRO 7.44 – Parâmetros do modelo Mr = $k_7(p/q)^{k_8}$, para 3 NT

Amostra	Mr = $k_7(p/q)^{k_8}$	r^2	k_7	k_8
C1A	Mr = $298,19(p/q)^{-0,0079}$	0,0001	298,19	-0,0079
C2A	Mr = $196,39(p/q)^{0,2633}$	0,0551	196,39	0,2633
C3A	Mr = $335,53(p/q)^{0,0359}$	0,0017	335,53	0,0366
C4A	Mr = $314,96(p/q)^{-0,0043}$	0,00003	314,96	-0,0043
C5A	Mr = $297,10(p/q)^{0,0500}$	0,0043	297,10	0,0500
C1B	Mr = $330,05(p/q)^{-0,0281}$	0,0008	331,05	-0,0281
C2B	Mr = $352,54(p/q)^{0,0875}$	0,0056	352,54	0,0875
C3B	Mr = $326,60(p/q)^{0,0641}$	0,0042	326,60	0,0641
C4B	Mr = $345,31(p/q)^{0,1239}$	0,0096	345,31	0,1239
G1A	Mr = $181,42(p/q)^{0,1906}$	0,0279	181,42	0,1906
G2A	Mr = $198,26(p/q)^{0,1430}$	0,0171	198,26	0,1430
G3A	Mr = $152,39(p/q)^{0,2228}$	0,0324	152,39	0,2228
G3B	Mr = $160,47(p/q)^{0,1226}$	0,0113	160,47	0,1226

Quadro 7.45 – Parâmetros do modelo Mr = $k_7(p/q)^{k_8}$, para NT1, NT2 e NT3

Amostra	NT1			NT2			NT3		
	r^2	k_7	k_8	r^2	k_7	k_8	r^2	k_7	k_8
C1A	0,1245	208,94	0,7279	0,4966	2E+05	54,42	0,0221	6E+03	8,56
C2A	0,1829	121,18	1,2555	0,1166	6E+09	143,09	0,8815	4E+15	86,34
C3A	0,1179	222,47	0,8837	0,0029	8E+02	7,08	0,1340	3E-02	-26,70
C4A	0,0643	234,29	0,5986	0,5718	4E-01	-58,37	0,1556	8E-15	-109,5
C5A	0,1274	211,69	0,7401	0,9182	2E+12	191,00	0,8599	7E+33	205,08
C1B	0,0679	232,88	0,6800	0,0653	7E+03	24,41	0,0137	7E-01	-17,30
C2B	0,1512	200,93	1,2534	0,1471	6E+25	450,45	0,7422	5E+15	85,83
C3B	0,1106	216,22	0,9055	0,0508	5E+05	61,61	0,5559	1E+10	49,72
C4B	0,1585	184,82	1,4198	0,3142	6E-09	-210,8	0,1394	2E-06	-54,15
G1A	0,1598	109,89	1,2290	0,6564	1E+08	110,94	0,3721	1E-44	-302,44
G2A	0,1645	117,31	1,2378	0,6213	5E+08	121,89	0,8374	1E+16	89,47
G3A	0,1491	91,31	1,2832	0,2545	6E+05	66,80	0,2897	8E+18	108,25
G3B	0,1089	102,590	1,0352	0,1089	2E-05	-141,59	0,9075	6E-16	-116,03

Modelo de *Pezo*

O modelo de *Pezo*, faz variar o módulo resiliente com a tensão deviatória e com a tensão de confinamento (Pezo, 1993; Garg e Thompson, 1997, ref.os por Lekarp et al., 2000a), sendo traduzido pela equação (3.6).

Os resultados da modelação, incluindo o coeficiente de determinação, apresentam-se no Quadro 7.46 e no Quadro 7.47 para os 3 níveis de tensão e para os níveis de tensão NT1, NT2 e NT3, respectivamente.

Quadro 7.46 – Parâmetros do modelo Mr = $k_9 q^{k_{10}} \sigma_3^{k_{11}}$, para 3 NT

Amostra	Mr = $k_9 q^{k_{10}} \sigma_3^{k_{11}}$	r^2	k_9	k_{10}	k_{11}
C1A	Mr = $804,90 q^{0,1976} \sigma_3^{0,1729}$	0,9914	804,9	0,1976	0,1729
C2A	Mr = $1067,3 q^{0,1534} \sigma_3^{0,4519}$	0,9955	1067,3	0,1534	0,4519
C3A	Mr = $1234,1 q^{0,2171} \sigma_3^{0,2636}$	0,9925	1234,1	0,2171	0,2636
C4A	Mr = $942,7 q^{0,2001} \sigma_3^{0,2073}$	0,9906	942,7	0,2001	0,2073
C5A	Mr = $928,9 q^{0,1875} \sigma_3^{0,2330}$	0,9938	928,9	0,1875	0,2330
C1B	Mr = $1514,4 q^{0,3404} \sigma_3^{0,2349}$	0,9949	1515,4	0,3404	0,2349
C2B	Mr = $1875,6 q^{0,2599} \sigma_3^{0,3528}$	0,9958	1875,6	0,2599	0,3528
C3B	Mr = $1385,6 q^{0,2434} \sigma_3^{0,2901}$	0,9917	1385,6	0,2434	0,2901
C4B	Mr = $1982,9 q^{0,2348} \sigma_3^{0,3985}$	0,9901	1982,9	0,2348	0,3985
G1A	Mr = $956,0 q^{0,1909} \sigma_3^{0,4085}$	0,9990	956,0	0,1909	0,4085
G2A	Mr = $944,59 q^{0,1972} \sigma_3^{0,3682}$	0,9960	944,6	0,1972	0,3682
G3A	Mr = $945,3 q^{0,2019} \sigma_3^{0,4546}$	0,9989	945,3	0,2019	0,4546
G3B	Mr = $877,37 q^{0,2384} \sigma_3^{0,3828}$	0,9990	877,4	0,2384	0,3828

QUADRO 7.47 – Parâmetros do modelo $Mr = k_9 q^{k_{10}} \sigma_3^{k_{11}}$, para NT1, NT2 e NT3

Amostra	NT1				NT2				NT3			
	r^2	k_9	k_{10}	k_{11}	r^2	k_9	k_{10}	k_{11}	r^2	k_9	k_{10}	k_{11}
C1A	0,9900	821,46	0,1461	0,2385	0,9855	7,02	8,3523	-7,9567	0,9555	9,76	4,6312	-4,2577
C2A	0,9951	1045,06	0,1609	0,4353	0,9945	8,20	8,4764	-7,8539	0,9986	7,29	5,1960	-4,5664
C3A	0,9982	1276,66	0,2026	0,2951	0,9759	7,64	8,8973	-8,4048	0,9752	5,31	5,4574	-5,0446
C4A	0,9911	1046,03	0,2862	0,1560	0,9865	6,60	8,4232	-8,0747	0,9999	4,67	5,5212	-5,1317
C5A	0,9903	910,77	0,1345	0,2841	0,9973	6,73	8,6764	-8,2346	0,9990	4,42	5,5604	-5,1385
C1B	0,9953	1399,92	0,4072	0,1277	0,9915	15,19	8,2370	-7,6492	0,9995	5,19	6,0235	-5,4500
C2B	0,9965	1918,37	0,1864	0,4445	0,9954	6,98	9,7315	-9,1260	0,9999	5,34	6,2389	-5,5967
C3B	0,9491	1366,05	0,2735	0,2522	0,9867	6,10	9,4831	-8,9496	0,9863	5,41	5,8475	-5,2850
C4B	0,9868	2008,50	0,0660	0,5916	0,9937	7,86	9,6080	-8,9785	0,9997	5,38	6,1728	-5,5515
G1A	0,9983	959,01	0,1820	0,4197	0,9981	8,17	8,4598	-7,8210	0,9999	7,58	4,9745	-4,4042
G2A	0,9972	1041,60	0,2288	0,3754	0,9957	8,14	8,3566	-7,7604	0,9910	5,49	5,4544	-4,8635
G3A	0,9946	974,06	0,2424	0,4224	0,9945	2,28	10,6578	-9,9264	0,9984	4,87	5,5190	-4,8422
G3B	0,9984	891,32	0,2596	0,3658	0,9979	7,51	8,1703	-7,6039	0,9994	6,44	5,0883	-4,5157

Analisando o Quadro 7.46 e Quadro 7.47, pode dizer-se que a simulação da variação do módulo reversível com a tensão deviatória e a tensão de confinamento é bastante correcta, já que se obtêm coeficientes de determinação a variar de 0,9491 a 0,9999.

Fazendo a análise para os três níveis de tensão em simultâneo e separadamente, verifica-se que a pior simulação da variação do módulo reversível com a tensão deviatória e a tensão de confinamento ocorre para o NT1, sendo que, neste caso o coeficiente de determinação varia entre 0,9491 e 0,9984. O coeficiente de determinação varia entre 0,9759 e 0,9981 para NT2, entre 0,9555 e 0,9999 para NT3 e entre 0,9901 e 0,9990 para os 3 níveis de tensão em simultâneo.

Assim, quando se simula a variação do módulo reversível com a tensão deviatória e a tensão de confinamento, os melhores resultados são obtidos para os três níveis de tensão em simultâneo.

No Quadro 7.48 apresentam-se as amostras para as quais se obtiveram a melhor e a pior simulações da variação do módulo reversível com a tensão deviatória e a tensão de confinamento, para cada nível de tensão e para os três níveis em simultâneo.

QUADRO 7.48 – Amostras que apresentam a melhor e a pior simulações da variação de Mr com σ_d e σ_3, função dos níveis de tensão

NT	Calcário	r^2	w_{com} (%)	Granito	r^2	w_{com} (%)
3NT	C2B	0,9958	3,6	G1A;G3B	0,9990	4,3; 5,0
1	C3A	0,9982	3,8	G3B	0,9984	5,0
2	C5A	0,9973	5,3	G1A	0,9981	4,3
3	C4A;C2B	0,9999	2,6; 3,6	G1A	0,9999	4,3
3NT	C4B	0,9901	3,8	G2A	0,9960	3,4
1	C3B	0,9491	3,7	G3A	0,9946	6,1
2	C3A	0,9759	3,8	G3A	0,9945	6,1
3	C1A	0,9555	2,7	G2A	0,9910	3,4

Modelo de *Uzan*

O modelo de *Uzan* faz variar o módulo resiliente com o primeiro invariante do tensor das tensões e com a tensão deviatória (Uzan, 1985, ref. por Lekarp et al., 2000a), sendo traduzido pela equação (3.7).

Os resultados da modelação, incluindo o coeficiente de determinação, apresentam-se no Quadro 7.49 e no Quadro 7.50 para os 3 níveis de tensão e para os níveis de tensão NT1, NT2 e NT3, respectivamente.

QUADRO 7.49 – Parâmetros do modelo $Mr = k_{12}\theta^{k13}q^{k14}$, para 3 NT

Amostra	$Mr = k_{12}\theta^{k13}q^{k14}$	r^2	k_{12}	k_{13}	k_{14}
C1A	$Mr = 567,38\theta^{0,2516}q^{0,1203}$	0,9918	567,38	0,2516	0,1203
C2A	$Mr = 433,28\theta^{0,6488}q^{-0,0389}$	0,9923	433,28	0,6488	-0,0389
C3A	$Mr = 726,41\theta^{0,3812}q^{0,1019}$	0,9914	726,41	0,3812	0,1019
C4A	$Mr = 621,35\theta^{0,2993}q^{0,1095}$	0,9898	621,35	0,2993	0,1095
C5A	$Mr = 581,39\theta^{0,3367}q^{0,0856}$	0,9928	581,39	0,3367	0,0856
C1B	$Mr = 947,25\theta^{0,3372}q^{0,2397}$	0,9926	947,25	0,3378	0,2397
C2B	$Mr = 924,86\theta^{0,5117}q^{0,1059}$	0,9961	924,86	0,5117	0,1059
C3B	$Mr = 774,98\theta^{0,4176}q^{0,1184}$	0,9887	774,98	0,4176	0,1184
C4B	$Mr = 891,96\theta^{0,5796}q^{0,0600}$	0,9927	891,96	0,5796	0,0600
G1A	$Mr = 422,47\theta^{0,5889}q^{0,0151}$	0,9983	422,47	0,5889	0,0151
G2A	$Mr = 451,69\theta^{0,5323}q^{0,0374}$	0,9961	451,69	0,5323	0,0374
G3A	$Mr = 381,41\theta^{0,6558}q^{0,0067}$	0,9977	381,41	0,6558	0,0067
G3B	$Mr = 408,64\theta^{0,5513}q^{0,0745}$	0,9981	408,64	0,5513	0,0745

QUADRO 7.50 – Parâmetros do modelo $Mr = k_{12}\theta^{k13}q^{k14}$, para NT1, NT2 e NT3

Amostra	NT1				NT2				NT3			
	r^2	k_{12}	k_{13}	k_{14}	r^2	k_{12}	k_{13}	k_{14}	r^2	k_{12}	k_{13}	k_{14}
C1A	0,9912	543,57	0,2989	0,0858	0,9935	6,5314	4,7572	-4,4123	0,9998	6,1951	6,2551	-5,9015
C2A	0,9973	530,39	0,4580	0,1200	0,9976	9,4922	4,5538	-3,9526	0,9947	7,3204	5,9115	-5,3600
C3A	0,9967	766,39	0,3696	0,1283	0,9923	6,3051	5,2152	-4,7430	0,9992	5,6507	6,7350	-6,3024
C4A	0,9856	798,40	0,1955	0,2467	0,9931	6,6161	4,9109	-4,5069	0,9981	5,6760	6,5051	-6,1128
C5A	0,9983	558,11	0,3546	0,0640	0,9987	6,3295	4,9295	-4,5217	0,9972	7,2126	6,1167	-5,7213
C1B	0,9948	1122,6	0,1598	0,3751	0,9993	7,9187	5,2419	-4,6584	0,9942	7,0117	6,9254	-6,3235
C2B	0,9973	890,69	0,5559	0,0754	0,9974	7,6092	5,3901	-4,7869	0,9941	6,4510	7,0129	-6,4485
C3B	0,9873	884,79	0,3147	0,2111	0,9968	6,7693	5,2478	-4,7242	0,9987	6,9270	6,6141	-6,1134
C4B	0,9959	722,90	0,7402	-0,082	0,9920	8,1817	5,3478	-4,7178	0,9850	6,8612	7,0344	-6,4204
G1A	0,9981	463,94	0,5262	0,0760	0,9997	12,085	4,2064	-3,6081	1,0000	7,6801	5,8524	-5,2774
G2A	0,9948	544,22	0,4704	0,1342	0,9989	9,0947	4,4605	-3,9230	0,9992	6,1474	6,1626	-5,6397
G3A	0,9981	469,22	0,5291	0,1361	0,9998	8,5071	4,5147	-3,8713	0,9997	7,1309	5,9239	-5,2891
G3B	0,9979	474,18	0,4571	0,1685	0,9997	8,1156	4,5722	-3,9286	1,0000	6,9949	5,9730	-5,3357

Analisando o Quadro 7.49 e Quadro 7.50 pode dizer-se que a simulação da variação do módulo reversível com o primeiro invariante do tensor das tensões e com a tensão deviatória é bastante correcta, já que se obtêm coeficientes de determinação sempre superiores a 0,9850.

Fazendo a análise para os três níveis de tensão em simultâneo e separadamente, verifica-se que o coeficiente de determinação varia entre 0,9856 e 0,9983 para NT1, entre 0,9920 e 0,9998 para NT2, entre 0,9850 e 1,0000 para NT3 e entre 0,9887 e 0,9983 para os 3 níveis de tensão em simultâneo, 3NT.

No Quadro 7.51 apresentam-se as amostras para as quais se obtiveram a melhor e a pior simulações da variação do módulo reversível com o primeiro invariante do tensor das tensões e com a tensão deviatória, para cada nível de tensão e para os três níveis em simultâneo.

QUADRO 7.51 – Amostras que apresentam a melhor e a pior simulações da variação de Mr com θ e q, função dos níveis de tensão

NT	Calcário	r^2	w_{com} (%)	Granito	r^2	w_{com} (%)
3NT	C2B	0,9961	3,6	G1A	0,9983	4,3
1	C5A	0,9983	5,3	G1A;G3A	0,9981	4,3; 6,1
2	C1B	0,9993	4,0	G3A	0,9998	6,1
3	C1A	0,9998	2,7	G1A;G3B	1,0000	4,3; 6,1
3NT	C3B	0,9887	3,7	G2A	0,9961	3,4
1	C4A	0,9856	2,6	G2A	0,9948	3,4
2	C4B	0,9920	3,8	G2A	0,9989	3,4
3	C4B	0,9850	3,8	G2A	0,9992	3,4

Modelo de *Boyce*

O modelo de *Boyce* estabelece, para tensões cíclicas a variar entre zero e os valores da tensão normal média, p, e da tensão deviatória, q, as relações entre o módulo de compressibilidade secante, K, e o módulo de distorção secante, G, apresentados nas equações (3.8) e (3.9), respectivamente, e as tensões aplicadas (*Boyce*, 1980, ref. por Lekarp et al., 2000a; COST 337, 2002).

O modelo envolve ainda, como se disse no capítulo 3, a extensão volumétrica reversível, ε_v, a extensão distorcional reversível, ε_q, o módulo de compressibilidade, K_1, e o módulo de distorção, G_1, os quais se apresentam nas equações (3.10) a (3.15).

Para ser possível fazer uso deste modelo, é necessário conhecer a deformação radial resiliente, no entanto, o procedimento utilizado na realização dos ensaios triaxiais cíclicos, norma AASHTO TP 46 – 94 (AASHTO, 1994), não prevê a medição daquelas deformações, pelo que não se realizaram.

Para aplicar o modelo e para perceber entre que valores os parâmetros de *Boyce* podem variar, procedeu-se ao cálculo das deformações radiais resilientes a partir das deformações axiais resilientes, para diferentes valores de coeficiente de *Poisson*, nomeadamente, 0,20; 0,25; 0,30; 0,35; 0,40; 0,45 e 0,49. Como se percebe, não se admitiu variação de volume na deformação resiliente, pelo que os coeficientes de *Poisson* têm de ser admitidos como inferiores a 0,5.

Utilizou-se o modelo considerando as deformações radiais resilientes assim calculadas, para cada um daqueles valores de coeficiente de *Poisson*, para cada uma das amostras, para cada uma das condições de compactação do material e para os 3 níveis de tensão. No final calculou-se o coeficiente de *Poisson*, ν, e o módulo de *Young*, E, com base nos parâmetros encontrados para o modelo, utilizando as equações (3.16) e (3.17), e encontrou-se o coeficiente de determinação entre E e Mr, entre ε_v e ε_{v1} e entre ε_q e ε_{q1}.

Com os resultados obtidos, verificou-se que quanto mais baixo o coeficiente de *Poisson*, maior a diferença entre o valor de que se tinha partido e o valor calculado com base nos parâmetros do modelo. Assim, vão apresentar-se apenas os resultados encontrados para os coeficientes de *Poisson* de 0,40; 0,45 e 0,49, onde existe uma maior proximidade entre valores admitidos e calculados.

Vai começar-se por apresentar os parâmetros K_a, G_a, β e n, para cada amostra e nível de tensão, para os coeficientes de *Poisson* referidos. Seguidamente apresentam-se, graficamente e apenas para coeficiente de *Poisson* de 0,49, os valores de E e Mr, ε_v e ε_{v1} e ε_q e ε_{q1} em função da tensão normal média, p, bem como os respectivos coeficientes de determinação.

Deste modo, no Quadro 7.52 a Quadro 7.55 apresentam-se os parâmetros encontrados para o modelo de *Boyce*, para cada amostra e para cada coeficiente de *Poisson*.

No Quadro 7.56 apresentam-se os coeficientes de determinação entre E e Mr, ε_v e ε_{v1} e ε_q e ε_{q1}, para o coeficiente de *Poisson* de 0,49 e para os níveis de tensão NT1, NT2 e NT3. Na Figura 7.41 a Figura 7.53 apresenta-se a evolução da extensão volumétrica reversível calculada, ε_{v1}, e estimada pelo modelo, ε_v, e da extensão distorcional reversível calculada, ε_{q1}, e estimada pelo modelo, ε_q, com a tensão normal média, p, para cada uma das amostras e tipo de compactação e para o coeficiente de *Poisson* de 0,49.

QUADRO 7.52 – Parâmetros modelo de *Boyce*, NT1, NT2 e NT3, calcário c. de laboratório

Amostra	ν	NT 1					NT 2					NT 3				
		k_a (MPa)	G_a	n	β	v_{final}	k_a (MPa)	G_a	n	β	v_{final}	k_a (MPa)	G_a	n	β	v_{final}
C1A	0,40	1428	106	0,613	0,869	0,48	734	115	0,637	0,385	0,46	521	117	0,637	0,270	0,45
	0,45	1964	102		1,239	0,49	964	111		0,524	0,18	657	113		0,352	0,48
	0,49	2803	100		1,816	0,496	1285	108		0,717	0,496	829	110		0,457	0,495
C2A	0,40	898	80	0,421	1,078	0,48	389	81	0,404	0,481	0,46	253	75	0,423	0,323	0,45
	0,45	1144	78		1,422	0,49	471	78		0,602	0,48	297	73		0,393	0,48
	0,49	1468	75		1,876	0,495	565	76		0,742	0,496	344	71		0,468	0,495
C3A	0,40	1483	122	0,512	0,991	0,48	728	132	0,524	0,438	0,46	532	130	0,579	0,287	0,45
	0,45	1952	118		1,351	0,49	913	127		0,569	0,48	655	125		0,366	0,48
	0,49	2620	114		1,862	0,495	1144	124		0,733	0,490	803	122		0,461	0,495
C4A	0,40	1472	113	0,568	0,933	0,48	747	122	0,605	0,403	0,46	528	124	0,603	0,283	0,45
	0,45	1986	110		1,304	0,49	968	118		0,541	0,48	657	119		0,364	0,48
	0,49	2747	107		1,854	0,496	1265	115		0,726	0,491	816	116		0,465	0,495
C5A	0,40	1322	103	0,562	0,935	0,48	618	110	0,537	0,434	0,46	422	109	0,538	0,299	0,45
	0,45	1776	99		1,302	0,49	779	106		0,566	0,48	512	105		0,376	0,48
	0,49	2453	97		1,848	0,496	983	103		0,734	0,490	617	102		0,466	0,495

QUADRO 7.53 – Parâmetros modelo de *Boyce*, NT1, NT2 e NT3, calcário c. de campo

Amostra	ν	NT 1					NT 2					NT 3				
		k_a (MPa)	G_a	n	β	v_{final}	k_a (MPa)	G_a	n	β	v_{final}	k_a (MPa)	G_a	n	β	v_{final}
C1B	0,40	1395	117	0,483	1,030	0,48	660	143	0,416	0,478	0,46	452	136	0,409	0,328	0,45
	0,45	1819	113		1,391	0,49	801	130		0,601	0,48	529	131		0,397	0,48
	0,49	2405	110		1,890	0,495	965	126		0,743	0,49	612	128		0,472	0,495
C2B	0,40	1353	128	0,354	1,136	0,48	650	138	0,375	0,490	0,46	448	139	0,385	0,331	0,45
	0,45	1690	124		1,470	0,49	781	133		0,610	0,48	521	134		0,399	0,48
	0,49	2131	121		1,904	0,495	930	130		0,746	0,49	598	130		0,471	0,495
C3B	0,40	1378	115	0,489	1,017	0,48	643	125	0,459	0,463	0,46	435	121	0,482	0,311	0,45
	0,45	1800	111		1,375	0,49	789	121		0,589	0,48	519	117		0,384	0,48
	0,49	2391	108		1,877	0,495	965	117		0,74	0,49	611	114		0,465	0,495
C4B	0,40	1371	132	0,336	1,154	0,48	645	139	0,363	0,494	0,46	445	141	0,363	0,336	0,45
	0,45	1706	127		1,487	0,49	772	134		0,613	0,48	516	136		0,403	0,48
	0,49	2144	124		1,920	0,494	917	130		0,747	0,49	590	132		0,474	0,495

QUADRO 7.54 – Parâmetros modelo de *Boyce*, NT1, NT2 e NT3, granito c. de laboratório

Amostra	ν	NT 1 k_a (MPa)	G_a (MPa)	n	β	v_{final}	NT 2 k_a (MPa)	G_a (MPa)	n	β	v_{final}	NT 3 k_a (MPa)	G_a (MPa)	n	β	v_{final}
G1A	0,40	381	35	0,389	1,107	0,48	169	36	0,383	0,489	0,46	116	35	0,411	0,327	0,45
	0,45	481	34		1,448	0,49	204	34		0,609	0,48	136	34		0,397	0,48
	0,49	612	33		1,895	0,495	243	33		0,747	0,49	158	33		0,472	0,495
G2A	0,40	410	38	0,392	1,104	0,48	196	39	0,438	0,469	0,46	132	39	0,431	0,323	0,45
	0,45	518	36		1,444	0,49	239	38		0,593	0,48	156	38		0,393	0,48
	0,49	658	35		1,885	0,495	289	37		0,74	0,49	181	37		0,470	0,495
G3A	0,40	312	30	0,327	1,156	0,48	137	30	0,334	0,500	0,46	91	30	0,338	0,337	0,45
	0,45	387	29		1,485	0,49	163	29		0,616	0,48	105	29		0,402	0,48
	0,49	483	28		1,906	0,495	192	29		0,744	0,49	120	28		0,470	0,495

QUADRO 7.55 – Parâmetros modelo de *Boyce*, NT1, NT2 e NT3, granito c. de campo

Amostra	ν	NT 1 k_a (MPa)	G_a (MPa)	n	β	v_{final}	NT 2 k_a (MPa)	G_a (MPa)	n	β	v_{final}	NT 3 k_a (MPa)	G_a (MPa)	n	β	v_{final}
G3B	0,40	660	61	0,376	1,129	0,48	298	63	0,369	0,495	0,46	205	63	0,378	0,336	0,450
	0,45	831	59		1,473	0,49	357	61		0,615	0,48	239	61		0,405	0,48
	0,49	1056	57		1,923	0,495	424	59		0,751	0,49	274	59		0,478	0,495

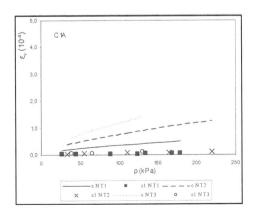 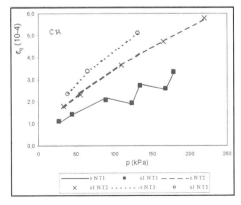

FIGURA 7.41 – Evolução de ε_{v1} e ε_v, ε_{q1} e ε_q para ν = 0,49, amostra C1A

QUADRO 7.56 – Coeficientes de determinação entre E e Mr, ε_v e ε_{v1} e ε_q e ε_{q1}, para o coeficiente de *Poisson* de 0,49, para os materiais calcário e granítico, NT1, NT2 e NT3

Amostra	Coeficiente de determinação (r^2)									
	$\varepsilon_v/\varepsilon_{v1}$	$\varepsilon_q/\varepsilon_{q1}$	E/Mr	$\varepsilon_v/\varepsilon_{v1}$	$\varepsilon_q/\varepsilon_{q1}$	E/Mr	$\varepsilon_v/\varepsilon_{v1}$	$\varepsilon_q/\varepsilon_{q1}$	E/Mr
	NT1			NT2			NT3		
C1A	0,8640	0,9955	0,9881	0,9989	0,9989	0,9959	0,9969	0,9978	0,9937
C2A	0,7548	0,9912	0,9945	0,9937	0,9940	0,9969	0,9933	0,9928	0,9962
C3A	0,8446	0,9942	0,9956	0,9919	0,9924	0,9898	0,9988	0,9993	0,9978
C4A	0,8918	0,9867	0,9771	0,9983	0,9982	0,9963	0,9999	0,9999	0,9996
C5A	0,8383	0,9905	0,9903	0,9973	0,9973	0,9988	0,9954	0,9953	0,9986
C1B	0,9033	0,9654	0,9698	0,9994	0,9997	0,9999	0,9973	0,9962	0,9984
C2B	0,6928	0,9904	0,9959	0,9976	0,9977	0,9966	0,9944	0,9934	0,9977
C3B	0,8410	0,9835	0,9812	0,9900	0,9904	0,9958	0,9997	1,0000	0,9996
C4B	0,5752	0,9803	0,9946	0,9713	0,9706	0,9927	0,9745	0,9706	0,9926
G1A	0,7401	0,9931	0,9979	0,9995	0,9995	0,9998	0,9999	1,0000	1,0000
G2A	0,7576	0,9871	0,9951	0,9982	0,9982	0,9988	0,9961	0,9968	0,9967
G3A	0,6936	0,9880	0,9965	0,9995	0,9995	0,9999	1,0000	0,9999	1,0000
G3B	0,7598	0,9901	0,9949	0,9984	0,9987	0,9998	1,0000	1,0000	1,0000

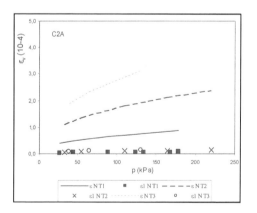
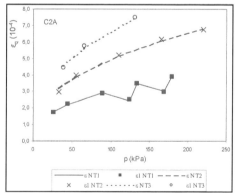

FIGURA 7.42 – Evolução de ε_{v1} e ε_v, ε_{q1} e ε_q, para ν = 0,49, amostra C2A

Na Figura 7.54 a Figura 7.60 apresenta-se a evolução do módulo reversível obtido no ensaio, Mr, e do módulo de *Young*, E, com a tensão normal média, p, para cada uma das amostras e tipo de compactação e para o coeficiente de *Poisson* de 0,49.

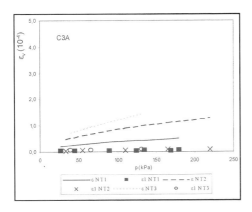 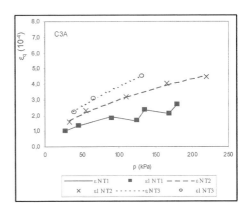

FIGURA 7.43 – Evolução de ε_{v1} e ε_v, ε_{q1} e ε_q para $\nu = 0,49$, amostra C3A

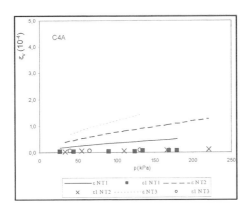 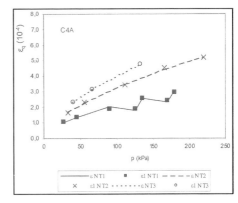

FIGURA 7.44 – Evolução de ε_{v1} e ε_v, ε_{q1} e ε_q para $\nu = 0,49$, amostra C4A

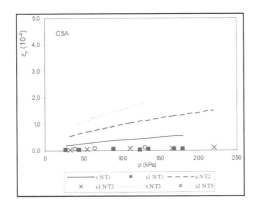 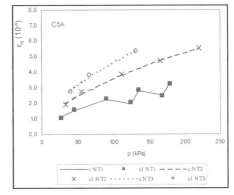

FIGURA 7.45 – Evolução de ε_{v1} e ε_v, ε_{q1} e ε_q para $\nu = 0,49$, amostra C5A

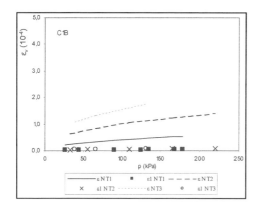 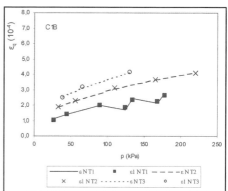

FIGURA 7.46 – Evolução de ε_{v1} e ε_v, ε_{q1} e ε_q para $\nu = 0{,}49$, amostra C1B

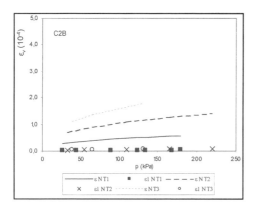 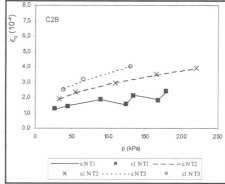

FIGURA 7.47 – Evolução de ε_{v1} e ε_v, ε_{q1} e ε_q para $\nu = 0{,}49$, amostra C2B

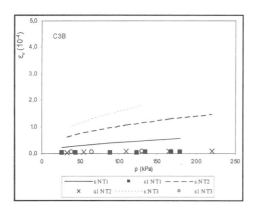 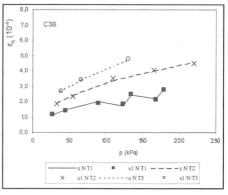

FIGURA 7.48 – Evolução de ε_{v1} e ε_v, ε_{q1} e ε_q para $\nu = 0{,}49$, amostra C3B

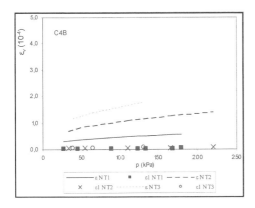
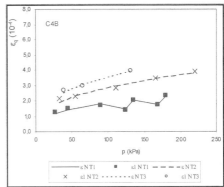

FIGURA 7.49 – Evolução de ε_{v1} e ε_v, ε_{q1} e ε_q para $\nu = 0,49$, amostra C4B

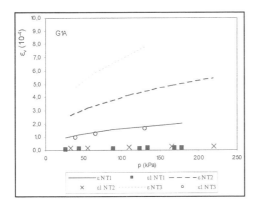
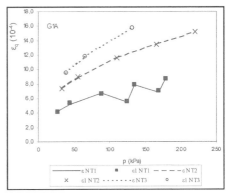

FIGURA 7.50 – Evolução de ε_{v1} e ε_v, ε_{q1} e ε_q para $\nu = 0,49$, amostra G1A

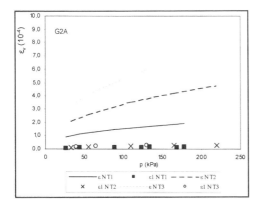
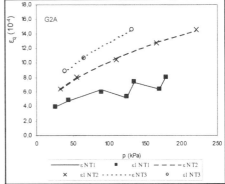

FIGURA 7.51 – Evolução de ε_{v1} e ε_v, ε_{q1} e ε_q para $\nu = 0,49$, amostra G2A

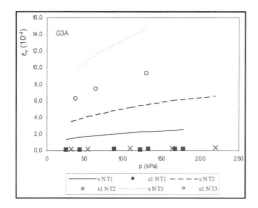
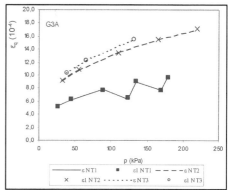

FIGURA 7.52 – Evolução de ε_{v1} e ε_v, ε_{q1} e ε_q para $\nu = 0,49$, amostra G3A

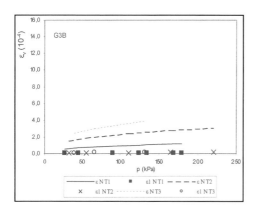
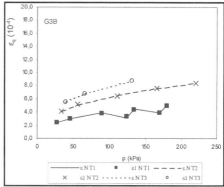

FIGURA 7.53 – Evolução de ε_{v1} e ε_v, ε_{q1} e ε_q para $\nu = 0,49$, amostra G3B

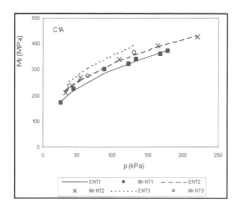
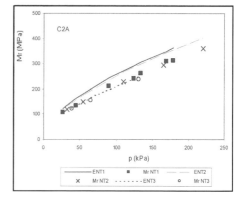

FIGURA 7.54 – Evolução Mr e E para $\nu = 0,49$, amostras C1A e C2A

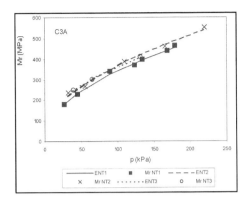 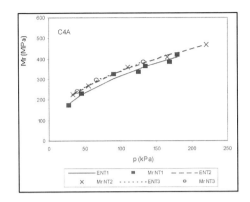

FIGURA 7.55 – Evolução Mr e E para $\nu = 0,49$, amostras C3A e C4A

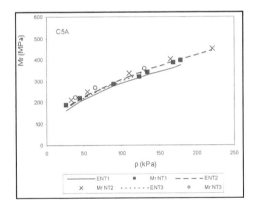

FIGURA 7.56 – Evolução Mr e E para $\nu = 0,49$, amostra C5A

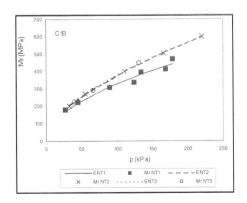 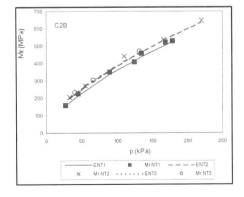

FIGURA 7.57 – Evolução Mr e E para $\nu = 0,49$, amostras C1B e C2B

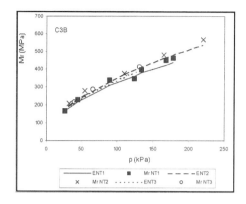
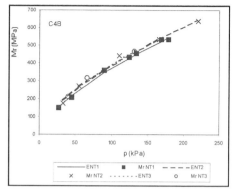

FIGURA 7.58 – Evolução Mr e E para $\nu = 0{,}49$, amostras C3B e C4B

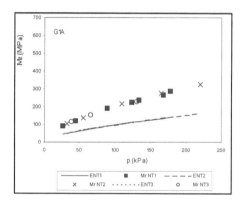
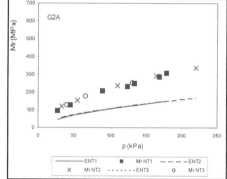

FIGURA 7.59 – Evolução Mr e E para $\nu = 0{,}49$, amostras G1A e G2A

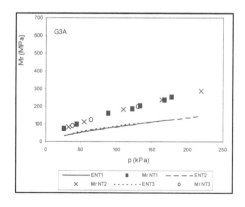
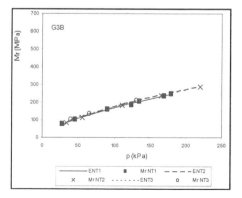

FIGURA 7.60 – Evolução Mr e E para $\nu = 0{,}49$, amostras G3A e G3B

Nos pontos seguintes apresenta-se uma breve análise dos resultados do modelo de *Boyce*, começando por se apresentar, no Quadro 7.57 e Quadro 7.58, para o calcário e granito, respectivamente e para cada nível de tensão, os valores máximos e mínimos de cada parâmetro, a amostra correspondente e o coeficiente de *Poisson* inicial e final.

QUADRO 7.57 – Valores máximos e mínimos dos parâmetros do modelo de *Boyce*, calcário

	NT1				NT2				NT3			
	k_a	G_a	n	β	k_a	Ga	n	β	k_a	Ga	n	β
	(MPa)				(MPa)				(MPa)			
Máx	2803	132	0,613	0,496	1285	143	0,637	0,747	829	141	0,637	0,474
Amostra	C1A	C4B	C1A	C4B	C1A	C1B	C4B	C4B	C1A	C4B	C1A	C4B
v_{in}	0,49	0,40	-	0,49	0,49	0,40	-	0,49	0,40	0,40	-	0,49
v_{final}	0,496	0,48	-	0,494	0,496	0,478	-	0,490	0,495	0,45	-	0,495
Min	898	75	0,336	0,480	389	76	0,363	0,385	253	71	0,363	0,270
Amostra	C2A	C2A	C4B	C1A	C2A	C2A	C4B	C1A	C2A	C2A	C4B	C1A
v_{in}	0,40	0,49	-	0,40	0,49	0,49	-	0,40	0,49	0,49	-	0,40
v_{final}	0,48	0,495	-	0,48	0,496	0,496	-	0,46	0,495	0,495	-	0,45

QUADRO 7.58 – Valores máximos e mínimos dos parâmetros do modelo de *Boyce*, granito

	NT1				NT2				NT3			
	k_a	G_a	n	β	k_a	Ga	n	β	k_a	Ga	n	β
	MPa				MPa				MPa			
Máx	1056	61	0,392	1,923	424	63	0,438	0,751	274	63	0,431	0,478
Amostra	G3B	G3B	G2A	G3B	G3B	G3B	G2A	G3B	G3B	G3B	G2A	G3B
v_{in}	0,49	0,40	-	0,49	0,49	0,40	-	0,49	0,49	0,40	-	0,49
v_{final}	0,495	0,48	-	0,495	0,490	0,46	-	0,490	0,495	0,45	-	0,495
Min	312	28	0,327	1,104	137	29	0,334	0,469	91	28	0,338	0,323
Amostra	G3A	G3A	G3A	G2A	G3A	G3A	G3A	G2A	G3A	G3A	G3A	G2A
v_{in}	0,40	0,49	-	0,40	0,40	0,49	-	0,40	0,40	0,49	-	0,40
v_{final}	0,48	0,495	-	0,48	0,46	0,49	-	0,46	0,45	0,495	-	0,45

Analisando o Quadro 7.57 e Quadro 7.58, verifica-se que, para qualquer dos materiais o parâmetro k_a, diminui quando se passa do NT1 para o NT2 e deste para o NT3. O parâmetro G_a apresenta uma ligeira tendência para subir, sendo os valores, no entanto, muito próximos, o mesmo se passando com o parâmetro n, sendo que, este parâmetro apresenta o mesmo valor para os 3 valores de coeficiente de *Poisson* considerados. O parâmetro β, no caso do calcário, apresenta um valor mais elevado para o NT2 e, para o granito, apresenta o valor mais elevado para o NT1 e diminui para o NT2 e NT3.

Em termos de valores de cada parâmetro, nível de tensão, amostra e coeficiente de *Poisson*, que lhe correspondem, verifica-se que, no caso do calcário:

- Para o parâmetro k_a o valor máximo é de 2803 MPa, corresponde ao NT1, à amostra C1A e ao coeficiente de *Poisson* de 0,49, sendo o valor final de 0,495. O valor mínimo é de 253 MPa, corresponde ao NT3, à amostra C2A e ao coeficiente de *Poisson* de 0,40, sendo o valor final de 0,45;
- Para o parâmetro G_a o valor máximo é de 143 MPa, corresponde ao NT2, à amostra C1B e ao coeficiente de *Poisson* de 0,40, sendo o valor final de 0,478. O valor mínimo é de 71 MPa, corresponde ao NT3, à amostra C2A e ao coeficiente de *Poisson* de 0,49, sendo o valor final de 0,495;
- Para o parâmetro n o valor máximo é de 0,637, correspondendo ao NT2 e à amostra C4B e ao NT3 e amostra C1A. O valor mínimo é de 0,336, correspondendo ao NT1 e amostra C4B;
- Para o parâmetro β o valor máximo é de 0,747, corresponde ao NT2, à amostra C4B e ao coeficiente de *Poisson* de 0,49, sendo o valor final de 0,49. O valor mínimo é de 0,270, corresponde ao NT3, à amostra C1A e ao coeficiente de *Poisson* de 0,40, sendo o valor final de 0,45.

No caso do granito, os valores máximos e mínimos encontrados foram:

- Para o parâmetro k_a o valor máximo é de 1056 MPa, corresponde ao NT1, à amostra G3B e ao coeficiente de *Poisson* de 0,49, sendo o valor final de 0,495. O valor mínimo é de 91 MPa, corresponde ao NT3, à amostra G3A e ao coeficiente de *Poisson* de 0,40, sendo o valor final de 0,45;
- Para o parâmetro G_a o valor máximo é de 63 MPa, corresponde ao NT2 e ao NT3 e à amostra G3B, para os dois NT, e ao coeficiente de *Poisson* de 0,40, sendo o valor final de 0,46 para NT2 e de 0,45 para NT3. O valor mínimo é de 28 MPa, corresponde ao NT1 e ao NT3, e à amostra G3A, para os dois NT, e ao coeficiente de *Poisson* de 0,49, sendo o valor final de 0,495;
- Para o parâmetro n o valor máximo é de 0,438, correspondendo ao NT2 e à amostra G2A. O valor mínimo é de 0,327, correspondendo ao NT1 e à amostra G3A;
- Para o parâmetro β o valor máximo é de 1,923, corresponde ao NT1, à amostra G3B e ao coeficiente de *Poisson* de 0,49, sendo o valor final de 0,495. O valor mínimo é de 0,338, corresponde ao NT3, à amostra G2A e ao coeficiente de *Poisson* de 0,40, sendo o valor final de 0,45.

Comparando os parâmetros entre materiais, verifica-se que os valores encontrados para o calcário são mais elevados para os parâmetros k_a, G_a e n, sendo o parâmetro β, mais elevado no granito.

No Quadro 7.59 e Quadro 7.60, apresentam-se os valores do coeficiente de determinação, máximo e mínimo, para cada nível de tensão, para as relações "extensão volumétrica reversível (modelo)/Extensão volumétrica reversível", "extensão distorcional reversível (modelo)/extensão distorcional reversível" e "módulo de *Young*/módulo resiliente", obtidos para o modelo de *Boyce*, para cada um dos materiais.

QUADRO 7.59 – Valores máximos e mínimos de r², para as relações $\varepsilon_v/\varepsilon_{v1}$; $\varepsilon_q/\varepsilon_{q1}$ e E/Mr, obtidos no modelo de *Boyce*, calcário

	Coeficiente de determinação (r²)								
	$\varepsilon_v/\varepsilon_{v1}$	$\varepsilon_q/\varepsilon_{q1}$	E/Mr	$\varepsilon_v/\varepsilon_{v1}$	$\varepsilon_q/\varepsilon_{q1}$	E/Mr	$\varepsilon_v/\varepsilon_{v1}$	$\varepsilon_q/\varepsilon_{q1}$	E/Mr
	NT1			NT2			NT3		
Máx	0,9033	0,9955	0,9959	0,9994	0,9997	0,9999	0,9999	1,00000	0,9996
Amostra	C1B	C1A	C2B	C1B	C1B	C1B	C4A	C3B	C4A;C3B
Min	0,5752	0,9654	0,9698	0,9713	0,9706	0,9898	0,9745	0,9706	0,9926
Amostra	C4B	C1B	C1B	C4B	C4B	C3A	C4B	C4B	C4B

Analisando os resultados do Quadro 7.59 verifica-se que, no caso do calcário, as três relações apresentam coeficientes de determinação superiores a 0,96, para os 3NT, com excepção da relação $\varepsilon_v/\varepsilon_{v1}$, para NT1, cujo valor mínimo é de 0,5752, correspondendo à amostra C4B e máximo é 0,9033, correspondente à amostra C1B.

No caso do granito, Quadro 7.60, verifica-se que com excepção da relação $\varepsilon_v/\varepsilon_{v1}$, para o NT1, a variar de 0,6936 a 0,7598, as 3 relações apresentam coeficientes de determinação superiores a 0,98, sendo que para o NT3, as três relações apresentam valor máximo de 1,00000.

Verifica-se, assim, que as piores correlações ocorrem para o NT1, sendo que, apenas para a relação $\varepsilon_v/\varepsilon_{v1}$, com valores inferiores a 0,9, se pode dizer que a correlação é de fraca qualidade, podendo dizer-se que se obtêm boas e muito boas correlações nas restantes relações e níveis de tensão.

QUADRO 7.60 – Valores máximos e mínimos de r², para as relações $\varepsilon_v/\varepsilon_{v1}$; $\varepsilon_q/\varepsilon_{q1}$ e E/Mr, obtidos no modelo de *Boyce*, granito

	Coeficiente de determinação (r²)								
	$\varepsilon_v/\varepsilon_{v1}$	$\varepsilon_q/\varepsilon_{q1}$	E/Mr	$\varepsilon_v/\varepsilon_{v1}$	$\varepsilon_q/\varepsilon_{q1}$	E/Mr	$\varepsilon_v/\varepsilon_{v1}$	$\varepsilon_q/\varepsilon_{q1}$	E/Mr
	NT1			NT2			NT3		
Máx	0,7598	0,9931	0,9979	0,9995	0,9995	0,9999	1,00000	1,00000	1,00000
Amostra	G3A	G1A	G1A	G1A;G3A	G1A;G3A	G3A	G3A;G3B	G1A;G3B	G1A;G3A;G3B
Min	0,6936	0,9871	0,9949	0,9982	0,9982	0,9988	0,9961	0,9968	0,9967
Amostra	G3B	G2A	G3B	G2A	G2A	G2A	G2A	G2A	G2A

7.5.5. *Modelação do Comportamento Mecânico a partir da Extensão Vertical*

Considerações Iniciais

A partir dos resultados dos ensaios triaxiais cíclicos, no que diz respeito à extensão vertical, embora sabendo que o número de ciclos em causa, 2500, é muito reduzido, tentou modelar-se o comportamento mecânico dos materiais em estudo, para o que aos resultados apresentados em 7.5.3 foram aplicados os modelos de comportamento apresentados no capítulo 3. Os resultados dessa modelação apresentam-se nas secções seguintes.

Modelo de *Sweere*

Segundo o modelo de *Sweere*, equação (3.30), a extensão vertical pode ser explicada pelo número de ciclos de carga-descarga (Sweere, 1990, ref. por Lekarp et al., 2000b).

Os resultados da modelação, incluindo o coeficiente de determinação, apresentam-se no Quadro 7.61 e na Figura 7.61 a Figura 7.64 para os materiais calcário e granítico, compactados para condições de laboratório e de campo, respectivamente.

Analisando o Quadro 7.61 e a Figura 7.61 a Figura 7.64 pode dizer-se que se conseguiu uma muito boa simulação da variação da extensão vertical com o número de ciclos, N, já que se obtiveram coeficientes de determinação sempre superiores a 0,9777, sendo que, em 10 das 13 situações apresentadas no Quadro 7.61 aquele coeficiente é superior a 0,99.

No Quadro 7.62 apresentam-se as amostras para as quais se obtiveram a melhor e a pior simulações da variação da extensão vertical com o número de ciclos.

QUADRO 7.61 – Parâmetros do modelo $\varepsilon_{1p} = a_1 N^{b1}$, para o calcário e granito, condições de laboratório e de campo.

Amostra	$\varepsilon_{1p} = a_1 N^{b1}$	r^2	a_1	b_1
C1A	$\varepsilon_{1p} = 7*10^{-12} N^{3,1542}$	0,9777	$7*10^{-12}$	3,1542
C2A	$\varepsilon_{1p} = 3*10^{-12} N^{3,4379}$	0,9870	$3*10^{-12}$	3,4379
C3A	$\varepsilon_{1p} = 5*10^{-11} N^{2,9994}$	0,9984	$5*10^{-11}$	2,9994
C4A	$\varepsilon_{1p} = 4*10^{-11} N^{2,9912}$	0,9960	$4*10^{-11}$	2,9912
C5A	$\varepsilon_{1p} = 1*10^{-11} N^{3,1795}$	0,9912	$4*10^{-11}$	3,1795
C1B	$\varepsilon_{1p} = 9*10^{-11} N^{2,963}$	0,9940	$9*10^{-11}$	2,9630
C2B	$\varepsilon_{1p} = 1*10^{-11} N^{3,1591}$	0,9902	$1*10^{-11}$	3,1591
C3B	$\varepsilon_{1p} = 3*10^{-10} N^{2,8662}$	0,9895	$3*10^{-10}$	2,8662
C4B	$\varepsilon_{1p} = 1*10^{-10} N^{2,9469}$	0,9959	$1*10^{-10}$	2,9469
G1A	$\varepsilon_{1p} = 1*10^{-10} N^{3,0217}$	0,9978	$1*10^{-10}$	3,0217
G2A	$\varepsilon_{1p} = 1*10^{-11} N^{3,2563}$	0,9940	$1*10^{-11}$	3,2563
G3A	$\varepsilon_{1p} = 1*10^{-10} N^{3,026}$	0,9997	$1*10^{-10}$	3,026
G3B	$\varepsilon_{1p} = 1*10^{-10} N^{3,0227}$	0,9996	$1*10^{-10}$	3,0227

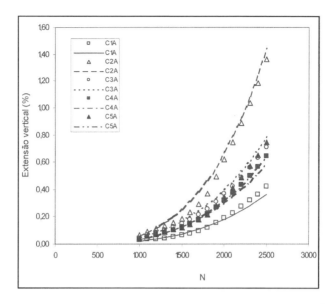

FIGURA 7.61 – Leis de comportamento segundo o modelo $\varepsilon_{1P} = a_1 N^{b1}$, para o calcário, condições de laboratório

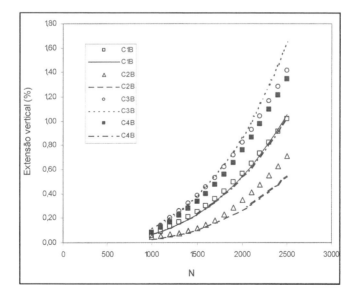

FIGURA 7.62 – Leis de comportamento segundo o modelo $\varepsilon_{1P} = a_1 N^{b1}$, para o calcário, condições de campo

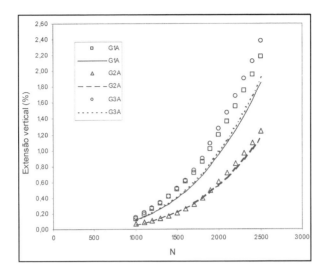

FIGURA 7.63 – Leis de comportamento segundo o modelo $\varepsilon_{1P} = a_1 N^{b1}$, para o granito, condições de laboratório

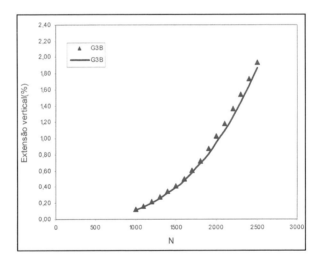

FIGURA 7.64 – Leis de comportamento segundo o modelo $\varepsilon_{1P} = a_1 N^{b1}$, para o granito, condições de campo

QUADRO 7.62 – Amostras que apresentam a melhor e a pior simulações da variação de ε_{1P} com N

Calcário	r^2	w_{com} (%)	% finos	Granito	r^2	w_{com} (%)	% finos
C3A	0,9984	3,8	3,2	G3A	0,9997	6,1	6,5
C1A	0,9777	2,7	4,4	G2A	0,9940	3,4	6,2

Modelo de *Barksdale*

O modelo de *Barksdale*, equação (3.31), relaciona a extensão vertical com o logaritmo do número de ciclos de carga-descarga (Barksdale, 1972, ref. por Lekarp et al., 2000b).

Os resultados da modelação, incluindo o coeficiente de determinação, apresentam-se no Quadro 7.63 e na Figura 7.65 a Figura 7.68 para os materiais calcário e granítico, compactados para condições de laboratório e de campo, respectivamente.

Analisando o Quadro 7.63 e a Figura 7.65 a Figura 7.68 pode dizer-se que se conseguiu uma razoavelmente boa simulação da variação da extensão vertical com o logaritmo do número de ciclos, N, sendo que o coeficiente de determinação varia entre 0,8167 e 0,9300.

QUADRO 7.63 – Parâmetros do modelo $\varepsilon_{1P} = a_2 + b_2 \log N$, para o calcário e o granito, condições de laboratório e de campo

Amostra	$\varepsilon_{1P} = a_2 + b_2 \log N$	r^2	a_2	b_2
C1A	$\varepsilon_{1P} = -2,88 + 0,9405 \log N$	0,8167	-2,88	0,9405
C2A	$\varepsilon_{1P} = -9,51 + 3,1004 \log N$	0,8227	-9,51	3,1004
C3A	$\varepsilon_{1P} = -4,89 + 1,6075 \log N$	0,8840	-4,89	1,6075
C4A	$\varepsilon_{1P} = -4,39 + 1,4413 \log N$	0,8607	-4,39	1,4413
C5A	$\varepsilon_{1P} = -5,10 + 1,6673 \log N$	0,8340	-5,10	1,6673
C1B	$\varepsilon_{1P} = -7,15 + 2,3563 \log N$	0,9148	-7,15	2,3563
C2B	$\varepsilon_{1P} = -4,95 + 1,6205 \log N$	0,8489	-4,95	1,6205
C3B	$\varepsilon_{1P} = -9,92 + 3,2756 \log N$	0,9300	-9,92	3,2756
C4B	$\varepsilon_{1P} = -9,485 + 3,125 \log N$	0,9176	-9,49	3,1250
G1A	$\varepsilon_{1P} = -15,36 + 5,0516 \log N$	0,9041	-15,36	5,0516
G2A	$\varepsilon_{1P} = -8,74 + 2,8584 \log N$	0,8550	-8,74	2,8584
G3A	$\varepsilon_{1P} = -16,72 + 5,4925 \log N$	0,8934	-16,72	5,4925
G3B	$\varepsilon_{1P} = -13,60 + 4,4682 \log N$	0,8901	-13,60	4,4682

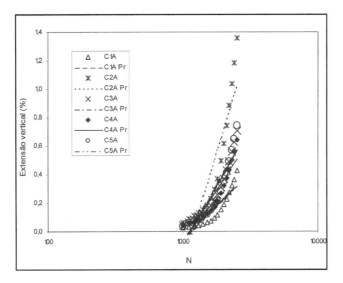

FIGURA 7.65 – Leis de comportamento segundo o modelo $\varepsilon_{1P} = a_2 + b_2 \log N$, para o calcário, condições de laboratório

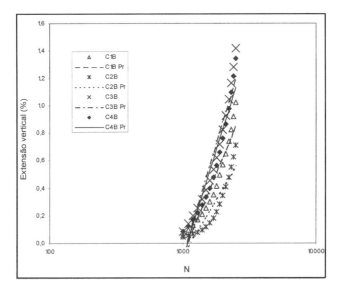

FIGURA 7.66 – Leis de comportamento segundo o modelo $\varepsilon_{1P} = a_2 + b_2 \log N$, para o calcário, condições de campo

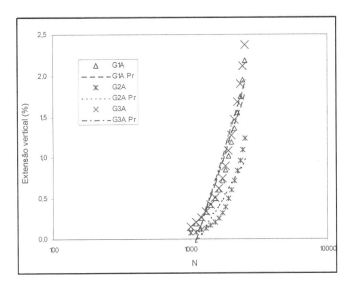

FIGURA 7.67 – Leis de comportamento segundo o modelo $\varepsilon_{1P} = a_2 + b_2 \log N$, para o granito, condições de laboratório

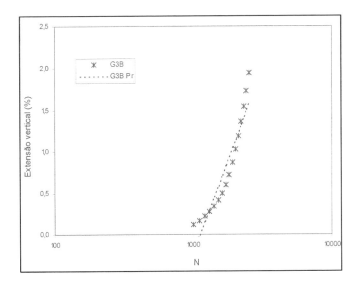

FIGURA 7.68 – Leis de comportamento segundo o modelo $\varepsilon_{1P} = a_2 + b_2 \log N$, para o granito, condições de campo

No Quadro 7.64 apresentam-se as amostras para as quais se obtiveram a melhor e a pior simulações da variação da extensão vertical com o logaritmo do número de ciclos.

QUADRO 7.64 – Amostras que apresentam a melhor e a pior simulações
da variação de ε_{1P} com log(N)

Calcário	r^2	w_{com} (%)	% finos	Granito	r^2	w_{com} (%)	% finos
C3B	0,9300	3,7	3,2	G1A	0,9041	4,3	4,6
C1A	0,8167	2,7	4,4	G2A	0,8555	3,4	6,2

Modelo de *Wolff e Visser*

O modelo de *Wolff e Visser*, equação (3.32), relaciona a extensão vertical com o número de ciclos de carga-descarga (Wolff e Visser, 1994, ref. por Lekarp et al., 2000b).

Os resultados da modelação, incluindo o coeficiente de determinação, apresentam-se no Quadro 7.65 e na Figura 7.69 a Figura 7.72 para os materiais calcário e granítico, compactados para condições de laboratório e de campo, respectivamente.

Analisando o Quadro 7.65 e a Figura 7.69 a Figura 7.72 pode dizer-se que se conseguiu uma boa simulação da variação da extensão vertical com o número de ciclos, N, sendo que o coeficiente de determinação é sempre superior a 0,9, variando entre 0,9005 e 0,9790.

QUADRO 7.65 – Parâmetros do modelo $\varepsilon_{1P} = (c_1 N + a_3)(1 - e^{-(b_3 N)})$, para o calcário e o granito, condições de laboratório e de campo

Amostra	$\varepsilon_{1P} = (c_1 N + a_3)(1 - e^{-b_3 N})$	r^2	c_1	a_3	b_3
C1A	$\varepsilon_{1P} = (2,58*10^{-4} N - 0,2955)(1-e^{-N})$	0,9005	$2,58*10^{-4}$	-0,2955	1,00
C2A	$\varepsilon_{1P} = (8,50*10^{-4} N - 0,9921)(1-e^{-N})$	0,9052	$8,50*10^{-4}$	-0,9921	1,00
C3A	$\varepsilon_{1P} = (4,36*10^{-4} N - 0,4680)(1-e^{-N})$	0,9499	$4,36*10^{-4}$	-0,4680	1,00
C4A	$\varepsilon_{1P} = (3,92*10^{-4} N - 0,4293)(1-e^{-N})$	0,9336	$3,92*10^{-4}$	-0,4293	1,00
C5A	$\varepsilon_{1P} = (4,56*10^{-4} N - 0,5160)(1-e^{-N})$	0,9132	$4,56*10^{-4}$	-0,5160	1,00
C1B	$\varepsilon_{1P} = (6,34*10^{-4} N - 0,6608)(1-e^{-N})$	0,9700	$6,34*10^{-4}$	-0,6608	1,00
C2B	$\varepsilon_{1P} = (4,42*10^{-4} N - 0,4976)(1-e^{-N})$	0,9254	$4,42*10^{-4}$	-0,4976	1,00
C3B	$\varepsilon_{1P} = (8,79*10^{-4} N - 0,8901)(1-e^{-N})$	0,9790	$8,79*10^{-4}$	-0,8901	1,00
C4B	$\varepsilon_{1P} = (8,41*10^{-4} N - 0,8742)(1-e^{-N})$	0,9720	$8,41*10^{-4}$	-0,8742	1,00
G1A	$\varepsilon_{1P} = (1,36*10^{-3} N - 1,4470)(1-e^{-N})$	0,9635	$1,36*10^{-4}$	-1,4470	1,00
G2A	$\varepsilon_{1P} = (7,79*10^{-4} N - 0,8805)(1-e^{-N})$	0,9299	$7,79*10^{-4}$	-0,8805	1,00
G3A	$\varepsilon_{1P} = (1,49*10^{-3} N - 1,5955)(1-e^{-N})$	0,9567	$1,49*10^{-4}$	-1,5955	1,00
G3B	$\varepsilon_{1P} = (7,79*10^{-3} N - 0,8805)(1-e^{-N})$	0,9545	$7,79*10^{-4}$	-0,8805	1,00

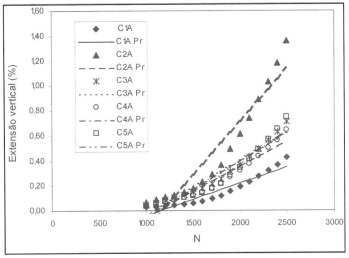

FIGURA 7.69 – Leis de comportamento segundo o modelo $\varepsilon_{1P} = (c_1 N + a_3)(1-e^{-(b3N)})$, para o calcário, condições de laboratório

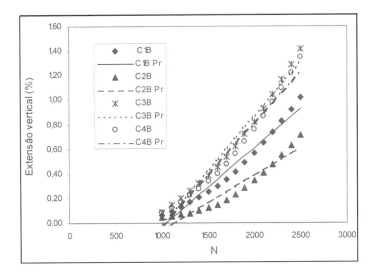

FIGURA 7.70 – Leis de comportamento segundo o modelo $\varepsilon_{1P} = (c_1 N + a_3)(1-e^{-(b3N)})$, para o calcário, condições de campo

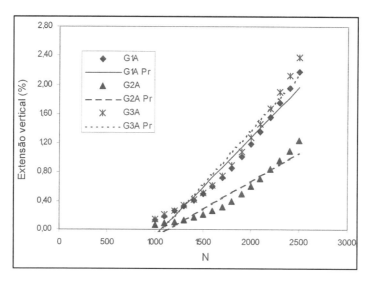

FIGURA 7.71 – Leis de comportamento segundo o modelo $\varepsilon_{1P} = (c_1 N+a_3)(1-e^{-(b3N)})$, para o granito, condições de laboratório

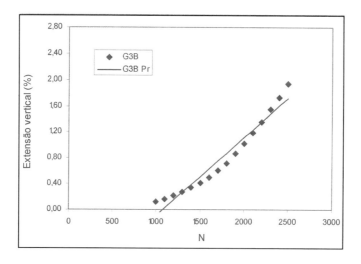

FIGURA 7.72 – Leis de comportamento segundo o modelo $\varepsilon_{1P} = (c_1 N+a_3)(1-e^{-(b3N)})$, para o granito, condições de campo

No Quadro 7.66 apresentam-se as amostras para as quais se obtiveram a melhor e a pior simulações da variação da extensão vertical com o modelo de *Wolff e Visser*.

QUADRO 7.66 – Amostras que apresentam as melhor
e pior simulações da variação de ε_{1P} pelo modelo de *Wolff e Visser*

Calcário	r^2	w_{com} (%)	% finos	Granito	r^2	w_{com} (%)	% finos
C3B	0,9790	3,7	3,2	G1A	0,9635	4,3	4,6
C1A	0,9005	2,7	4,4	G2A	0,9299	3,4	6,2

Modelo de *Paute*

O modelo de *Paute*, equação (3.33), relaciona a extensão vertical com o número de ciclos de carga-descarga (Paute et al., 1988, ref. por Lekarp et al., 2000b).

Os resultados da modelação, incluindo o coeficiente de determinação, apresentam-se no Quadro 7.67 para os materiais calcário e granítico, compactados para condições de laboratório e de campo, respectivamente. Na Figura 7.73 apresenta-se, a título de exemplo, essa mesma modelação para o calcário condições de laboratório.

Analisando o Quadro 7.67 verifica-se que a simulação da variação da extensão vertical com o número de ciclos, N, segundo o modelo de *Paute*, é razoavelmente boa, já que o coeficiente de determinação varia entre 0,8615 e 0,9581.

No Quadro 7.68 apresentam-se as amostras para as quais se obtiveram a melhor e a pior simulações da variação da extensão vertical com o modelo de *Paute*.

QUADRO 7.67 – Parâmetros do modelo $\varepsilon_{1P} = (A_1 \cdot N^{1/2})/(N^{1/2}+D)$,
para o calcário e o granito, condições de laboratório e de campo

Amostra	$\varepsilon_{1P} = \dfrac{A_1 \sqrt{N}}{\sqrt{N}+D}$	r^2	A_1	D
C1A	$\varepsilon_{1P} = (6,6 \cdot 10^4 \cdot N^{1/2})/(N^{1/2}+1,6 \cdot 10^7)$	0,8615	$6,6 \cdot 10^4$	$1,6 \cdot 10^7$
C2A	$\varepsilon_{1P} = (2,6 \cdot 10^6 \cdot N^{1/2})/(N^{1/2}+2,2 \cdot 10^8)$	0,8669	$2,6 \cdot 10^6$	$2,2 \cdot 10^8$
C3A	$\varepsilon_{1P} = (4,8 \cdot 10^5 \cdot N^{1/2})/(N^{1/2}+6,2 \cdot 10^7)$	0,9203	$4,8 \cdot 10^5$	$6,2 \cdot 10^7$
C4A	$\varepsilon_{1P} = (3,9 \cdot 10^5 \cdot N^{1/2})/(N^{1/2}+5,8 \cdot 10^7)$	0,9003	$3,9 \cdot 10^5$	$5,8 \cdot 10^7$
C5A	$\varepsilon_{1P} = (4,6 \cdot 10^5 \cdot N^{1/2})/(N^{1/2}+6,1 \cdot 10^7)$	0,8766	$4,6 \cdot 10^5$	$6,1 \cdot 10^7$
C1B	$\varepsilon_{1P} = (1,6 \cdot 10^6 N^{1/2})/(N^{1/2}+1,4 \cdot 10^8)$	0,9459	$1,6 \cdot 10^6$	$1,4 \cdot 10^8$
C2B	$\varepsilon_{1P} = (4,4 \cdot 10^5 N^{1/2})/(N^{1/2}+6,1 \cdot 10^7)$	0,8903	$4,4 \cdot 10^5$	$6,1 \cdot 10^7$
C3B	$\varepsilon_{1P} = (1,8 \cdot 10^9 N^{1/2})/(N^{1/2}+1,1 \cdot 10^{11})$	0,9581	$1,8 \cdot 10^9$	$1,1 \cdot 10^{11}$
C4B	$\varepsilon_{1P} = (5,6 \cdot 10^6 N^{1/2})/(N^{1/2}+3,9 \cdot 10^8)$	0,9484	$5,6 \cdot 10^6$	$3,9 \cdot 10^8$
G1A	$\varepsilon_{1P} = (5,5 \cdot 10^4 N^{1/2})/(N^{1/2}+2,1 \cdot 10^6)$	0,9373	$5,5 \cdot 10^4$	$2,1 \cdot 10^7$
G2A	$\varepsilon_{1P} = (2,2 \cdot 10^6 N^{1/2})/(N^{1/2}+1,9 \cdot 10^8)$	0,8956	$2,2 \cdot 10^6$	$1,9 \cdot 10^8$
G3A	$\varepsilon_{1P} = (6,4 \cdot 10^4 N^{1/2})/(N^{1/2}+2,4 \cdot 10^6)$	0,9285	$6,4 \cdot 10^4$	$2,4 \cdot 10^6$
G3B	$\varepsilon_{1P} = (4,1 \cdot 10^4 N^{1/2})/(N^{1/2}+1,6 \cdot 10^6)$	0,9257	$4,1 \cdot 10^4$	$1,6 \cdot 10^6$

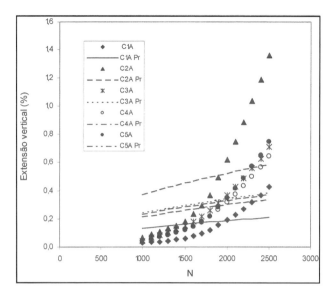

FIGURA 7.73 – Leis de comportamento segundo o modelo $\varepsilon_{1P} = (A_1 * N^{1/2})/(N^{1/2}+D)$, para o calcário, condições de laboratório

QUADRO 7.68 – Amostras que apresentam a melhor e a pior simulações da variação de ε_{1P} para o modelo de *Paute*

Calcário	r^2	w_{com} (%)	% finos	Granito	r^2	w_{com} (%)	% finos
C3B	0,9581	3,7	3,2	G1A	0,9373	4,3	4,6
C1A	0,8615	2,7	4,4	G2A	0,8956	3,4	6,2

Modelo de *Veverka*

O modelo de *Veverka*, equação (3.35), relaciona a extensão vertical com a deformação axial resiliente e com o número de ciclos de carga-descarga (Veverka, 1979, ref. por Lekarp et al., 2000b).

Os resultados da modelação, incluindo o coeficiente de determinação, apresentam-se no Quadro 7.69 para os materiais calcário e granítico, compactados para condições de laboratório e de campo, respectivamente. Na Figura 7.74 apresenta-se, a título de exemplo, essa mesma modelação para o calcário condições de laboratório.

QUADRO 7.69 – Parâmetros do modelo $\varepsilon_{1P} = a_4\varepsilon_{1r}N^{b4}$,
para o calcário e o granito, condições de laboratório e de campo

Amostra	$\varepsilon_{1P} = a_3\varepsilon_{1r}N^{b3}$	r^2	a_3	b_3
C1A	$\varepsilon_{1P} = 1,27*10^{-4}\varepsilon_{1r}N^{2,0051}$	0,7795	$1,27*10^{-4}$	2,0051
C2A	$\varepsilon_{1P} = 3,41*10^{-6}\varepsilon_{1r}N^{2,5940}$	0,7363	$3,41*10^{-6}$	2,5940
C3A	$\varepsilon_{1P} = 1,45*10^{-4}\varepsilon_{1r}N^{2,0895}$	0,7680	$1,45*10^{-4}$	2,0895
C4A	$\varepsilon_{1P} = 2,42*10^{-4}\varepsilon_{1r}N^{1,993}$	0,7677	$2,42*10^{-4}$	1,9930
C5A	$\varepsilon_{1P} = 3,85*10^{-5}\varepsilon_{1r}N^{2,2353}$	0,7719	$3,85*10^{-5}$	2,2353
C1B	$\varepsilon_{1P} = 2,69*10^{-4}\varepsilon_{1r}N^{2,0702}$	0,8113	$2,69*10^{-4}$	2,0702
C2B	$\varepsilon_{1P} = 4,75*10^{-6}\varepsilon_{1r}N^{2,5425}$	0,7778	$4,75*10^{-6}$	2,5425
C3B	$\varepsilon_{1P} = 7,90*10^{-4}\varepsilon_{1r}N^{1,9645}$	0,7517	$7,90*10^{-4}$	1,9645
C4B	$\varepsilon_{1P} = 2,74*10^{-4}\varepsilon_{1r}N^{2,114}$	0,7343	$2,74*10^{-4}$	2,1140
G1A	$\varepsilon_{1P} = 6,00*10^{-5}\varepsilon_{1r}N^{2,2833}$	0,7350	$6,00*10^{-5}$	2,2833
G2A	$\varepsilon_{1P} = 1,06*10^{-5}\varepsilon_{1r}N^{2,4356}$	0,7513	$1,06*10^{-5}$	2,4356
G3A	$\varepsilon_{1P} = 2,09*10^{-5}\varepsilon_{1r}N^{2,4122}$	0,7293	$2,09*10^{-5}$	2,4122
G3B	$\varepsilon_{1P} = 2,13*10^{-5}\varepsilon_{1r}N^{2,3865}$	0,7586	$2,09*10^{-5}$	2,3865

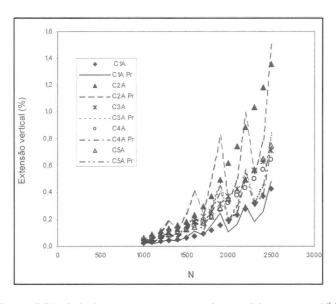

FIGURA 7.74 – Leis de comportamento segundo o modelo $\varepsilon_{1P} = a_4\varepsilon_{1r}N^{b4}$,
para o calcário, condições de laboratório

Analisando o Quadro 7.69 verifica-se que a simulação da variação da extensão vertical com a deformação axial resiliente e o número de ciclos, segundo o modelo de *Veverka*, não é muito boa, já que o coeficiente de determinação varia entre 0,7343 e 0,8113.

No Quadro 7.70 apresentam-se as amostras para as quais se obtiveram a melhor e a pior simulações da variação da extensão vertical com a deformação axial resiliente e com o número de ciclos.

QUADRO 7.70 – Amostras que apresentam a melhor
e a pior simulações da variação de ε_{1P} com ε_{1r} e N

Calcário	r^2	w_{com} (%)	% finos	Granito	r^2	w_{com} (%)	% finos
C1B	0,8113	4,0	4,4	G3B	0,7586	5,0	6,5
C4B	0,7343	3,8	5,2	G3A	0,7293	6,1	6,5

Modelo de *Vuong*

O modelo de *Vuong*, equação (3.36), relaciona a extensão vertical com a deformação axial resiliente e com o número de ciclos de carga-descarga (Vuong, 1994, ref. por Gidel, 2001).

Os resultados da modelação, incluindo o coeficiente de determinação, apresentam-se no Quadro 7.71 para os materiais calcário e granítico, compactados para condições de laboratório e de campo, respectivamente. Na Figura 7.75 apresenta-se, a título de exemplo, essa mesma modelação para o calcário condições de laboratório.

QUADRO 7.71 – Parâmetros do modelo $\varepsilon_{1P} = \varepsilon_{1r}(a_5/b_5)N^{c_2}$, para o calcário e o granito, condições de laboratório e de campo

Amostra	$\varepsilon_{1P} = \varepsilon_{1r}(a_5/b_5)N^{c_2}$	r^2	a_5	b_5	c_2
C1A	$\varepsilon_{1P} = \varepsilon_{1r}(4,29*10^{-4}/8,3625)N^{2,1242}$	0,7871	$4,29*10^{-4}$	8,3625	2,1242
C2A	$\varepsilon_{1P} = \varepsilon_{1r}(9,27*10^{-6}/17,0438)N^{2,8319}$	0,7538	$9,27*10^{-6}$	17,0438	2,8319
C3A	$\varepsilon_{1P} = \varepsilon_{1r}(7,89*10^{-4}/9,7004)N^{2,1649}$	0,7733	$7,89*10^{-4}$	9,7004	2,1649
C4A	$\varepsilon_{1P} = \varepsilon_{1r}(1,17*10^{-3}/8,7270)N^{2,0693}$	0,7728	$1,17*10^{-3}$	8,7270	2,0693
C5A	$\varepsilon_{1P} = \varepsilon_{1r}(5,15*10^{-5}/12,7753)N^{2,5295}$	0,7898	$5,15*10^{-5}$	12,7753	2,5295
C1B	$\varepsilon_{1P} = \varepsilon_{1r}(2,03*10^{-3}/8,9632)N^{2,0930}$	0,8127	$2,03*10^{-3}$	8,9632	2,093
C2B	$\varepsilon_{1P} = \varepsilon_{1r}(2,20*10^{-5}/15,3599)N^{2,7007}$	0,7872	$2,20*10^{-5}$	15,3599	2,7007
C3B	$\varepsilon_{1P} = \varepsilon_{1r}(6,05*10^{-3}/7,6507)N^{1,9644}$	0,7517	$6,05*10^{-3}$	7,6507	1,9644
C4B	$\varepsilon_{1P} = \varepsilon_{1r}(2,25*10^{-3}/9,0978)N^{2,1272}$	0,7354	$2,25*10^{-3}$	9,0978	2,1272
G1A	$\varepsilon_{1P} = \varepsilon_{1r}(6,06*10^{-4}/11,6477)N^{2,3020}$	0,7364	$6,06*10^{-4}$	11,6477	2,302
G2A	$\varepsilon_{1P} = \varepsilon_{1r}(5,45*10^{-5}/14,7673)N^{2,5728}$	0,7597	$5,45*10^{-5}$	14,7673	2,5728
G3A	$\varepsilon_{1P} = \varepsilon_{1r}(1,44*10^{-4}/14,4164)N^{2,5094}$	0,7367	$1,44*10^{-4}$	14,4164	2,5094
G3B	$\varepsilon_{1P} = \varepsilon_{1r}(2,21*10^{-4}/12,1745)N^{2,4079}$	0,7601	$2,21*10^{-4}$	12,1745	2,4079

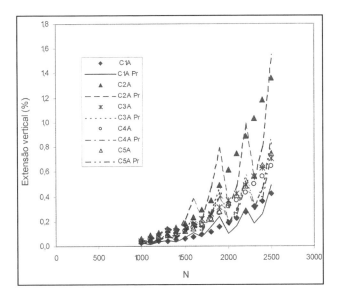

FIGURA 7.75 – Leis de comportamento segundo o modelo $\varepsilon_{1P} = \varepsilon_{1r}(a_5/b_5)N^{c2}$, para o calcário, condições de laboratório

Analisando o Quadro 7.71 verifica-se que a simulação da variação da extensão vertical com a deformação axial resiliente e o número de ciclos, segundo o modelo de *Vuong*, não é muito boa, já que o coeficiente de determinação varia entre 0,7354 e 0,8127. Esta mesma conclusão é confirmada pela Figura 7.75.

No Quadro 7.72 apresentam-se as amostras para as quais se obtiveram a melhor e a pior simulações da variação da extensão vertical segundo o modelo de *Vuong*.

QUADRO 7.72 – Amostras que apresentam a melhor e a pior simulações da variação de ε_{1P} para o modelo de *Vuong*

Calcário	r²	w_{com} (%)	% finos	Granito	r²	w_{com} (%)	% finos
C1B	0,8127	4,0	4,4	G3B	0,7601	5,0	6,5
C4B	0,7354	3,8	5,2	G1A	0,7364	4,3	4,6

7.6. Resultados da Caracterização Mecânica *in situ*

7.6.1. *Considerações Iniciais*

Com vista à caracterização mecânica *in situ* dos materiais foi realizado o ensaio de carga com o deflectómetro de impacto, tendo sido utilizado o equipamento do

Laboratório de Mecânica de Pavimentos do DEC da FCT da Universidade de Coimbra e do DEC da Universidade do Minho, descrito na secção 4.4.

Devido às dificuldades já mencionadas, não foi possível realizar ensaios numa das obras não identificadas, anteriormente referidas, pelo que apenas se apresentam resultados da caracterização mecânica *in situ*, para duas situações: Auto-estrada A23, troço Castelo Branco Sul – Fratel, entre o Pk 1+000 e o Pk 2+000 e "obra n.° 3".

Os ensaios foram, em qualquer dos casos, realizados sobre as camadas betuminosas, pelo que, com vista ao tratamento dos resultados por análise inversa, se procedeu à medição da temperatura do pavimento, a diferentes profundidades, à hora da realização dos ensaios. Para a sua medição, procedeu-se à abertura de furos e ao seu enchimento com vaselina líquida.

Após a solidificação da vaselina procedeu-se à leitura da temperatura, Figura 7.76, com a ajuda de um termopar tipo k, à superfície do pavimento, onde se realizaram várias leituras, e a diferentes profundidades função da espessura da camada betuminosa. Após a medição das temperaturas retirou-se a vaselina e encheu--se o furo com betume. A temperatura ambiente no decorrer dos ensaios manteve-se à volta dos 30.° C, o que é compatível com condições para a obtenção de resultados fiáveis.

FIGURA 7.76 – Medição de temperaturas a diferentes profundidades do pavimento

Os ensaios foram realizados a espaços de 100 m, com placa de 30 cm de diâmetro, e em cada ponto ensaiado e em qualquer das obras, foram aplicadas três alturas de queda correspondentes a diferentes cargas de pico (Dynatest International, 2001), as quais se apresentam no Quadro 7.73.

QUADRO 7.73 – Forças de pico aplicadas em cada altura de queda

Altura de queda	Carga média (kN)
1	56
2	75
3	96

Em cada troço ensaiado obteve-se um ficheiro de resultados constituído pela carga e respectiva deflexão medida, correspondente ao número de pontos ensaiados e, por cada um destes, às três alturas de queda.

O tratamento dos resultados começa com o cálculo do desvio padrão e dos percentis de 85% e 95% do conjunto das deflexões, para as 3 alturas de queda. Depois disso, passa-se ao tratamento dos resultados por análise inversa, recorrendo, no presente caso, ao programa de cálculo ELSYM5, para cada uma das alturas de queda e cada um dos percentis, obtendo-se os módulos de deformabilidade para cada uma das camadas do pavimento.

7.6.2. *Resultados Auto-estrada A 23*

A auto-estrada A23, no troço Castelo Branco Sul – Fratel, entre o Pk 0+000 e o Pk 2+400, aproximadamente, corresponde a um pavimento flexível de base betuminosa, com a estrutura seguinte:

- Camadas betuminosas: 22 cm
  - camada de desgaste: 5 cm
  - camada de regularização: 8 cm
  - camada de base: 9 cm
- Sub-base granular: 30 cm
- Leito do pavimento: 15 cm

O leito do pavimento e a sub-base, foram construídos com agregado britado de granulometria extensa de origem calcária (amostras de laboratório C1 a C4).

Os ensaios com o deflectómetro de impacto foram realizados na camada de desgaste, pelo que se tornou necessário proceder à medição da temperatura do pavimento, a diferentes profundidades, à hora da realização dos ensaios. O procedimento seguido foi o indicado em 7.6.1, tendo as leituras sido feitas à superfície, a 5 cm, a 10 cm e a 20 cm de profundidade.

Os ensaios foram realizados em Julho, à tarde, pelo que as temperaturas do pavimento, que se apresentam no Quadro 7.74, são elevadas.

QUADRO 7.74 – Temperatura do pavimento aquando da realização de FWD, A23

Profundidade	Temperatura (°C)			
(cm)	Pk 1+200	Pk 1+300	Pk 1+525	Pk 1+875
0	47,9	47,6	45,6	42,8
5	47,8	49,0	48,3	46,3
10	44,0	45,3	44,7	43,0
20	37,4	38,8	38,8	36,7

A camada de sub-base entre o Pk 1+000 e o Pk 2+000 apresentava, após compactação, os valores de teor em água, peso específico seco e grau de compactação que se apresentam no Quadro 7.75, e que foram obtidos no controlo da compactação com recurso ao nucleodensitómetro.

QUADRO 7.75 – Características de compactação apresentadas pela sub-base granular, A23

Pk de controlo	Amostra	$w_{méd}$ (%)	$\gamma_{din\,situ}$ (g/cm^3)	GC (%)
0+900 - 1+125	C3	3,5	2,27	99,6
1+150 - 1+425	C4	3,6	2,25	99,5
1+450 - 1+725	C1	3,6	2,22	99,8
1+750 - 2+025	C2	3,4	2,34	99,7
E(x)		3,5	2,27	99,7
DP		0,08	0,043	0,13

Os ensaios com o deflectómetro de impacto foram realizados, entre o Pk 1+000 e Pk 1+2000, nas duas faixas de rodagem, na via mais solicitada, a cerca de um metro da guia e com placa de 30 cm, como se pode verificar na Figura 7.77.

FIGURA 7.77 – Deflectómetro de Impacto dos DEC da FCTUC e da UM, posicionado para a realização de um ensaio na camada de desgaste da A23

A partir das deflexões obtidas no ensaio foram encontrar-se os módulos de deformabilidade, por análise inversa, recorrendo ao ELSYM 5, para cada uma das camadas. Os cálculos foram feitos para o percentil 85% e para o percentil 95%, para as alturas de queda 2 e 3, bem como para duas estruturas de pavimento, Figura 7.78. Uma estrutura A), correspondente à estrutura real do pavimento, com duas camadas granulares em tout-venant, e uma estrutura B), em que se considerou apenas uma camada granular com 45 cm de espessura.

22 cm	MB
30 cm	SBG
15 cm	Leito
100 cm	

A)

22 cm	MB
45 cm	C. G.
100 cm	

B)

FIGURA 7.78 – Estruturas de pavimento consideradas no tratamento dos resultados dos ensaios com o deflectómetro de impacto realizados na A23

Os resultados encontrados para cada uma das estruturas referidas apresentam-se no Quadro 7.76 e Quadro 7.77, respectivamente. Os resultados apresentados são os correspondentes à altura de queda 2, tendo-se tomado esta opção por não haver diferenças significativas entre os resultados obtidos para as duas alturas de queda consideradas.

QUADRO 7.76 – Módulos de deformabilidade obtidos após tratamento
dos resultados do FWD, altura de queda 2, estrutura de pavimento A), A23

Pk	Módulos (MPa)	Percentil 85%	Percentil 95%
1+000 - 2+000 (Castelo Branco Sul - Fratel)	E1	1500	1300
	E2	572	598
	E3	220	230
	E4	100	100
2+000 - 1+000 (Fratel - Castelo Branco Sul)	E1	2000	1500
	E2	650	650
	E3	250	250
	E4	110	120

QUADRO 7.77 – Módulos de deformabilidade obtidos após tratamento
dos resultados do FWD, altura de queda 2, estrutura de pavimento B), A23

Pk	Módulos (MPa)	Percentil 85%	Percentil 95%
1+000 - 2+000 (Castelo Branco Sul - Fratel)	E1	2100	1500
	E2	286	338
	E3	110	130
2+000 - 1+000 (Fratel - Castelo Branco Sul)	E1	3000	2000
	E2	312	364
	E3	130	140

Analisando as condições de ensaio, nomeadamente a temperatura, e os resultados obtidos por análise inversa, recorrendo ao ELSYM 5, pode dizer-se que os módulos de deformabilidade obtidos quer para as misturas betuminosas quer para os agregados se encontram dentro dos valores expectáveis.

Assim, para temperaturas variáveis entre, aproximadamente, 48 °C à superfície e 37 °C a 20 cm de profundidade obtiveram-se módulos de deformabilidade das misturas betuminosas a variar entre 1300 MPa e 2000 MPa, enquanto os valores encontrados para a camada de sub-base granular variaram entre, aproximadamente, 570 MPa e 650 MPa, considerando a estrutura de pavimento A), atrás referida, e entre 310 MPa e 360 MPa, considerando a estrutura de pavimento B).

Verifica-se, ainda, que o material de fundação e para os dois tipos de estrutura de pavimento, apresenta valores de módulo de deformabilidade variáveis entre 100 MPa e 140 MPa.

7.6.3. *Resultados "Obra n° 3"*

Na obra aqui identificada como "obra n.° 3", também do tipo auto-estrada, foram ensaiados dois troços, à frente designados "troço 1", com uma extensão de 1350 m, e "troço 2", com uma extensão de 800 m, aproximadamente. A via, nesses troços, corresponde a um pavimento flexível de base betuminosa, sendo que os ensaios foram realizados sobre a camada de base betuminosa, ou seja, sem que o pavimento estivesse concluído. Na Figura 7.79 apresenta-se a estrutura do pavimento da "obra n° 3" no momento de realização dos ensaios, e que corresponde a:

- Camadas betuminosas:
  – camada de base: 11,2 cm
- Sub-base granular: 30 cm
- Leito do pavimento: 25 cm

11,2 cm	MB
30 cm	SBG
25 cm	Leito
100 cm	

FIGURA 7.79 – Estrutura de pavimento considerada no tratamento dos resultados dos ensaios com o deflectómetro de impacto realizados na "obra n° 3"

O leito do pavimento foi construído com solos seleccionados graníticos e a sub-base com agregado britado de granulometria extensa também de origem litológica granítica (amostra de laboratório G3).

Como se referiu, os ensaios com o deflectómetro de impacto foram realizados na camada de base betuminosa, pelo que se tornou necessário proceder à medição da temperatura do pavimento, a diferentes profundidades, à hora da realização dos ensaios. O procedimento seguido foi o indicado em 7.6.1, tendo as leituras sido feitas à superfície e a 6 cm de profundidade. As temperaturas encontradas são as que se apresentam no Quadro 7.78.

QUADRO 7.78 – Temperatura do pavimento aquando da realização de FWD, "obra n° 3"

Profundidade (cm)	Temperatura °C	
	Troço 1	Troço 2
0	41	32
6	39	29

A camada de sub-base apresentava, após compactação e nos dois troços em causa, os valores de teor em água, peso específico seco e grau de compactação, GC, que se apresentam no Quadro 7.79, e que foram obtidos no controlo da compactação com recurso ao nucleodensitómetro.

QUADRO 7.79 – Características de compactação apresentadas pela sub-base granular, obra "n° 3"

Troço	$w_{méd}$ (%)	$\gamma_{din\ situ}$ (g/cm^3)	GC (%)
1 e 2	4,2	2,21	97

A partir das deflexões obtidas no ensaio foram encontrar-se os módulos de deformabilidade, por análise inversa, recorrendo ao ELSYM 5, para cada uma das camadas. Os cálculos foram feitos para o percentil de 85% e para o percentil de 95% e para as alturas de queda 1 e 2, tendo em conta a pequena espessura das camadas betuminosas.

Os resultados que se apresentam no Quadro 7.80, são os encontrados para a altura de queda 1, que, dada a espessura das camadas betuminosas, se entendeu ser a mais adequada a considerar, correspondendo a uma carga de 56 KN, e para o percentil de 85%. De referir que também foram realizados os cálculos para o percentil de 95% e para a altura de queda 2, mas que os resultados encontrados não são significativamente diferentes, pelo que não se apresentam.

Analisando as condições de ensaio, nomeadamente a temperatura, e os resultados obtidos por análise inversa, recorrendo ao ELSYM 5, pode dizer-se que os módulos de deformabilidade obtidos quer para as misturas betuminosas quer para os agregados se encontram, apesar de um pouco baixos, dentro dos valores expectáveis, para material desta origem litológica.

QUADRO 7.80 – Módulos de deformabilidade obtidos após tratamento dos resultados do FWD, altura de queda 1, obra "n.° 3"

Módulos (MPa)	Percentil de 85%	
	Troço 1	Troço 2
E1	1200	1500
E2	250	240
E3	90	90
E4	40	40

Assim, para temperaturas variáveis entre, aproximadamente, 41 °C à superfície e 29 °C a 6 cm de profundidade obtiveram-se módulos de deformabilidade das misturas betuminosas variáveis entre 1200 MPa e 1500 MPa, enquanto os valores encontrados para a camada de sub-base foram de, aproximadamente, 250 MPa.

Verifica-se, ainda, que o material de fundação apresenta valores de módulo de deformabilidade da ordem dos 40 MPa, ou seja, valores relativamente baixos, mesmo para materiais graníticos.

Comparando os resultados das duas obras, verifica-se que para os calcários se obtiveram valores de módulo de deformabilidade mais elevados que para o granito, o que, apesar das condições de compactação um pouco mais desfavoráveis para o granito, com grau de compactação mais baixo e teor em água médio mais elevado, parece ser devido à natureza litológica do material.

Por outro lado, fazendo a comparação dos módulos de deformabilidade obtidos com o deflectómetro de impacto com os obtidos nos ensaios triaxiais cíclicos, para condições de campo, pode verificar-se que os valores são, aproximadamente, da mesma ordem de grandeza, com tendência para valores mais elevados nos ensaios triaxiais cíclicos, como se pode verificar na Figura 7.80.

Os módulos resilientes usados na Figura 7.80 são os correspondentes à sequência n° 15, por ser aquela em que o estado de tensão é o mais elevado e, desse modo, se aproximar mais das cargas utilizadas no ensaio com o deflectómetro de impacto.

No caso do calcário da A23 o módulo de deformabilidade é o obtido para o troço Castelo Branco Sul – Fratel, para a estrutura de pavimento A) e correspondente ao percentil de 85% e à segunda altura de queda. Na "obra n° 3" faz-se a relação com o módulo de deformabidade obtido para o troço n° 1, para o percentil de 85% e para a primeira altura de queda.

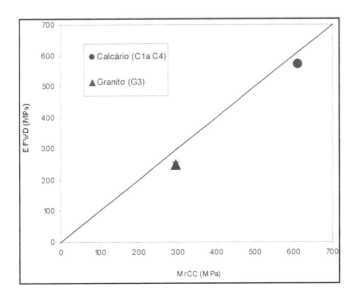

FIGURA 7.80 – Relação entre o módulo resiliente condições de campo (MrCC) e o módulo de deformabilidade obtido com o FWD (E FWD), para os materiais da A23 e da "obra n° 3"

7.7. Aplicação dos Resultados

7.7.1. *Considerações Iniciais*

Neste ponto vai fazer-se a aplicação dos resultados da caracterização dos materiais em estudo, bem como a comparação destes com os dos materiais britados de granulometria extensa estudados no âmbito dos trabalhos apresentados no capítulo 6.

Assim, começa por se fazer a aplicação das especificações e recomendações apresentadas no capítulo 5 e avalia-se a possibilidade de utilização dos materiais em estudo em camadas de sub-base e base granular à luz das mesmas. Na parte final da secção procede-se à comparação de resultados da caracterização dos materiais estudados no âmbito deste trabalho com os dos apresentados no capítulo 6.

7.7.2. *Especificações e Recomendações*

Situação em Portugal
"Solos. Classificação para Fins Rodoviários" Especificação LNEC E 240

A classificação para fins rodoviários (LNEC, 1970) dos materiais foi apresentada no Quadro 7.3, verificando-se que, segundo a mesma, todas as amostras se classificam como A-1-a (0).

Manual de Concepção de Pavimentos para a Rede Rodoviária Nacional

As características a respeitar pelos materiais granulares britados não tratados, a utilizar em camada de sub-base (SbG) e camada de base (BG), segundo o MACOPAV (JAE, 1995), são as apresentadas no Quadro 7.81. No mesmo quadro apresentam-se essas mesmas características para as oito amostras ensaiadas.

QUADRO 7.81 – Características a apresentar pelos materiais granulares britados segundo o MACOPAV (JAE, 1995) e características apresentadas pelas amostras em estudo

Característica	MACOPAV BG	MACOPAV SbG	C1	C2	C3	C4	C5	G1	G2	G3
D. máximo (mm)	37,5	50,0	38,1	50,8	50,8	38,1	50,8	50,8	50,8	38,1
EA mínimo (%)	50	50	68	74	81	53	48	71	60	65
LA máximo (%)	35 (F)	40 (B)	34	33	33	32	31	35	35	40
Classificação segundo o MACOPAV	-	-	S5	S4	S5	S4	S4	S5	S5	S3

BG   Material britado sem recomposição (tout-venant) aplicado em camada de base
SbG Material britado sem recomposição (tout-venant) aplicado em camada de sub-base

Analisando o Quadro 7.81 pode verificar-se que, no que diz respeito à granulometria, qualquer das amostras pode ser utilizada como sub-base granular e que como base granular apenas se poderiam utilizar os materiais das amostras C1, C4 e G3.

No que respeita ao equivalente de areia, apenas a amostra C5 apresenta um valor inferior a 50%, pelo que não poderia ser usada como sub-base ou base granular, podendo as restantes sete amostras ser utilizadas em qualquer dos tipos de camada granular.

Relativamente ao *Los Angeles*, só a amostra G3 apresenta um valor superior a 35% sendo, no entanto, igual a 40%, pelo que não poderia ser utilizada como base granular mas poderia sê-lo como sub-base granular. As restantes amostras poderiam ser usadas quer em base quer em sub-base granular.

Conjugando a aplicação das 3 características, verifica-se que, de acordo com o MACOPAV (JAE, 1995), só a amostra C5 não poderia ser usada como material de sub-base granular, enquanto que como base granular apenas se poderiam usar as amostras C1 e C4.

Caderno de Encargos da JAE (actual EP-E.P.E.)

Segundo o Caderno de Encargos Tipo da Junta Autónoma de Estradas (JAE, 1998) os materiais britados não tratados a usar em camada de sub-base ou base não tratadas devem satisfazer o fuso granulométrico constante do Quadro 5.2, bem como as características apresentadas no Quadro 5.3.

Na Figura 7.7 e Figura 7.8 apresenta-se o fuso granulométrico correspondente ao Quadro 5.2, bem como as curvas granulométricas das amostras de calcário e granito, respectivamente. No Quadro 7.82 apresentam-se as características a respeitar pelos materiais britados não tratados segundo o CEJAE (JAE, 1998) e as mesmas características para as amostras dos materiais em estudo.

QUADRO 7.82 – Características a respeitar pelos materiais granulares britados segundo o CEJAE (JAE, 1998)

Características	CEJAE Sub-base	CEJAE Base	C1	C2	C3	C4	C5	G1	G2	G3
% de material retido no peneiro de 19 mm	< 30	< 30	8,8	7,8	14,8	7,2	9,6	16,0	24,1	17,7
Los Angeles máximo (%) (granulometria A)	45	40	34	33	33	32	31	35	35	40
Índice de lamelação máximo (%)	-	35	19					17		25
Índice de alongamento máximo (%)	-	35	43					33		31
Limite de liquidez (%)	NP	NP	NP	NP	NP	NP	NP	NP	NP	NP
Índice de plasticidade (%)	NP	NP	NP	NP	NP	NP	NP	NP	NP	NP
Equivalente de areia mínimo (%)	45 a)	50 b)	68	74	81	53	48	71	60	65
Vamc	-	-	13	13	16	19	18	22	30	10

Analisando os resultados apresentados verifica-se que, no que respeita à percentagem de material retido no peneiro de 19 mm, qualquer das amostras apresenta valores inferiores a 30%, logo poderiam, deste ponto de vista, ser utilizadas quer como sub-base quer como base granular.

No que respeita à forma da curva relativamente ao fuso granulométrico indicado no CEJAE (JAE, 1998), verifica-se que nenhuma das amostras de calcário respeita totalmente o fuso granulométrico, como se pode verificar na Figura 7.7. No que diz respeito às amostras de granito, qualquer delas respeita o referido fuso granulométrico, como se mostra na Figura 7.8.

O *Los Angeles* de qualquer das amostras é inferior ou igual, caso da amostra G3, a 40%, pelo que os respectivos materiais poderiam ser utilizados como base ou como sub-base granular.

É necessário verificar os índices de forma apenas no caso da utilização dos materiais como base granular, sendo os valores máximos admissíveis de 35%. Analisando os resultados conclui-se que o índice de lamelação é verificado por todas as amostras e que o índice de alongamento não é verificado por nenhuma das amostras de calcário, pelo que o material calcário, segundo este parâmetro, só poderia ser utilizado em sub-base granular.

As amostras são todas não plásticas, pelo que e segundo este parâmetro, qualquer dos materiais poderia ser utilizado como sub-base ou base granular.

No que respeita ao equivalente de areia verifica-se que qualquer das amostras, com excepção da amostra C5, apresenta valores superiores a 50%, ou seja, os materiais podem, deste ponto de vista, ser utilizados quer em camada de sub-base granular quer em camada de base granular.

A amostra C5, apresentando um EA de 48%, embora podendo ser aplicada em camada de sub-base, só o poderá ser em camada de base se o valor de azul de metileno corrigido (Vamc) for inferior a 25 (JAE, 1998). Sendo o Vamc de 18, Quadro 7.82, conclui-se que o material da amostra C5 poderá também ser utilizado em camada de base granular.

Fazendo uma análise conjunta de todos os parâmetros, verifica-se que nenhuma das amostras de material calcário poderia ser utilizada como base granular, dados os valores de índice de alongamento bem como pelo facto das curvas granulométricas respectivas não respeitarem o fuso granulométrico.

Os calcários, por seu lado, não poderiam também ser utilizados como sub-base granular devido, exclusivamente, ao facto das curvas granulométricas não respeitarem o fuso granulométrico.

Por fim e quanto aos granitos estudados, qualquer deles poderia ser utilizado como base ou como sub-base granular, já que todos os parâmetros são verificados.

Situação nos Estados Unidos

"Standard Practice for Classification of Soils for Engineering Purposes (Unified Soil Classification System)". ASTM Designation: D 2487 – 00

A classificação unificada das amostras (ASTM, 2001a) foi apresentada no Quadro 7.3, tendo-se verificado que quatro se classificam como cascalho, três das quais como GW – cascalho bem graduado com areia e uma como GW-GM – cascalho bem graduado com silte e as quatro restantes como areia, três como SW-SM – areia bem graduada com silte e uma como SP-SM – areia mal graduada com silte.

"Standard Specification for Materials for Soil-Aggregate Subbase, Base and Surface Courses." ASTM Designation: D 1241 – 68 (Reapproved 1994)

Segundo a norma ASTM D 1241-68 (ASTM, 2001b) os materiais em estudo classificam-se, numa primeira análise, como mistura solo-agregado do tipo I. Dentro deste e dada a dimensão máxima das partículas, poderão classificar-se como A ou B, se satisfizerem os respectivos fusos granulométricos.

Os materiais de qualquer das amostras apresentam valores de *Los Angeles* inferiores a 50% e todos eles são não plásticos, pelo que, apenas falta verificar se satisfazem algum dos fusos granulométricos referidos. Analisando a Figura 7.81 a Figura 7.84, verifica-se que apenas a amostra G2 satisfaz o fuso granulométrico A e as amostras G2 e G3 satisfazem o fuso granulométrico B.

Assim, segundo a norma ASTM D 1241-68 (ASTM, 2001b) os materiais das amostras G2 e G3 poderiam ser utilizados em camada de base ou sub-base granular, sendo que os correspondentes às restantes seis amostras não o poderiam ser devido à sua granulometria.

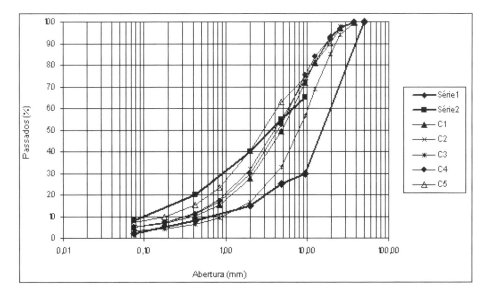

FIGURA 7.81 – Curvas granulométricas e fuso granulométrico apresentado para o material I A, para o calcário

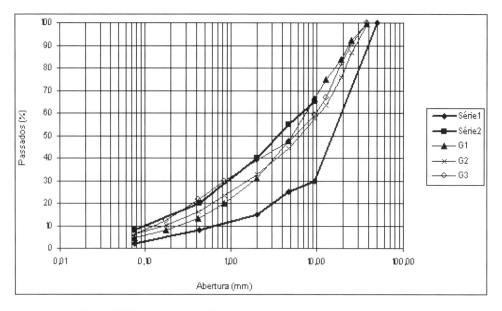

FIGURA 7.82 – Curvas granulométricas e fuso granulométrico apresentado para o material I A, para o granito

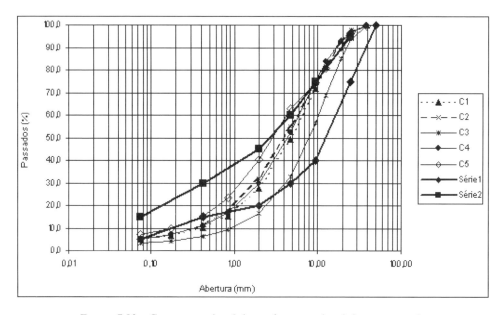

FIGURA 7.83 – Curvas granulométricas e fuso granulométrico apresentado para o material I B, para o calcário

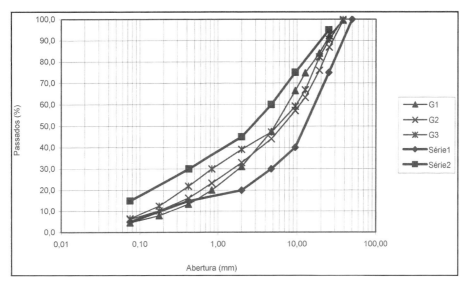

FIGURA 7.84 – Curvas granulométricas e fuso granulométrico apresentado para o material I B para o granito

"Standard Specification for Graded Aggregate Material for Bases or Subbases for Highways or Airports". ASTM Designation: D2940 – 98

Segundo a norma ASTM D2940 – 98 (ASTM, 2001c) todos os materiais podem ser utilizados em camada de base granular, excepto o correspondente à amostra C3, já que não satisfaz o fuso granulométrico, Figura 7.85 a Figura 7.88.

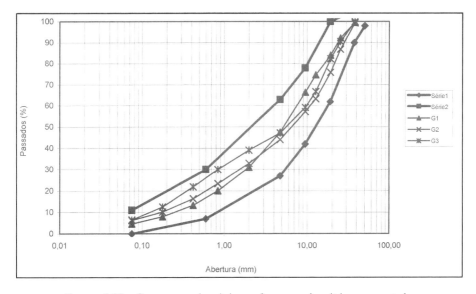

FIGURA 7.85 – Curvas granulométricas e fuso granulométrico apresentado para o material a usar em base, para o calcário

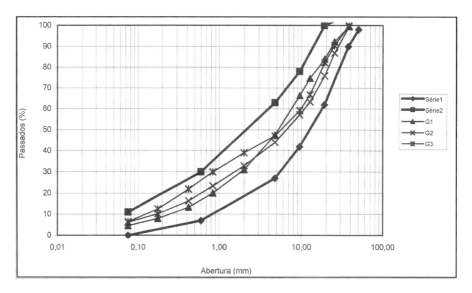

FIGURA 7.86 – Curvas granulométricas e fuso granulométrico apresentado para o material a usar em base, para o granito

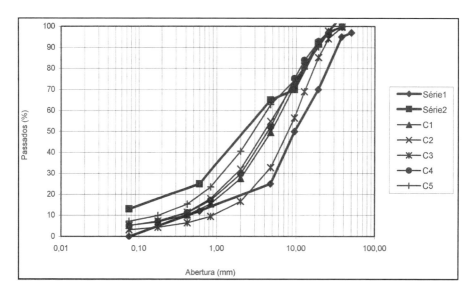

FIGURA 7.87 – Curvas granulométricas e fuso granulométrico apresentado para o material a usar em sub-base, para o calcário

Como sub-base granular apenas poderiam ser utilizados os materiais correspondentes às amostras G1 e G2, já que, as restantes não satisfazem também o fuso granulométrico respectivo.

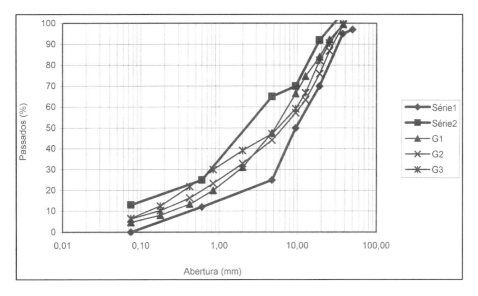

FIGURA 7.88 – Curvas granulométricas e fuso granulométrico apresentado para o material a usar em sub-base, para o granito

Qualquer das amostras satisfaz os requisitos relativos à plasticidade e limpeza, já que, qualquer dos materiais é não plástico e o menor equivalente de areia é de 48%.

"Standard Specification for Materials for Aggregate and Soil-Aggregate Subbase, Base and Surface Courses." AASHTO Designation: M 147-65

Segundo a norma AASHTO M147-65 (AASHTO, 2003), dada a dimensão máxima das partículas e se satisfizerem os respectivos fusos granulométricos, os materiais em estudo poderão classificar-se como A ou B.

Os materiais de qualquer das amostras apresentam valores de *Los Angeles* inferiores a 50% e todos eles são não plásticos, pelo que, apenas falta verificar se satisfazem algum dos fusos granulométricos referidos. Analisando a Figura 7.89 a Figura 7.92 verifica-se que apenas a amostra G2 satisfaz o fuso granulométrico A e as amostras G2 e G3 satisfazem o fuso granulométrico B.

Assim, segundo a norma AASHTO M147-65 (AASHTO, 2003), os materiais das amostras G2 e G3 poderiam ser utilizados em camada de base ou sub-base granular, sendo que os correspondentes às restantes seis amostras não o poderiam ser devido à sua granulometria.

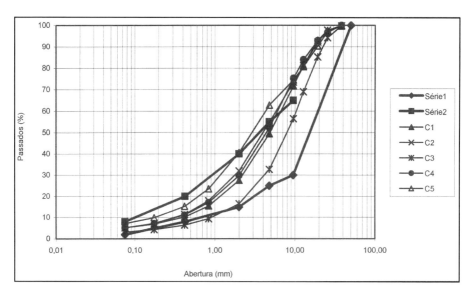

FIGURA 7.89 – Curvas granulométricas e fuso granulométrico apresentado para o material A, para o calcário

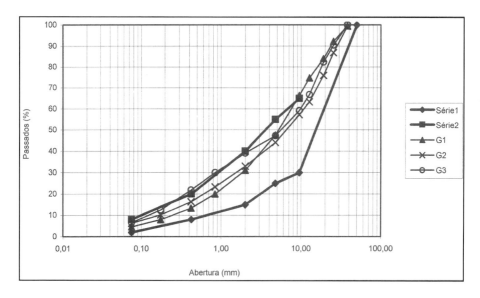

FIGURA 7.90 – Curvas granulométricas e fuso granulométrico apresentado para o material A, para o granito

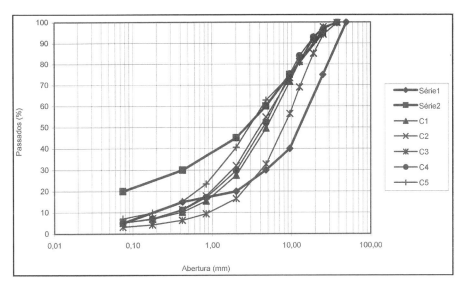

FIGURA 7.91 – Curvas granulométricas e fuso granulométrico apresentado para o material B, para o calcário

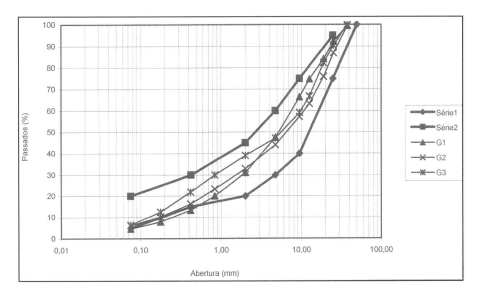

FIGURA 7.92 – Curvas granulométricas e fuso granulométrico apresentado para o material B, para o granito

"Performance-Related Tests of Aggregates for Use in Unbound Pavement Layers". *NCHRP Report 453*

Analisando as recomendações do NCHRP Report 453 (NCHRP, 2001), apresentado na secção 5.4.6, verifica-se que, no presente trabalho apenas uma das propriedades do material, com significado em Portugal, não foi avaliada, mais concretamente a durabilidade.

As restantes propriedades dos agregados britados não ligados referidas no NCHRP Report 453 (NCHRP, 2001) como afectando o comportamento dos pavimentos foram determinadas utilizando, de um modo geral, os ensaios recomendados, não tendo, no entanto, sido feita a validação dos resultados recorrendo a ensaios à escala real.

7.7.3. *Comparação das Características Mecânicas com as dos Materiais de Outros Trabalhos*

Considerações Iniciais

Pretende-se nesta secção comparar as características mecânicas obtidas para os materiais em estudo com as de outros agregados britados de granulometria extensa, de origem calcária e granítica, também utilizados em sub-base ou base granular de pavimentos e caracterizados no âmbito de outros trabalhos.

Deste modo, as características mecânicas dos materiais objecto do presente estudo irão ser comparadas com as dos materiais caracterizados no âmbito dos trabalhos apresentados no capítulo 6.

Em Portugal

Trabalho "Contribuição para a Modelação do Comportamento Estrutural de Pavimentos Rodoviários Flexíveis"

No âmbito do trabalho "Contribuição para a Modelação do Comportamento Estrutural de Pavimentos Rodoviários Flexíveis" (Neves, 2001) e como se referiu no capítulo 6, foi caracterizado um agregado britado de granulometria extensa de natureza calcária, amostras AGE1 e AGE2.

A caracterização mecânica em laboratório daqueles materiais foi feita recorrendo à pré – norma europeia CEN prEN 00227413 (CEN, 1995, ref. por Neves, 2001), pelo que os estados de tensão bem como o número de ciclos aplicados, quer no confinamento do provete quer no ensaio de módulos, são diferentes.

No que respeita à modelação dos resultados encontrados e como se referiu, foram usados o modelo do primeiro invariante do tensor das tensões, o modelo de *Boyce* e o modelo de *Boyce* com anisotropia.

A caracterização do comportamento mecânico *in situ* foi realizada recorrendo a ensaios de carga, concretamente ensaios de carga com pneu e ensaios de carga com deflectómetro de impacto.

Deste modo, irá proceder-se a uma breve comparação do que os dois trabalhos têm em comum. Concretamente, modelação do comportamento resiliente através do modelo do primeiro invariante do tensor das tensões e do modelo de *Boyce* e deflexões obtidas no ensaio de carga com o deflectómetro de impacto, já que apenas estas são apresentadas, não se apresentando os módulos de deformabilidade após tratamento dos resultados.

No que respeita à modelação do comportamento resiliente através do modelo do primeiro invariante do tensor das tensões, verifica-se que as duas amostras, quer para $\sigma_{3min} = 0$ kPa quer para $\sigma_{3min} = 10$ kPa, apresentam valores de k_1, k_2 e coeficiente de determinação inferiores aos dos materiais calcário e granítico agora estudados, como se constata pelo Quadro 6.8, Quadro 6.9 e Quadro 7.39, o que corresponde a valores iniciais de módulo resiliente mais baixos e também a um ajuste menos bom do modelo aos resultados do ensaio.

Para o modelo de *Boyce* e analisando o Quadro 6.10, Quadro 6.11 e Quadro 7.53 a Quadro 7.56, pode verificar-se que para os parâmetros K_a e n os materiais AGE1 e AGE2 apresentam valores bastante inferiores aos dos materiais calcário e granítico agora em estudo, o mesmo acontecendo com o parâmetro β, excepto para um provete do material AGE2. No caso do parâmetro G_a acontece o oposto, ou seja, os valores encontrados para os materiais agora caracterizados são mais baixos.

No que respeita à caracterização do comportamento mecânico *in situ*, vamos comparar as deflexões obtidas no ensaio de carga com o deflectómetro de impacto para os dois trabalhos. Como na secção 7.6 não se apresentaram os valores das deflexões medidas para os calcários da A23 e da "obra n° 3", uma vez que se apresentaram os módulos de deformabilidade após tratamento daqueles, os mesmos são apresentados agora no Quadro 7.83.

QUADRO 7.83 – Deflexões medidas nos ensaios com deflectómetro de impacto, na A23 e "obra n° 3"

Obra	Carga média (kN)	Deflexões (μm)								
		0,00	0,30	0,45	0,60	0,90	1,20	1,50	1,80	2,10
A23	75	405	212	157	118	65	44	32	25	23
	75	426	213	158	117	66	43	31	38	26
	75	337	197	146	108	46	24	9	3	2
	75	367	221	161	114	47	18	8	4	2
n° 3	56	774	456	315	233	131	85	63	51	43
	56	773	452	315	219	119	77	56	46	37

As deflexões medidas para os materiais da CRIL1 e CRIL2 são os apresentados no Quadro 6.13 e Quadro 6.14, respectivamente.

Comparando os resultados, verifica-se que para o caso de carga média aplicada de 56 kN, granitos da "obra n° 3", estes apresentam valores de deflexão muito mais elevados, cerca de 4 vezes para $D_0 = 0,0$ m, do que os materiais da CRIL1 e da CRIL2, até $D_5 = 1,20$m, sendo que a partir daqui as deflexões vão-se tornando praticamente iguais.

Para o caso de carga média aplicada de 75 kN, calcários da A23, verifica-se que as deflexões destes são também mais elevadas, cerca de duas vezes para $D_0 = 0,0$ m, até $D_2 = 0,45$ m, onde os valores se igualam e a partir de onde as deflexões do calcário da A23 se tornam menores do que as dos materiais da CRIL1 e CRIL2.

Trabalho "Estudo do comportamento Mecânico de Camadas Granulares do Pavimento da Auto – Estrada A6, Sublanço Évora – Estremoz"

Os materiais utilizados no trabalho "Estudo do comportamento Mecânico de Camadas Granulares do Pavimento da Auto-Estrada A6, Sublanço Évora – Estremoz" foram, como se referiu no capítulo 6, um material convencional, de referência no estudo, identificado como "calcário da Catbritas", e correspondente a um calcário proveniente de uma pedreira da "Catbritas", e dois materiais provenientes de escombreiras de pedreiras de mármore da zona de Estremoz, "escombreira da Glória" e "Escombreira da Viúva" (Hadjadji e Quaresma, 1998).

No que diz respeito ao comportamento mecânico, ele foi caracterizado em laboratório através da realização de ensaios triaxiais cíclicos, apresentados no capítulo 6, e *in situ* com a realização de ensaios de carga com o deflectómetro de impacto.

Comparando os módulos resilientes obtidos com os dos materiais ensaiados no presente trabalho, apresentados no Quadro 6.18 e Quadro 7.28 a Quadro 7.31, embora tendo-se presente que o estado de tensão, o número de ciclos de carga-descarga e a dimensão dos provetes são diferentes, pode concluir-se que os materiais ensaiados no presente trabalho e para condições de laboratório, apresentam os valores mais baixos. Para as condições de campo verificam-se valores da mesma ordem de grandeza para os granitos mas mais elevados para o calcário.

No que respeita à modelação do comportamento mecânico com base no modelo do primeiro invariante do tensor das tensões, Quadro 6.19 e Quadro 7.39 e Figura 7.93 e Figura 7.94, verifica-se que o melhor ajuste se obtém para os granitos agora em estudo e para qualquer das condições de compactação, com coeficiente de determinação sempre superior a 0,99. O calcário estudado no presente trabalho e os materiais da A6, apresentam coeficientes de determinação a variar entre 0,95 e 0,98 e entre 0,80 e 0,97, respectivamente.

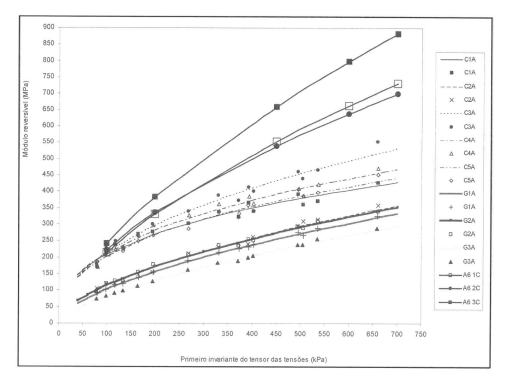

FIGURA 7.93 – Modelos de comportamento ($M_r = f(\theta)$) dos materiais analisados no presente trabalho, condições de laboratório, e calcário da A6

Da caracterização do comportamento mecânico *in situ*, a partir de ensaios com o deflectómetro de impacto, obtiveram-se os módulos de deformabilidade apresentados no Quadro 6.23. Comparando esses valores com os obtidos para os materiais em estudo no âmbito deste trabalho, Quadro 7.77 e Quadro 7.80, verifica-se que os valores mais elevados foram obtidos para o calcário agora caracterizado, variáveis entre 570 MPa e 650 MPa, sendo que para o calcário da A6, foram obtidos valores a variar de 200 MPa a 250 MPa. Para as escombreiras da "Glória" e da "Viúva" foram obtidos valores a variar de 300 MPa a 500 MPa e de 150 MPa a 350 MPa, respectivamente.

Os valores de módulo de deformabilidade obtidos para o granito da obra n.° 3, em média 250 MPa, são próximos dos obtidos para o calcário da A6 e para a escombreira da "Viúva" e mais baixos do que os obtidos para o calcário da A23 e para a escombreira da "Glória".

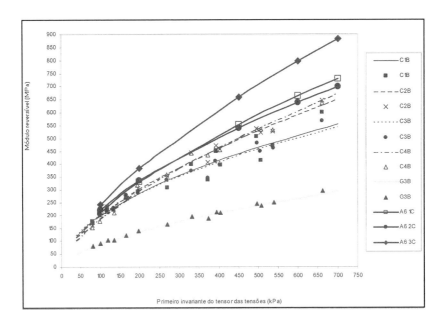

FIGURA 7.94 – Modelos de comportamento ($M_r = f(\theta)$) dos materiais analisados no presente trabalho, condições de campo, e calcário da A6

Trabalho "Estudo da influência de uma contaminação no comportamento mecânico de um agregado calcário de granulometria extensa"

O trabalho "Estudo da influência de uma contaminação no comportamento mecânico de um agregado calcário de granulometria extensa" foi realizado, como se referiu no capítulo 6, sobre agregado calcário de granulometria extensa, com características de sub-base, da pedreira de Calhariz, a qual se situa a 6 km da povoação de Santana, no concelho de Sesimbra (Castelo Branco, 1996).

A caracterização mecânica do agregado foi realizada em laboratório, através de ensaios triaxiais cíclicos, e *in situ*, num trecho experimental, através de ensaios de carga com placa.

A metodologia usada na realização dos ensaios triaxiais cíclicos foi a da norma francesa NF P 98-125 (AFNOR, 1994a), no que diz respeito à caracterização do comportamento elástico de um agregado de granulometria extensa, a qual aponta para a determinação do módulo de elasticidade característico, E_c, e para a deformação permanente característica, A_{1c}. Os provetes foram construídos de acordo com a norma francesa NF P 98-230-1 (AFNOR, 1992, ref. por Castelo Branco, 1996) e os ensaios triaxiais cíclicos foram realizados segundo a norma francesa NF P 98-235-1 (AFNOR, 1994b).

Deste modo, as condições de realização dos ensaios triaxiais cíclicos neste trabalho e no âmbito do trabalho por nós desenvolvido são distintas, sendo que, neste trabalho os resultados são apenas apresentados após modelação, tendo sido utilizado para o efeito o modelo de *Boyce*, o qual, como se referiu, pressupõe a medição das deformações radiais.

Nos ensaios triaxiais cíclicos por nós realizados não foram medidas as deformações radiais, tendo as mesmas sido calculadas com base nas deformações axiais para diferentes valores de coeficiente de *Poisson*. A partir daqui foi aplicado aos resultados o modelo de *Boyce* tendo sido obtidos os respectivos parâmetros para diferentes valores de coeficiente de *Poisson*.

Comparando os resultados apresentados no Quadro 7.58 e Quadro 7.59 com os do calcário da pedreira de Calhariz, apresentados no Quadro 6.35, verifica-se que os valores de K_a, variam de 253 MPa a 2803 MPa, para o calcário, e de 91 MPa a 1056 MPa, para o granito, enquanto os do calcário pedreira de Calhariz variam de 189 MPa a 1849 MPa.

O G_a varia de 71 MPa a 143 MPa, para o calcário, e de 28 MPa a 63 MPa, para o granito, enquanto os do calcário da pedreira de Calhariz variam de 135 MPa a 298 MPa, ou seja, estes apresentam os valores, máximo e mínimo, mais elevados.

Comparando os valores obtidos para o parâmetro n, verifica-se que para o calcário da pedreira de Calhariz o mesmo varia de 0,275 a 0,816, para o calcário da A23 varia de 0,336 a 0,613 e para o granito varia de 0,327 a 0,438, ou seja, o calcário da pedreira de Calhariz apresenta o valor de n mais baixo e mais elevado.

O parâmetro β varia entre 0,270 e 0,747 para o calcário da A23, entre 0,490 e 1,923 para o granito e entre -0,342 e 0,137 para o calcário da pedreira de Calhariz, apresentando este, os valores mais baixos de entre os três materiais.

A caracterização mecânica *in situ* foi realizada, como se disse, recorrendo a ensaios de carga com placa, os quais, no entanto, não foram realizados no trabalho agora desenvolvido, razão porque não se procede a qualquer comparação.

Trabalho "Estudos Relativos a Camadas de Pavimentos Constituídos por Materiais Granulares"

Os materiais estudados no âmbito deste trabalho e como referido no capítulo 6, foram três. Dois materiais britados de origem grauváquica e calcária, respectivamente, à frente designados Grauvaque e Calcário e um material natural não britado, proveniente de seixeira, à frente designado por Seixo da Ribeira (Freire, 1994).

A caracterização mecânica do material foi feita em laboratório e *in situ*, para o que foram realizados ensaios triaxiais cíclicos sobre o grauvaque britado e o calcário britado e ensaios de carga com o deflectómetro de impacto sobre os três tipos de material em análise.

Os ensaios triaxiais foram realizados com o equipamento existente no LNEC e segundo o programa de ensaios apresentado no Quadro 6.48, pelo que, o estado de tensão, o número de ciclos de carga-descarga e a dimensão dos provetes são diferentes dos utilizados nos materiais por nós caracterizados. No entanto, e apesar disso, é possível extrair algumas conclusões da comparação de resultados dos dois trabalhos.

Assim, comparando resultados obtidos para os materiais da VLA, Quadro 6.50, com os dos materiais agora caracterizados, Quadro 7.28 a Quadro 7.31, para as sequências em que o estado de tensão se aproxima do estado de tensão aplicado nos materiais da VLA, verifica-se que, para condições de laboratório, os obtidos para os materiais agora em estudo, quer calcários da A23 quer granito, são os mais baixos, diferindo mesmo significativamente dos valores obtidos na VLA, sendo estes aproximadamente o dobro dos encontrados para a A23.

Para as condições de campo verificam-se valores da mesma ordem de grandeza para os granitos mas mais elevados para o calcário da A23, apresentando valores entre 160 MPa e 600 MPa, valores próximos dos apresentados pelo calcário da VLA.

No que diz respeito à modelação do comportamento mecânico, aos resultados obtidos para os materiais da VLA foram aplicados o modelo do primeiro invariante do tensor das tensões e o modelo de *Dunlap*.

Comparando os resultados dessa modelação com os obtidos para os materiais agora estudados para os mesmos modelos, Figura 7.95 e Figura 7.96, verifica-se que quando se faz depender o módulo resiliente da tensão de confinamento, o ajuste encontrado quer para os materiais da VLA quer para os calcários e granitos agora em estudo não é muito bom, já que o coeficiente de determinação varia de, aproximadamente, 0,82, para o calcário da A23, Quadro 7.36 e para condições *in situ*, a 0,96, para o provete CT1 da VLA, Quadro 6.51.

Quando se faz depender o módulo resiliente do primeiro invariante do tensor das tensões, Figura 7.97 e Figura 7.98, verifica-se que o melhor ajuste se obtém para o granito agora em estudo, para qualquer das condições de compactação, com coeficientes de determinação sempre superiores a 0,99, Quadro 7.39, e que o pior ajuste se verifica para os materiais da VLA com coeficiente de determinação a variar entre 0,40 e 0,46 (Quadro 6.52). Os calcários da A23 apresentam coeficientes de determinação sempre superiores a 0,95.

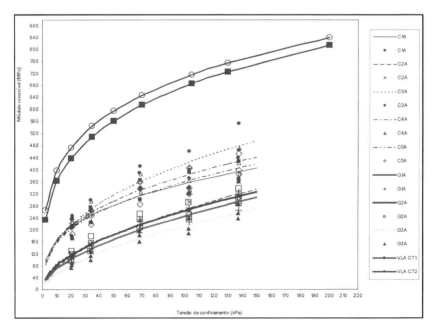

FIGURA 7.95 – Modelos de comportamento ($M_r = f(\sigma_3)$) dos materiais analisados no presente trabalho, condições de laboratório, e calcário da VLA

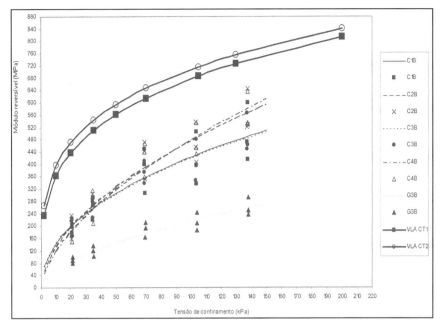

FIGURA 7.96 – Modelos de comportamento ($M_r = f(\sigma_3)$) dos materiais analisados no presente trabalho, condições de campo, e calcário da VLA

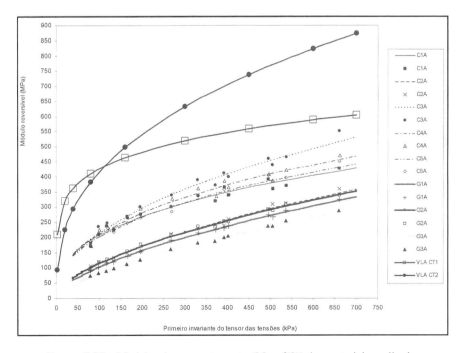

FIGURA 7.97 – Modelos de comportamento ($M_r = f(\theta)$) dos materiais analisados no presente trabalho, condições de laboratório, e calcário da VLA

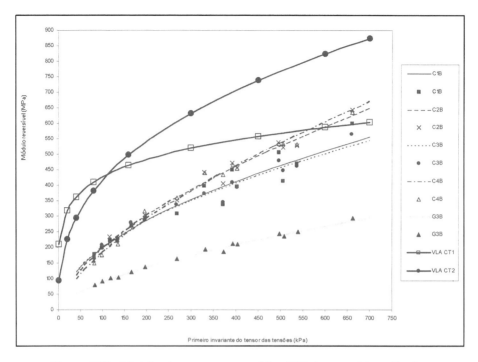

FIGURA 7.98 – Modelos de comportamento ($M_r = f(\theta)$) dos materiais analisados no presente trabalho, condições de campo, e calcário da VLA

No que diz respeito ao comportamento mecânico *in situ*, verifica-se que os valores de módulo de deformabilidade mais elevados foram obtidos para o calcário agora caracterizado, variáveis entre 570 MPa e 650 MPa, Quadro 7.77, sendo que para o grauvaque britado da VLA, Quadro 6.58, foram obtidos valores a variar de 245 MPa a 550 MPa. Para o grauvaque rolado os valores obtidos foram inferiores, variando de 130 MPa a 480 MPa.

Os valores de módulo de deformabilidade obtidos para o granito da obra n.° 3, em média 250 MPa, são próximos do valor médio obtido para o grauvaque rolado e mais baixos que os obtidos para o grauvaque britado.

Estados Unidos

Trabalho Development of Resilient Modulus Prediction. Models for Base and Subgrade Pavement layers from In Situ Devices Test Results"

No trabalho "*Development of Resilient Modulus Prediction. Models for Base and Subgrade Pavement layers from In Situ Devices Test Results*" e como se referiu no capítulo 6, foram utilizados dois materiais calcários britados, identificados como "Crushed Limestone-1" e "Crushed Limestone-2".

A caracterização mecânica em laboratório destes materiais foi feita, como também então se referiu, através da realização de ensaios triaxiais cíclicos de acordo com a norma AASHTO TP46 (AASHTO, 1994) e com o Protocol 46 (FHWA, 1996).

Analisando a Figura 6.13 e Figura 6.14 (Gudishala, 2004), onde se pode verificar que o módulo resiliente do "Crushed Limestone-1" apresenta valores a variar entre, aproximadamente, 180 MPa e 450 MPa, função das condições de carregamento, e o Quadro 7.28 e Quadro 7.29, relativos aos materiais em estudo neste trabalho, pode dizer-se que os valores de módulo resiliente obtidos para o "Crushed Limestone-1" são muito próximos dos obtidos para o calcário, para condições de laboratório, sendo inferiores aos obtidos para o calcário, condições de campo, e bastante superiores aos obtidos para os materiais graníticos.

Verifica-se, ainda, que, tal como acontece nos materiais agora analisados também para o "Crushed Limestone-1", o módulo resiliente aumenta com o aumento da tensão de confinamento e com o aumento do primeiro invariante do tensor das tensões.

Trabalho "Material Properties for Implementation of Mechanistic-Empirical (M-E) Pavement Design Procedures"

Um dos objectivos do trabalho "*Material Properties for Implementation of Mechanistic-Empirical (M-E) Pavement Design Procedures*" foi o desenvolvimento de uma base de dados das propriedades mecânicas de um largo conjunto de materiais utilizados nos pavimentos rodoviários do *Ohio*, as quais foram determinadas nos projectos de pavimentos conduzidos pelo ODOT nas últimas três décadas (Masada et al., 2004).

No capítulo 6 apresentaram-se ainda os valores de módulo resiliente, bem como, em algumas situações, modelos de comportamento de materiais britados não ligados, recolhidos em 9 projectos desenvolvidos no *Ohio* entre 1991 e 2002 (Masada et al., 2004), sendo que, os materiais utilizados nos mesmos são materiais granulares com características de base ou sub-base granular não tratada e que são, no *Ohio*, divididos em três grupos, função, essencialmente, da granulometria:

Item 304	Agregado para base (Agregado denso para base, DGAB)
Item 307 (NJ)	Base de drenagem não estabilizada (Base de *New Jersey*)
Item 307 (IA)	Base de drenagem não estabilizada (Base de *Iowa*)

O agregado denso para base, Item 304, caracteriza-se por uma dimensão máxima das partículas de 50,8 mm e uma percentagem de finos a variar entre 0% e 13%, a base de *New Jersey*, Item 307 (NJ), por apresentar uma dimensão máxima das partículas de 38,1 mm e uma percentagem de finos a variar de 0% a 5% e a base de *Iowa*, Item 307 (IA), por apresentar partículas com dimensão máxima de 25,4 mm e uma percentagem de finos a variar de 0% a 6% (Masada et al., 2004).

Os resultados dos nove trabalhos referidos encontram-se resumidos no Quadro 6.64 e Quadro 6.65, correspondentes aos projectos em que foi encontrado um modelo para caracterizar o comportamento mecânico do material e aqueles em que apenas foram apresentados valores isolados, respectivamente, os quais se vão comparar com os valores de módulo resiliente/modelos de comportamento obtidos para os materiais em estudo neste trabalho.

Comparando os modelos obtidos para os resultados dos projectos 1, 5A, 7 e 8, modelo do primeiro invariante do tensor das tensões, com os obtidos para os materiais em estudo, Figura 7.99 e Figura 7.100, verifica-se que os materiais de qualquer dos projectos apresentam valores inferiores às amostras de calcário, excepto a amostra C2 condições de laboratório, que apresenta valores próximos dos projectos 1 e 5A.

Os materiais das amostras de granito apresentam valores próximos dos obtidos para os projectos 1, 5A e 8, sendo que o projecto 7 apresenta, em média, valores inferiores.

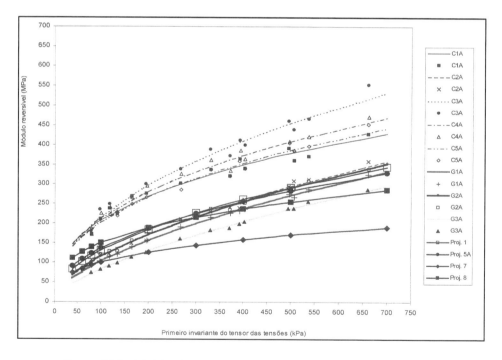

FIGURA 7.99 – Modelos de comportamento ($M_r = f(\theta)$) dos materiais analisados no presente trabalho, condições de laboratório, e projectos 1, 5A, 7 e 8

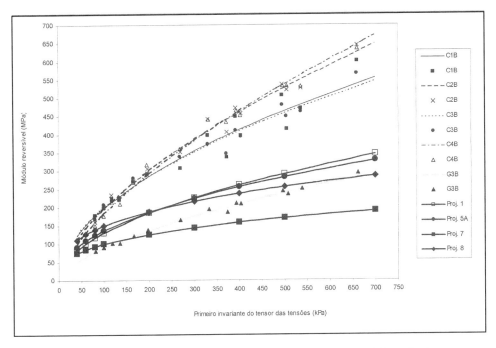

FIGURA 7.100 – Modelos de comportamento ($M_r = f(\theta)$) dos materiais analisados no presente trabalho, condições de campo, e projectos 1, 5A, 7 e 8

Analisando os valores médios de módulo resiliente obtidos para os restantes projectos e comparando com os valores médios obtidos para os materiais em estudo, Figura 7.101 e Figura 7.102, verifica-se que os materiais calcários agora caracterizados apresentam, de um modo geral, valores médios de módulo resiliente superiores aos de qualquer dos projectos. Os granitos apresentam valores próximos dos mais elevados apresentados pelos materiais dos diferentes projectos, sendo, de um modo geral, mais elevados.

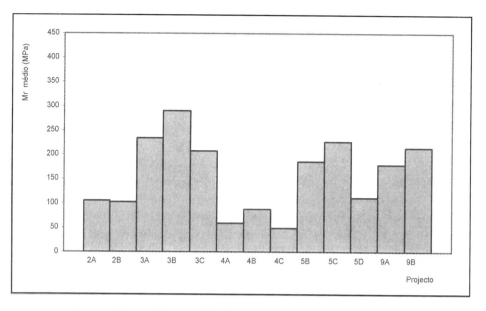

FIGURA 7.101 – Valores médios do módulo resiliente para os materiais
dos projectos 2A, 2B, 3A, 3B, 3C, 4A, 4B, 4C, 5B, 5C, 5D, 9A e 9B

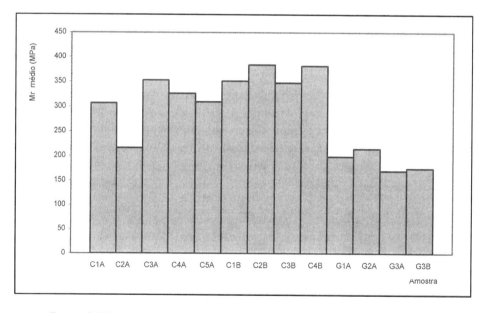

FIGURA 7.102 – Valores médios do módulo resiliente para os materiais em estudo,
condições de laboratório e de campo

7.8. Considerações Finais

Analisando os resultados da caracterização geotécnica realizada sobre os materiais de origem calcária e granítica, verifica-se que as amostras de calcário têm, em média, uma percentagem de passados no peneiro n.º 200 de 5,0% com um desvio padrão de 1,43% e que as amostras de granito apresentam, em média, 5,8% de passados no mesmo peneiro com um desvio padrão de 1,01%.

Pode dizer-se que materiais são não plásticos e, segundo o Guia Técnico para a Construção de Aterros e Leito do Pavimento (LCPC/SETRA, 1992), pode mesmo considerar-se que os finos são insensíveis à água, dados os valores de adsorção de azul de metileno obtidos. Para o calcário e para a fracção 0/38,1 mm, obtiveram-se valores médios de adsorção de 0,05 g/100g, com desvio padrão de 0,02, enquanto que, para as amostras de granito se obtiveram valores médios de 0,07 g/100 g, com desvio padrão de 0,03.

Conclui-se, por outro lado, serem materiais com boa capacidade resistente, apresentando valores de CBR médios próximos dos 90% para o calcário e 85% para o granito, bem como boa resistência ao desgaste, levando em linha de conta os resultados dos ensaios de *Los Angeles*, onde se obtiveram valores médios de desgaste de 33% e 37% para o calcário e granito, respectivamente, e de micro-*Deval*, para o qual os valores médios obtidos no ensaio a seco foram 6% e 7% e no ensaio a húmido de 14% e 21%, para o calcário e para o granito, respectivamente.

Verifica-se, no entanto, que o calcário apresenta, de um modo geral, melhores características que o granito.

No que diz respeito ao comportamento mecânico dos materiais em laboratório, verifica-se que, para qualquer das condições de compactação, os calcários apresentam sempre valores de módulo reversível superiores e que, para os níveis de tensão considerados, os valores do módulo reversível aumentam quer com o aumento da tensão de confinamento, quer com o aumento da tensão deviatória, para os dois tipos de materiais.

Quanto às extensões verticais, constata-se que as mais elevadas se obtiveram para os granitos, sendo estas em média de 1,9% para condições de laboratório, com um desvio padrão de 0,6%, sendo o valor mais baixo, 1,2%, apresentado pela amostra G2, e também de 1,9% para a amostra G3 compactada para condições de campo.

Os calcários apresentam, para condições de laboratório, valores médios de extensão vertical de 0,8%, com desvio padrão de 0,3%, sendo o valor mais baixo apresentado pela amostra C1, 0,4%, e o mais elevado pela amostra C2, 1,4%. Para condições de campo o valor médio da extensão vertical é de 1,1%, com desvio padrão de 0,3%, sendo que o valor mais elevado corresponde à amostra C3, 1,4%, e o mais baixo à amostra C2, 0,7%.

Em termos da modelação do comportamento mecânico em laboratório e na sequência do que se disse a propósito de cada modelo, considerando os três níveis de tensão em simultâneo, 3NT, e as melhores simulações para cada modelo, verifica-se que e no que respeita ao módulo resiliente, de entre os cinco modelos usados o que apresenta valores de módulo mais conservadores, considerando os dois tipos de materiais, é o modelo de *Pezo*, correspondente à amostra G3B, com a equação (7.4).

$$Mr = 877,37 q^{0,2384} \sigma_3^{0,3828} \qquad (7.4)$$

Se considerarmos cada material separadamente, o modelo mais conservador para o calcário é o modelo do primeiro invariante do tensor das tensões ou modelo k-θ, correspondente à amostra C2A, com a equação (7.5).

$$Mr = 442,72 \theta^{0,5873} \qquad (7.5)$$

Para o granito o modelo mais conservador coincide com o mais conservador para o conjunto dos dois materiais, ou seja, é o correspondente à equação (7.4).

Considerando o modelo de *Boyce*, verifica-se que, para qualquer dos materiais, o parâmetro k_a diminui quando se passa do NT1 para o NT2 e deste para o NT3. O parâmetro G_a apresenta uma ligeira tendência para subir, sendo os valores, no entanto, muito próximos, o mesmo se passando com o parâmetro n, o qual apresenta o mesmo valor para os 3 coeficientes de *Poisson* considerados. O parâmetro β, por sua vez e no caso do calcário, apresenta um valor mais elevado para o NT2, apresentando para o granito o valor mais elevado para o NT1.

Comparando os parâmetros entre materiais, verifica-se que os valores encontrados para o calcário são mais elevados para os parâmetros k_a, G_a e n, sendo o parâmetro β mais elevado no granito.

No que respeita às relações "extensão volumétrica reversível (modelo)/extensão volumétrica reversível", "extensão distorcional reversível (modelo)/extensão distorcional reversível" e "módulo de *Young*/módulo resiliente", verifica-se que, no caso do calcário, as três relações apresentam coeficientes de determinação superiores a 0,96, para os 3NT, com excepção da relação $\varepsilon_v/\varepsilon_{v1}$, para NT1, cujo valor mínimo é de 0,5752, correspondendo à amostra C4B e máximo é de 0,9033, correspondente à amostra C1B.

No caso do granito, verifica-se que, com excepção da relação $\varepsilon_v/\varepsilon_{v1}$, para o NT1, a variar de 0,6936 a 0,7598, as 3 relações apresentam coeficientes de determinação superiores a 0,98, sendo que, para o NT3 as três relações apresentam valor máximo de 1,00000.

Verifica-se, assim, que as piores correlações ocorrem para o NT1, sendo que, apenas para a relação $\varepsilon_v/\varepsilon_{v1}$, com valores inferiores a 0,9, se pode dizer que a correlação é de fraca qualidade, podendo dizer-se que se obtém boas e muito boas correlações nas restantes relações e níveis de tensão.

No que diz respeito à extensão vertical e feita uma análise idêntica à que se fez para o módulo resiliente, considerando as melhores simulações dos seis modelos analisados e cada material separadamente, verifica-se que para o calcário o modelo mais conservador é o modelo de *Veverka*, correspondente à amostra C1B, com a equação (7.6). Considerando cada material em separado, para as mesmas condições, verifica-se que e para qualquer dos materiais, o modelo mais conservador continua a ser o de *Veverka*, sendo que, no caso do granito, corresponde à amostra G3B e é dado pela equação (7.7) e no caso do calcário corresponde à amostra C1B e é dado pela equação (7.6), já referida.

$$\varepsilon_{1p} = 2,69*10^{-4}\varepsilon_{1r}N^{2,0702} \tag{7.6}$$

$$\varepsilon_{1p} = 2,13*10^{-5}\varepsilon_{1r}N^{2,3865} \tag{7.7}$$

Considerando apenas os modelos em que não intervém a deformação resiliente axial, ε_{1r}, modelos de *Sweere, Barsksdale, Wolff* e *Visser* e *Paute*, e fazendo o mesmo tipo de análise para as melhores simulações de cada modelo e para os três níveis de tensão em simultâneo, 3NT, verifica-se que, se se considerarem os dois tipos de materiais em conjunto, o modelo mais conservador é o de *Wolff* e *Visser*, correspondente à amostra G1A, com a equação (7.8).

$$\varepsilon_{1p} = (1,36*10^{-3}N - 1,4470)(1-e^{-N}) \tag{7.8}$$

Considerando os materiais separadamente, verifica-se que o modelo mais conservador, para qualquer deles, continua a ser o modelo de *Wolff* e *Visser*, sendo que, para o calcário corresponde à amostra C3B e é dado pela equação (7.9). No caso do granito, corresponde à amostra G1A e é dado pela equação (7.8), já referida.

$$\varepsilon_{1p} = (8,79*10^{-4}N - 0,8901)(1-e^{-N}) \tag{7.9}$$

No que respeita às características e condições de aplicação dos materiais estudados em camadas granulares não tratadas de pavimentos rodoviários e segundo as especificações apresentadas, poderão tirar-se algumas conclusões genéricas.

Assim e de acordo com o Manual de Concepção de Pavimentos para a Rede Rodoviária Nacional (JAE, 1995), verifica-se que só os materiais correspondentes à amostra C5 não poderiam ser utilizados como material de sub-base granular, enquanto que, como base granular apenas se poderiam usar os materiais correspondentes às amostras C1 e C4, devido às suas características granulométricas e/ou de limpeza e resistência ao desgaste.

Segundo o Caderno de Encargos Tipo da Junta Autónoma de Estradas (JAE, 1998) verifica-se que nenhuma das amostras de calcário poderia ser utilizada como base granular, dados os valores de índice de alongamento e pelo facto das curvas granulométricas respectivas não respeitarem o fuso granulométrico. Os calcários não poderiam também ser utilizados como sub-base granular devido, exclusivamente, ao facto das curvas granulométricas não respeitarem o fuso granulométrico. No entanto, qualquer dos granitos estudados poderia ser utilizado como base ou como sub-base granular, já que todos os parâmetros são verificados.

Da comparação dos resultados da caracterização dos materiais estudados com os dos trabalhos apresentados no capítulo 6 podem tirar-se algumas conclusões, de seguida apresentadas.

Comparando o comportamento mecânico dos materiais em estudo com o dos materiais caracterizados no âmbito do trabalho "Contribuição para a Modelação do Comportamento Estrutural de Pavimentos Rodoviários Flexíveis" (Neves, 2001), verifica-se que os módulos resilientes de qualquer dos materiais agora ensaiados são superiores aos dos materiais caracterizados no âmbito daquele trabalho.

Verifica-se, ainda, que as deflexões obtidas nos ensaios com o deflectómetro de impacto, para D_0, são mais elevadas para os materiais agora estudados do que para os estudados naquele trabalho, CRIL1 e CRIL2.

Da comparação com os resultados obtidos no trabalho "Estudo do Comportamento Mecânico de Camadas Granulares do Pavimento da Auto-Estrada A6, Sublanço Évora – Estremoz" (Hadjadji e Quaresma, 1998), pode concluir-se que os materiais ensaiados no presente trabalho, para condições de laboratório, apresentam os valores de módulo resiliente mais baixos. Para condições de campo verificam-se valores da mesma ordem de grandeza para os granitos mas mais elevados para o calcário.

Da caracterização mecânica *in situ* com o deflectómetro de impacto conclui-se que os valores de módulo de deformabilidade mais elevados foram obtidos para o calcário agora caracterizado. Os valores de módulo de deformabilidade obtidos para o granito da "obra nº 3", em média 250 MPa, são próximos dos obtidos para o calcário da A6 e para a escombreira da "Viúva" e mais baixos do que os obtidos para o calcário da A23 e para a escombreira da "Glória".

Para o trabalho "Estudos Relativos a Camadas de Pavimentos Constituídos por Materiais Granulares" (Freire, 1994), a comparação do comportamento mecânico permite concluir que, para condições de laboratório, os módulos reversíveis obtidos para os materiais agora em estudo, quer calcários da A23 quer granitos, são os mais baixos, diferindo mesmo significativamente dos valores obtidos na VLA, sendo estes aproximadamente o dobro dos encontrados para a A23.

Para as condições de campo verificam-se valores da mesma ordem de grandeza para os granitos mas mais elevados para o calcário da A23, apresentando valores entre 160 MPa e 600 MPa, valores próximos dos apresentados pelo calcário da VLA.

No que diz respeito ao comportamento mecânico *in situ*, verifica-se que os valores de módulo de deformabilidade mais elevados foram obtidos para o calcário agora caracterizado. Os valores de módulo de deformabilidade obtidos para o granito da "obra n.º 3", em média 250 MPa, são próximos do valor médio obtido para o grauvaque rolado e mais baixos que os obtidos para o grauvaque britado da VLA.

Fazendo a comparação com os resultados obtidos no trabalho *"Development of Resilient Modulus Prediction. Models for Base and Subgrade Pavement layers from In Situ Devices Test Results"* (Gudishala, 2004) verifica-se que os valores de módulo resiliente obtidos para o "Crushed Limestone-1" são muito próximos dos obtidos para o calcário da A23, para condições de laboratório, sendo inferiores aos obtidos para o calcário condições de campo e bastante superiores aos obtidos para os materiais graníticos.

Do trabalho *"Material Properties for Implementation of Mechanistic-Empirical (M-E) Pavement Design Procedures"* (Masada et al., 2004), conclui-se que os materiais dos projectos 1, 5A, 7 e 8 apresentam valores inferiores às amostras de calcário, excepto a amostra C2 condições de laboratório, que apresenta valores próximos dos projectos 1 e 5A.

Os materiais das amostras de granito apresentam valores próximos dos obtidos para os projectos 1, 5A e 8, sendo que o projecto 7 apresenta, em média, valores inferiores.

Analisando os valores médios de módulo resiliente obtidos para os restantes projectos e comparando com os valores médios obtidos para os materiais em estudo, verifica-se que os materiais calcários agora caracterizados apresentam, de um modo geral, valores médios de módulo resiliente superiores aos de qualquer dos projectos. Os granitos apresentam valores próximos dos mais elevados apresentados pelos materiais dos diferentes projectos sendo, de um modo geral, também mais elevados.

7.9. Referências Bibliográficas

AASHTO (1994). "Standard test method for determining the resilient modulus of soils and aggregate materials". TP 46, American Association of State Highway and Transportation Officials, USA.

AASHTO (2003). "Materials for Aggregate and Soil-Aggregate Subbase, Base and Surface Courses." M 147-65 (2000), American Association of State Highway and Transportation Officials, USA.

AFNOR (1990a). "Granulats. Essai au Bleu de Méthylène. Méthode à la Tache". NF P 18-592, Association Française de Normalisation, France.

AFNOR (1994a). "Assises de chaussées. Graves non traitées. Methodologie d'étude en laboratoire". NF P 98-125, Association Française de Normalisation, France.

AFNOR (1994b). "Essais relatifs aux chaussées. Graves non traitées. Essai triaxial à chargements répétés.". NF P 98-235-1, Association Française de Normalisation, France.

ASTM (2001a). "Standard Classification of Soils for Engineering Purposes (Unified Soil Classification System)". D 2487-00, Annual Book of ASTM Standards, Vol. 04.08, American Society for Testing and Materials, USA.

ASTM (2001b). "Standard Specification for Materials for Soil-Aggregate Subbase, Base and Surface Courses." D 1241 – 68 (Reapproved 1994), Annual Book of ASTM Standards, Vol. 04.03, American Society for Testing and Materials, USA.

ASTM (2001c). "Standard Specification for Graded Aggregate Material for Bases or for Highways or Airports." D2940 – 98, Annual Book of ASTM Standards, Vol. 04.03, American Society for Testing and Materials, USA.

BARKSDALE, R. D. et al. (1997). "Laboratory Determination of Resilient Modulus for Flexible Pavement Design". NCHRP Project 1-28, Final Report, National Cooperative Highway Research Program, USA.

BSI (1990). Soils for civil engineering purposes. Part 4. Compaction-related tests. BS 1377: part 4, British standard institution, England.

CASTELO BRANCO, F. V. M. (1996). "Estudo da influência de uma contaminação no comportamento mecânico de um agregado calcário de granulometria extensa". Tese de Mestrado, Universidade de Coimbra, Coimbra.

Cost 337 (2002). "Cost 337 – Construction with unbound road aggregates in Europe", Final Report of the Action, European Commission, Luxembourg.

COURAGE (1999). *"Construction with unbound road aggregates in Europe"*, Final Report, European Commission, Luxembourg.

Dynatest International (2001). "Dynatest 8000 FWD Test System. Owners Manual, version 1.7.0". Denmark.

EP@ (2005). http://www2.iestradas.pt/areas/. Estradas de Portugal (página internet oficial), Lisboa.

FHWA (1996). "LTPP materials characterization: Resilient modulus of unbound granular base/subbase materials and subgrade soils". Protocol P46, U.S. Department of Transportation, Federal Highway Administration, USA.

FREIRE, A. C. O. R. (1994): "Estudos relativos a camadas de pavimentos constituídas por materiais granulares". Tese de Mestrado, Universidade Nova de Lisboa, Lisboa.

GAMBLE, J. C. (1971): "Durability – Plasticity classification of shale and other argillaceous rocks". Phd. Thesis. University of Illinois, USA.

GIDEL, M. GUNTHER (2001). "Comportment et Valorisation des Graves non Tratées Calcaires Utilisées pour les Assises de Chaussées Souples". Tese de Doutoramento, Université de Bordeaux, França.

GIUSEPPE MANUPPELLA E BALACÓ MOREIRA, J. C. (1975). "Panorama dos Calcários Jurássicos Portugueses." Comunicação apresentada ao II Congresso Ibero-Americano de Geologia Económica. Buenos Aires, Argentina. Versão *Online* no site do IGM (http://www.igm.pt/edicoes_online/diversos/artigos/calcarios_jurassico.htm).

GUDISHALA, RAVINDRA (2004). "Development of resilient modulus prediction models for base and subgrade pavements layers from in situ devices test results". Tese de Mestrado, Department of Civil and Environmental Engineering, Louisiana State University and Agricultural and Mechanical College, USA.

HADJADJI, T.; QUARESMA, L. (1998). "Estudo do comportamento mecânico de camadas granulares do pavimento da Auto-estrada n.° 6, sub-lanço Évora – Estre-

moz". Relatório 164/98, NPR, Laboratório Nacional de Engenharia Civil, Lisboa.
HEATH, ANDREW C.; PESTANA, JUAN M. HARVEY, JOHN T. AND BEJERANO, MANUEL O. (2004). "Normalizing Behavior of Unsaturated Granular Pavement Materials". Journal of Geotechnical and Geoenvironmental Engineering, September, ASCE, pp896-904.
IGPAI (1969). "Solos. Determinação dos Limites de Consistência". NP-143, Inspecção Geral dos Produtos Agrícolas e Industriais, Lisboa.
IPQ (2002). "Ensaios das propriedades mecânicas dos agregados. Parte 1: Determinação da resistência ao desgaste (micro-Deval)". NP EN 1097-1, 2ª ed., Instituto Português da Qualidade, Lisboa.
IPQ (2004). "Agregados para misturas betuminosas e tratamentos superficiais para estradas, aeroportos e outras áreas de circulação". NP EN 13043, Instituto Português da Qualidade, Lisboa.
ISRM (1981). "Suggested Method for Determination of the Slake – Durability Index". Rock Characterization Testing & Monitoring. ISRM Suggested Methods. Ed. E.T. Brown, Pergamon Press.
JAE (1995). "Manual de Concepção de Pavimentos para a Rede Rodoviária Nacional". Junta Autónoma de Estradas, Lisboa.
JAE (1998). "Caderno de encargos tipo para a execução de empreitadas de construção". Junta Autónoma de Estradas, Lisboa.
LCPC/SETRA (1992). "Réalisation des Remblais et des Couches de Forme. Guide Technique". Ed. LCPC/SETRA, Paris.
LEKARP, F.; ISACSSON, U.; DAWSON, A. (2000a). "State of the art. I: Resilient response of unbound aggregates". *Journal of Transportation Engeneering*, American Society of Civil Engineers, Vol. 126, n.º 1, pp 66-75.
LEKARP, F.; ISACSSON, U.; DAWSON, A. (2000b). "State of the art. II: Permanent strain response of unbound aggregates". *Journal of Transportation Engeneering*, American Society of Civil Engineers, Vol. 126, n.º 1, pp 66-75.
LNEC (1966). "Solos. Ensaio de Compactação". E 197, Laboratório Nacional de Engenharia Civil, Lisboa.
LNEC (1967a). "Solos. Determinação do CBR". E 198, Laboratório Nacional de Engenharia Civil, Lisboa.
LNEC (1967b). "Solos. Ensaio de Equivalente de Areia". E 199, Laboratório Nacional de Engenharia Civil, Lisboa.
LNEC (1969). "Agregados. Análise Granulométrica". E 233, Laboratório Nacional de Engenharia Civil, Lisboa.
LNEC (1970). "Classificação para Fins Rodoviários". E 240, Laboratório Nacional de Engenharia Civil, Lisboa.
LNEC (1970). "Ensaio de Desgaste pela Máquina de Los Angeles". E 237, Laboratório Nacional de Engenharia Civil, Lisboa.
MASADA, T.; SARGAND, S. M.; ABDALLA, B. E FIGUEROA, J. L. (2004). "Material properties for implementation of mechanistic-empirical (M-E) pavement design

procedures". Final report, Stocker Center, Ohio University in cooperation with Ohio Research Institute for Transportation and the Environment, Federal Highway Administration, USA.

MONTEIRO, B. e DELGADO RODRIGUES, J. (1994). "Método sugerido para a determinação do ensaio de desgaste em meio húmido (Slake – Durability Test)". Laboratório Nacional de Engenharia Civil, Lisboa.

NCHRP (2001). "Performance-Related Tests of Aggregates for Use in Unbound Pavement Layers". Report 453, National Cooperative Highway Research Program, USA.

NEVES, J. M. COELHO (2001). "Contribuição para a modelação do comportamento estrutural de pavimentos rodoviários flexíveis". Tese de Doutoramento, Instituto Superior Técnico, Lisboa.

OLIVEIRA, J. T.; PEREIRA, E.; RAMALHO, M.; ANTUNES, M. T.; MONTEIRO, J. H. (1992). "Carta Geológica de Portugal, escala 1/500000". Serviços Geológicos de Portugal (actualmente IGM/INETI), 5ª edição, Lisboa.

PING, VIRGIL W.; YANG, ZENGHAI; GAO, ZECHUN (2002). "Field and Laboratory Determi-nation of Granular Subgrade Moduli". Journal of Performance of Constructed Facilities, vol.16, n.º 4, ASCE, pp 149-159.

Tran Ngoc Lan (1981). "Utilisation de L'essai au Bleu de Méthylène en Terrassement Routier". Bull. Liaison Lab. P. Ch., n.º 111, pp 5-15.

8. APLICAÇÕES E RECOMENDAÇÕES

8.1. Considerações Iniciais

Neste capítulo apresentam-se os resultados dum estudo paramétrico realizado para as estruturas do Manual de Concepção de Pavimentos para a Rede Rodoviária Nacional (JAE, 1995), em que se aplicou o modelo de comportamento mecânico resiliente de melhor qualidade e mais conservador para as camadas granulares, encontrado de entre os sete aplicados aos materiais em estudo e apresentado no capítulo 7.

Em termos de estrutura, este capítulo começa pela descrição dos procedimentos que se seguiram para perceber quais os módulos resilientes que devem ser usados nas camadas granulares para dimensionamento de pavimentos e qual a compatibilidade com esta análise do modelo desenvolvido com base na norma AASHTO TP – 46 (AASHTO, 1994). Validado o modelo, fez-se de seguida a necessária análise estrutural e em termos de dano final para os pavimentos do Manual de Concepção de Pavimentos para a Rede Rodoviária Nacional (JAE, 1995).

Finalmente e em função daqueles resultados, apresenta-se uma proposta de metodologia a seguir no dimensionamento de pavimentos rodoviários, para a gama de estruturas de pavimento semelhantes às estudadas.

8.2. Aplicação dos Modelos Encontrados a um Pavimento Tipo

Com os resultados dos ensaios triaxiais cíclicos foi modelado o comportamento resiliente dos materiais granulares em estudo, através de um conjunto de sete modelos. Para cinco destes, equações (3.2) a (3.4), (3.6) e (3.7), foi encontrada a amostra em que a simulação era de melhor qualidade, ou seja, para a qual se obteve o coeficiente de determinação mais próximo de 1.

De entre os modelos correspondentes à melhor simulação, escolheu-se o mais conservador, ou seja, aquele para o qual se obtiveram os menores valores de módulo resiliente, tendo sido obtido o modelo da equação (8.1).

$$Mr = 877{,}37 q^{0{,}2384} \sigma_3^{0{,}3828} \qquad (8.1)$$

Com o objectivo de avaliar a efectividade dos valores de módulo resiliente obtidos nos ensaios realizados sobre os materiais em estudo, foi feita a análise estrutural de um pavimento tipo com a estrutura indicada na Figura 8.1. Esta estrutura foi modelada recorrendo a um comportamento linear – elástico para os materiais.

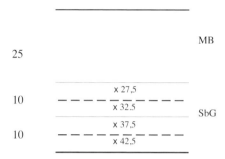

FIGURA 8.1 – Estrutura de pavimento tipo

A análise consistiu em determinar o estado de tensão a meio da camada granular utilizando os programas Elsym 5 e Bisar, e determinar o módulo das camadas granulares recorrendo ao modelo encontrado, até que o estado de tensão calculado induzisse um módulo resiliente nas camadas granulares compatível com o dado pelo modelo. Isto feito, evidentemente, de forma iterativa.

Foram utilizados como valores de partida os módulos de 4000 MPa, valor usado no Manual de Concepção de Pavimentos para a Rede Rodoviária Nacional (JAE, 1995) para caracterizar o comportamento médio das misturas betuminosas em Portugal, 151 MPa, 95 MPa e 60 MPa, para as camadas granulares, superior e inferior, e fundação, respectivamente.

Os resultados obtidos, para o caso do Elsym 5, são os apresentados no Quadro 8.1. Como se pode verificar, os módulos variam entre 38 MPa e 50 MPa, ou seja, são cerca de 3 vezes inferiores aqueles de que se partiu.

Por esta razão, foram feitas iterações até o valor encontrado ser o mais próximo possível daquele de que se partiu. O processo foi dado por concluído após três iterações, a última das quais se apresenta no Quadro 8.2, isto é, depois do valor do módulo nas camadas granulares, calculado pelo modelo da equação (8.1) a partir do estado de tensão proveniente da análise, ser semelhante ao que originou em cada camada este estado de tensão.

QUADRO 8.1 – Módulo resiliente para um pavimento tipo pelo modelo da equação (8.1), Mr misturas betuminosas 4000 MPa, 1ª iteração

Mr i (MPa)	H (cm)	Tensões		(MPa)	$Mr = 877,37 q^{0,2384} \sigma_3^{0,3828}$					
					q*	Mr	q_1**	Mr	q_2***	Mr
151	27,5	NXX	σ_3	0,0054	0,020138	47	0,016557	54	0,015069	56
		NYY	σ_2	0,0090						
		$\sqrt{NXX^2+NYY^2}$	$\sqrt{\sigma_3^2+\sigma_2^2}$	0,0104						
		NZZ	σ_1	0,0255						
	32,5	NXX	σ_3	0,0085	0,013209	50	0,01061	53	0,007737	54
		NYY	σ_2	0,0111						
		$\sqrt{NXX^2+NYY^2}$	$\sqrt{\sigma_3^2+\sigma_2^2}$	0,0140						
		NZZ	σ_1	0,0217						
95	37,5	NXX	σ_3	0,0036	0,015261	38	0,013959	41	0,012768	44
		NYY	σ_2	0,0049						
		$\sqrt{NXX^2+NYY^2}$	$\sqrt{\sigma_3^2+\sigma_2^2}$	0,0061						
		NZZ	σ_1	0,0189						
	42,5	NXX	σ_3	0,0047	0,012059	39	0,011036	41	0,009361	44
		NYY	σ_2	0,0057						
		$\sqrt{NXX^2+NYY^2}$	$\sqrt{\sigma_3^2+\sigma_2^2}$	0,0074						
		NZZ	σ_1	0,0167						

Mri Módulo resiliente de partida; H profundidade
* considerando NXX; ** considerando NYY; *** considerando $\sqrt{NXX^2+NYY^2}$

O valor de módulo resiliente encontrado ronda os 40 MPa, valor 3 a 4 vezes inferior aos geralmente considerados no dimensionamento de pavimentos e, de resto, encontrados com a realização dos ensaios triaxiais cíclicos.

A mesma análise foi feita considerando como valores de partida um módulo de 2000 MPa para as misturas betuminosas (aqui correspondendo a uma caracterização que penaliza a sua capacidade resistente) e mantendo os 151 MPa, 95 MPa e 60 MPa, para as camadas granulares, superior e inferior, e fundação, respectivamente.

Os resultados obtidos, para o caso do Elsym 5, são os apresentados no Quadro 8.3. Neste caso os módulos variam entre 50 MPa e 60 MPa, ou seja, são inferiores aqueles de que se partiu, cerca de 2,5 vezes.

QUADRO 8.2 – Módulo resiliente para um pavimento tipo pelo modelo da equação (8.1),
Mr misturas betuminosas 4000 MPa, 3ª iteração

Mr i (MPa)	H (cm)	Tensões		(MPa)	Mr = 877,37$q^{0,2384}\sigma_3^{0,3828}$					
					q*	Mr	q_1**	Mr	q_2***	Mr
36	27,5	NXX	σ_3	0,00341	0,021628	40	0,020702	35	0,014004	39
		NYY	σ_2	0,00248						
		$\sqrt{NXX^2+NYY^2}$	$\sqrt{\sigma_3^2+\sigma_2^2}$	0,00422						
		NZZ	σ_1	0,01822						
	32,5	NXX	σ_3	0,00305	0,013904	34	0,01453	32	0,01306	37
		NYY	σ_2	0,00242						
		$\sqrt{NXX^2+NYY^2}$	$\sqrt{\sigma_3^2+\sigma_2^2}$	0,00389						
		NZZ	σ_1	0,01695						
33	37,5	NXX	σ_3	0,0033	0,012515	35	0,012911	33	0,011421	38
		NYY	σ_2	0,0029						
		$\sqrt{NXX^2+NYY^2}$	$\sqrt{\sigma_3^2+\sigma_2^2}$	0,00439						
		NZZ	σ_1	0,01581						
	42,5	NXX	σ_3	0,00345	0,011308	34	0,011556	34	0,01005	38
		NYY	σ_2	0,0032						
		$\sqrt{NXX^2+NYY^2}$	$\sqrt{\sigma_3^2+\sigma_2^2}$	0,00471						
		NZZ	σ_1	0,01476						

Mri Módulo resiliente de partida; H profundidade
* considerando NXX; ** considerando NYY; *** considerando $\sqrt{NXX^2+NYY^2}$

Do mesmo modo que para a situação anterior, foram feitas iterações até o valor encontrado ser o mais próximo possível daquele de que se partiu. O processo foi dado por concluído após quatro iterações, a última das quais se apresenta no Quadro 8.4.

O valor de módulo resiliente encontrado varia entre os cerca de 40 MPa e os cerca de 50 MPa, pelo que a alteração ao nível do módulo considerado à partida para as misturas betuminosas não teve grande influência, no caso estudado, nos valores de módulo resiliente estimados para os materiais granulares pela equação (8.1).

Os valores de módulo resiliente encontrados para as duas situações, módulo das misturas betuminosas de 4000 MPa e de 2000 MPa, foram confirmados com o outro programa de cálculo referido, o Bisar, cujos resultados, embora não apresentados, foram ainda um pouco inferiores aos obtidos com o Elsym 5.

QUADRO 8.3 – Módulo resiliente para um pavimento tipo pelo modelo da equação (8.1), Mr misturas betuminosas 2000 MPa, 1ª iteração

Mr i (MPa)	H (cm)	Tensões		(MPa)	Mr = 877,37$q^{0,2384}\sigma_3^{0,3828}$					
					q*	Mr	q_1**	Mr	q_2***	Mr
151	27,5	NXX	σ_3	0,00812	0,029825	60	0,023330	71	0,021228	73
		NYY	σ_2	0,01461						
		$\sqrt{NXX^2+NYY^2}$	$\sqrt{\sigma_3^2+\sigma_2^2}$	0,0167						
		NZZ	σ_1	0,0379						
	32,5	NXX	σ_3	0,01290	0,018660	64	0,013980	67	0,009755	67
		NYY	σ_2	0,01758						
		$\sqrt{NXX^2+NYY^2}$	$\sqrt{\sigma_3^2+\sigma_2^2}$	0,02181						
		NZZ	σ_1	0,03156						
95	37,5	NXX	σ_3	0,00576	0,021184	49	0,018859	54	0,017019	57
		NYY	σ_2	0,00808						
		$\sqrt{NXX^2+NYY^2}$	$\sqrt{\sigma_3^2+\sigma_2^2}$	0,00992						
		NZZ	σ_1	0,02694						
	42,5	NXX	σ_3	0,00729	0,016157	50	0,014350	53	0,011788	55
		NYY	σ_2	0,00910						
		$\sqrt{NXX^2+NYY^2}$	$\sqrt{\sigma_3^2+\sigma_2^2}$	0,01166						
		NZZ	σ_1	0,02345						

Mri Módulo resiliente de partida; H profundidade
* considerando NXX; ** considerando NYY; *** considerando $\sqrt{NXX^2+NYY^2}$

Tendo em conta os resultados encontrados a partir da análise estrutural do pavimento tipo com a estrutura indicada na Figura 8.1, para as tensões a diferentes profundidades e para os módulos resilientes respectivos, e dado que o modelo usado foi encontrado a partir dos resultados dos ensaios triaxiais cíclicos realizados segundo a norma AASHTO TP – 46 (AASHTO, 1994), cujo estado de tensão em cada sequência é mais elevado do que aquele a que uma camada granular está sujeita (considerando suficientemente fiável a abordagem linear-elástica seguida), decidiu realizar-se um ensaio triaxial cíclico seguindo o procedimento genérico da norma AASHTO TP – 46 (AASHTO, 1994), mas para estados de tensão mais baixos, de forma a verificar se a modelação encontrada se poderia manter.

QUADRO 8.4 – Módulo resiliente para um pavimento tipo pelo modelo da equação (8.1), Mr misturas betuminosas 2000 MPa, 4ª iteração

Mr i (MPa)	H (cm)	Tensões		(MPa)	\multicolumn{7}{c}{Mr = $877{,}37 q^{0{,}2384} \sigma_3^{0{,}3828}$}
					q*	Mr	q_1**	Mr	q_2***	Mr
43	27,5	NXX	σ_3	0,00415	0,033158	48	0,031058	36	0,024384	46
		NYY	σ_2	0,00205						
		$\sqrt{NXX^2+NYY^2}$	$\sqrt{\sigma_3^2+\sigma_2^2}$	0,00463						
		NZZ	σ_1	0,02901						
	32,5	NXX	σ_3	0,0035	0,022892	41	0,024271	34	0,0223	43
		NYY	σ_2	0,00212						
		$\sqrt{NXX^2+NYY^2}$	$\sqrt{\sigma_3^2+\sigma_2^2}$	0,00409						
		NZZ	σ_1	0,02639						
43	37,5	NXX	σ_3	0,00323	0,020864	39	0,021798	34	0,020133	42
		NYY	σ_2	0,00229						
		$\sqrt{NXX^2+NYY^2}$	$\sqrt{\sigma_3^2+\sigma_2^2}$	0,00396						
		NZZ	σ_1	0,02409						
	42,5	NXX	σ_3	0,00324	0,018815	38	0,019437	35	0,017892	41
		NYY	σ_2	0,00261						
		$\sqrt{NXX^2+NYY^2}$	$\sqrt{\sigma_3^2+\sigma_2^2}$	0,00416						
		NZZ	σ_1	0,02205						

Mri Módulo resiliente de partida; H profundidade
* considerando NXX; ** considerando NYY; *** considerando $\sqrt{NXX^2+NYY^2}$

Deste modo, os estados de tensão usados são os apresentados no Quadro 8.5. Vai designar-se o ensaio triaxial conduzido para estes estados de tensão como *ensaio triaxial cíclico não normalizado*, em que, como se pode constatar, se manteve o estado de tensão para a sequência 0, ou seja, no condicionamento, e valores muito mais baixos do que os utilizados nos ensaios normalizados nas restantes 15 sequências.

Realizaram-se dois ensaios sobre o material da amostra considerada representativa do conjunto dos materiais em estudo, amostra C2, para as condições de laboratório, isto é, para um teor em água de 4,1% e peso específico seco de 2,22 g/cm³, sendo o teor em água de compactação de 4,3%.

QUADRO 8.5 – Sequências de carga aplicadas
durante o ensaio triaxial cíclico não normalizado

Seq.	σ_3	$\sigma_{máx}$	$\sigma_1-\sigma_3$	σ_{cont}	q/p	Nº ciclos
	(kPa)					
0	103,4	103,4	93,1	10,3	0,7	1000
1	2	2	1,8	0,2	0,7	
2	2	4	3,6	0,4	1,1	
3	2	6	5,4	0,6	1,4	
4	6	6	5,4	0,6	0,7	
5	6	12	10,8	1,2	1,1	
6	6	18	16,2	1,8	1,4	
7	10	10	9,0	1	0,7	
8	10	20	18,0	2	1,1	100
9	10	30	27,0	3	1,4	
10	14	14	12,6	1,4	0,7	
11	14	28	25,2	2,8	1,1	
12	14	42	37,8	4,2	1,4	
13	18	18	16,2	1,8	0,7	
14	18	36	32,4	3,6	1,1	
15	18	54	48,6	5,4	1,4	

Os módulos resilientes encontrados para cada sequência de carga apresentam-se no Quadro 8.6.

Analisando os resultados pode verificar-se que os módulos resilientes encontrados são inferiores cerca de 2 a 3 vezes, dependendo da sequência, aos encontrados nos ensaios normalizados para a mesma amostra, Quadro 7.27, sendo, por outro lado, da mesma ordem de grandeza que os encontrados na análise estrutural de um pavimento tipo, Quadro 8.1 a Quadro 8.4.

Os resultados mostram, ainda, como se tinha referido na análise dos resultados dos ensaios normalizados, que o módulo resiliente varia com a tensão de confinamento e com a tensão deviatória, sendo essa variação no mesmo sentido, ou seja, a uma diminuição/aumento de tensão de confinamento ou de tensão deviatória corresponde uma diminuição/aumento do módulo resiliente.

Noutro sentido, pode concluir-se que a realização do ensaio triaxial cíclico para estados de tensão mais baixos tem significado, já que, analisando a Figura 8.2 pode verificar-se que a relação tensão/deformação para o ensaio não normalizado aparece na continuidade dos valores da mesma relação para o ensaio normalizado, isto é, segundo a norma AASHTO TP – 46 (AASHTO, 1994).

QUADRO 8.6 – Valores do módulo resiliente obtidos para a amostra C2, condições de laboratório no ensaio triaxial cíclico não normalizado

Seq.	σ_3	$\sigma_{máx}$	$\sigma_1-\sigma_3$	σ_{cont}	Mr
	(kPa)				(MPa)
1	2	2	1,8	0,2	45
2	2	4	3,6	0,4	49
3	2	6	5,4	0,6	60
4	6	6	5,4	0,6	62
5	6	12	10,8	1,2	77
6	6	18	16,2	1,8	83
7	10	10	9,0	1,0	68
8	10	20	18,0	2,0	89
9	10	30	27,0	3,0	99
10	14	14	12,6	1,4	83
11	14	28	25,2	2,8	99
12	14	42	37,8	4,2	126
13	18	18	16,2	1,8	82
14	18	36	32,4	3,6	110
15	18	54	48,6	5,4	137

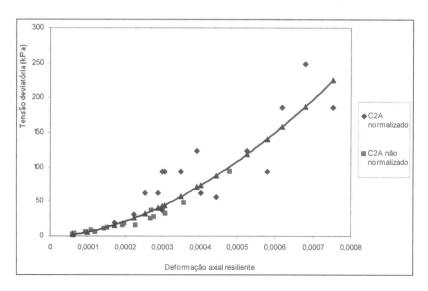

FIGURA 8.2 – Relação tensão deviatória/deformação axial resiliente para ensaio normalizado e não normalizado e lei de comportamento

Com vista à confirmação desta continuidade, ao conjunto de pontos tensão deviatória/deformação axial resiliente e para os dois tipos de ensaio, aplicou-se uma modelação do tipo $(\sigma_1-\sigma_3) = a\varepsilon_{1r}^b$, tendo-se obtido a equação (8.2) com um coeficiente de determinação de 0,9123, o que mostra que existe realmente uma boa continuidade entre os dois estados de tensão, não havendo, assim, um mau comportamento dos materiais ou um mau desenrolar do ensaio para estados de tensão baixos.

$$(\sigma_1-\sigma_3) = 9*10^7\varepsilon_{1r}^{1,7934} \tag{8.2}$$

Aos resultados obtidos para os ensaios triaxiais cíclicos não normalizados e à semelhança do que se fez com os ensaios normalizados, foram aplicados os seis modelos de comportamento mecânico resiliente, tendo sido obtidos os modelos e respectivos coeficientes de determinação apresentados no Quadro 8.7, na Figura 8.3 e na Figura 8.4.

QUADRO 8.7 – Modelos encontrados para a amostra C2, ensaio triaxial cíclico não normalizado

Designação	Modelo	r^2
Dunlap ou da Tensão de Confinamento	$Mr = 511,02\sigma_3^{0,3909}$	0,7181
Primeiro Invariante do Tensor das Tensões ou k-θ	$Mr = 298,19\theta^{0,4082}$	0,8746
Tensão deviatória	$Mr = 375,23\sigma_d^{0,3543}$	0,9808
Tensão Média Normal/Tensão Deviatória	$Mr = 160,47(p/q)^{0,1226}$	0,3875
Pezo	$Mr = 402,63q^{0,3812}\sigma_3^{-0,0087}$	0,9766
Uzan	$Mr = 410,17\theta^{-0,0064}q^{0,3807}$	0,9766

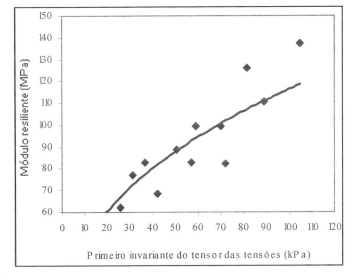

FIGURA 8.3 – Lei de comportamento segundo o modelo k-θ, amostra C2, condições de laboratório, ensaio triaxial cíclico não normalizado

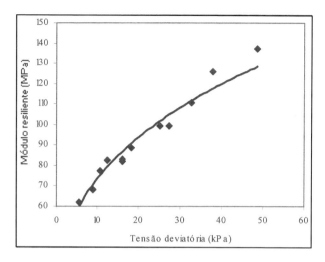

FIGURA 8.4 – Lei de comportamento segundo o modelo da tensão deviatória, amostra C2, condições de laboratório, ensaio triaxial cíclico não normalizado

Da aplicação dos modelos verifica-se que as simulações são de qualidade um pouco inferior às obtidas para os ensaios normalizados com excepção do modelo da tensão deviatória, tendo-se, no entanto, obtido coeficientes de determinação sempre superiores a 0,7, com excepção do modelo da tensão média normal/tensão deviatória como, aliás, já tinha acontecido nos ensaios normalizados. Pode também verificar-se que as melhores simulações se obtiveram, uma vez mais, para os modelos de *Pezo* e *Uzan*, com coeficientes de determinação de cerca de 0,98.

Os resultados foram também comparados com os obtidos pelo modelo encontrado para os materiais a partir dos ensaios normalizados, equação (8.1), tendo sido obtidos os resultados apresentados no Quadro 8.8.

Analisando estes valores pode concluir-se que, embora apresentando um coeficiente de variação de 33% para as diferenças entre os valores de ensaio e os valores apresentados no Quadro 8.8, estes são sistematicamente mais baixos, ou seja mais conservadores, pelo que se considera que o modelo pode ser aplicado para estados de tensão mais baixos do que aquele para o qual foi encontrado.

Uma outra análise foi realizada com os módulos de deformabilidade obtidos por análise inversa dos resultados dos ensaios realizados *in situ* com o deflectómetro de impacto, tendo-se chegado a valores próximos dos que se tinham encontrado utilizando os resultados dos ensaios triaxiais cíclicos, parecendo, portanto, haver *in situ* um estado de tensão semelhante ao simulado nos ensaios triaxiais cíclicos realizados segundo a norma AASHTO TP – 46 (AASHTO, 1994).

QUADRO 8.8 – Valores do módulo resiliente para o modelo da equação (8.1),
para o estado de tensão real aplicado à amostra C2, ensaio triaxial cíclico não normalizado

Seq.	σ_3	$\sigma_1-\sigma_3$	$Mr = 877,37q^{0,2384}\sigma_3^{0,3828}$
	(kPa)		(MPa)
1	3,03	2,21	22
2	2,74	3,59	24
3	2,64	5,67	26
4	6,74	5,67	38
5	6,84	10,78	44
6	6,94	16,03	49
7	11,04	8,98	51
8	10,74	18,24	60
9	10,65	27,22	65
10	14,85	12,44	62
11	14,85	25,15	73
12	14,46	37,73	79
13	18,66	16,17	71
14	18,66	32,61	84
15	18,75	48,50	93

Sendo a estrutura do pavimento a apresentada na Figura 7.78, estrutura A, partiu-se dos valores dos módulos de deformabilidade encontrados para as diferentes camadas, 1500 MPa para as misturas betuminosas, 572 MPa para a sub-base granular, 220 MPa para o leito do pavimento e 100 MPa para o material de fundação, e obtiveram-se do mesmo modo, na primeira iteração, valores muito inferiores aos de partida, Quadro 8.9.

QUADRO 8.9 – Módulo de deformabilidade da A23 pelo modelo da equação (8.1), 1ª iteração

Mr i (MPa)	H (cm)	Tensões	(MPa)		Mr = 877,37$q^{0,2384}\sigma_3^{0,3828}$					
					q*	Mr	q_1**	Mr	q_2***	Mr
572	37,0	NXX	σ_3	0,04522	0,08358	148	0,08358	148	0,06485	160
		NYY	σ_2	0,04522						
		$\sqrt{NXX^2+NYY^2}$	$\sqrt{\sigma_3^2+\sigma_2^2}$	0,06395						
		NZZ	σ_1	0,1288						
220	59,5	NXX	σ_3	0,02339	0,01634	78	0,01634	78	0,00665	72
		NYY	σ_2	0,02339						
		$\sqrt{NXX^2+NYY^2}$	$\sqrt{\sigma_3^2+\sigma_2^2}$	0,03308						
		NZZ	σ_1	0,03973						

Mri Módulo resiliente de partida; H profundidade
* considerando NXX; ** considerando NYY; *** considerando $\sqrt{NXX^2+NYY^2}$

Após 6 iterações e usando um processo semelhante ao descrito no início desta secção, chegou-se à melhor aproximação entre os valores de partida e os valores finais, tendo-se obtido os resultados do Quadro 8.10. Como se pode verificar, também neste caso os módulos de deformabilidade obtidos são muito inferiores aos valores de que se partiu.

QUADRO 8.10 – Módulo de deformabilidade da A23 pelo modelo da equação (8.1), 6ª iteração

Mr i (MPa)	H (cm)	Tensões	(MPa)		Mr = 877,37$q^{0,2384}\sigma_3^{0,3828}$					
					q*	Mr	q_1**	Mr	q_2***	Mr
28	37,0	NXX	σ_3	0,00918	0,051228	72	0,051228	72	0,047425	80
		NYY	σ_2	0,00918						
		$\sqrt{NXX^2+NYY^2}$	$\sqrt{\sigma_3^2+\sigma_2^2}$	0,01299						
		NZZ	σ_1	0,06041						
59	59,5	NXX	σ_3	0,00693	0,035993	59	0,035993	59	0,033124	66
		NYY	σ_2	0,00693						
		$\sqrt{NXX^2+NYY^2}$	$\sqrt{\sigma_3^2+\sigma_2^2}$	0,00980						
		NZZ	σ_1	0,04292						

Mri Módulo resiliente de partida; H profundidade
* considerando NXX; ** considerando NYY; *** considerando $\sqrt{NXX^2+NYY^2}$

Das análises efectuadas pode inferir-se, no essencial, o seguinte:

• Para estruturas de pavimento flexível típicas da tecnologia portuguesa, compostas por camadas sobrepostas, semi-infinitas e com um comportamento mecânico linear – elástico, o estado de tensão que se consegue simular (com

métodos exactos de resolução baseados na teoria de Burmister) nas camadas granulares é muito diferente, por defeito, daquele que se usa para obter os módulos resilientes de materiais idênticos em ensaios triaxiais cíclicos realizados com a norma AASHTO TP – 46 (AASHTO, 1994);
- Admitindo que se pode extrapolar a modelação do comportamento dos materiais granulares nos ensaios triaxiais referidos e calculando com os modelos resultantes o módulo resiliente usando o estado de tensão simulado como acima discriminado, chega-se a valores muito inferiores, 3 a 4 vezes como se fez notar, aos usados geralmente na prática de dimensionamento de pavimentos flexíveis;
- Analisando os módulos obtidos a partir de ensaios de carga com o deflectómetro de impacto, verifica-se que são bastante superiores aos obtidos com a análise do estado de tensão, da ordem de grandeza dos obtidos nos ensaios triaxiais cíclicos, e também da mesma ordem de grandeza dos geralmente usados na prática de dimensionamento de pavimentos flexíveis.

A explicação mais plausível para os maiores valores de módulo encontrados nos ensaios *in situ*, quando comparados com os obtidos na análise estrutural, relaciona-se com fenómenos de sucção que se desenvolvem nos materiais granulares quando colocados em camadas granulares de pavimentos, mediante determinadas condições de temperatura ambiente e teor em água da camada. De facto, pode desenvolver-se um maior confinamento que conduzirá a uma reacção mais rígida para o estado de tensão aplicado a partir do deflectómetro de impacto, o que conduz a maiores módulos.

Também os maiores valores de módulo encontrados no caso dos ensaios triaxiais cíclicos prendem-se com as tensões aplicadas durante o ensaio, especialmente a tensão de confinamento, σ_3, que é bastante maior do que aquela que é simulada pela análise estrutural baseada na teoria de Burmister. Isto tem confirmação definitiva quando se verificam os valores de módulo resiliente encontrados nos ensaios triaxiais cíclicos não normalizados, isto é, realizados para estados de tensão mais baixos do que os indicados na norma AASHTO TP – 46 (AASHTO, 1994), Quadro 8.5, para os quais se obtiveram valores de módulo resiliente, Quadro 8.6, da mesma ordem de grandeza dos encontrados na análise estrutural de um pavimento tipo.

Na realidade, ao avaliar-se um pavimento como o usado na análise estrutural, com 25 cm de misturas betuminosas, as tensões nas camadas granulares devem apresentar valores bastantes baixos, compatíveis com a análise estrutural efectuada.

Um exemplo do valor das tensões verificadas, a dada profundidade de um pavimento nas camadas granulares, é referido por Brown (Brown, 1996), quando apresenta os resultados obtidos numa secção de pavimento a 35 cm de profundidade, a qual foi instrumentada por forma a registar as alterações verificadas, ao nível das tensões e das deformações, com a passagem de um camião com eixos de carga de configuração legal (carga a variar entre 60 kN a 120 kN por eixo simples). Os resultados desses ensaios são os apresentados na Figura 8.5, onde se pode verificar que os valores mais elevados das tensões axiais verificadas rondam os 60 kPa e os 27 kPa, função do tempo.

Estes valores demonstram que o estado de tensão simulado pela análise linear-elástica é semelhante ao que se pode encontrar na realidade medindo o estado de tensão induzido, descontando naturalmente alguma não coincidência entre a forma de modelação numérica e física. Isto pode ser verificado a partir dos resultados dos ensaios com o deflectómetro de impacto, já que, para uma profundidade de 37 cm, se obteve, após a estabilização do valor do módulo, uma tensão axial de 60,4 kPa, como se pode verificar no Quadro 8.10.

No entanto, no caso do pavimento sobre o qual se realizaram os ensaios de carga com o deflectómetro de impacto, troço Castelo Branco Sul – Fratel da A23, obtiveram-se, por retro-análise, valores de módulo de deformabilidade da ordem dos 500 MPa, o que pressupõe um estado de tensão muito elevado nas camadas granulares.

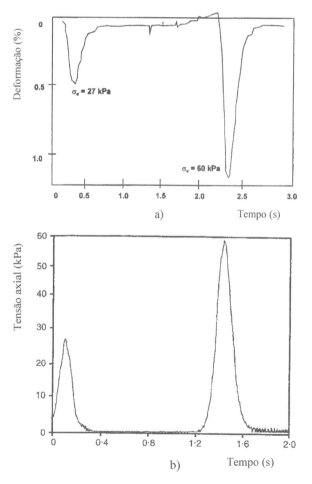

FIGURA 8.5 – Variação típica da deformação vertical resiliente num pavimento com camada betuminosa (adapt. de Brown, 1996)

Este facto, para além de alguma fragilidade da retro-análise, pode ser explicado através de fenómenos de sucção, como já se referiu. As camadas granulares, após compactação para valores de teor em água próximos do óptimo, acabam por ser afectadas por alguma evaporação ou, em outras condições, alguma drenagem, o que leva a que o teor em água da camada passe a apresentar valores, por vezes, bastante inferiores ao óptimo. Nestas condições, podem desenvolver-se fenómenos de sucção, levando a tensões neutras negativas, o que tem como consequência o desenvolvimento de confinamento elevado.

Deste modo, sendo o estado de tensão instalado muito diferente daquele que se verificaria caso não ocorressem os fenómenos de sucção, os resultados obtidos a partir de ensaios realizados *in situ*, como o ensaio de carga com o deflectómetro de impacto, podem apresentar valores que em nada têm a ver com a resposta usual, ou seja, apresentam valores de resistência (módulo) muito superiores aos que seriam de esperar.

A ocorrência de fenómenos de sucção em camadas granulares foi estudado por alguns autores, nomeadamente por Dawson et al. (Dawson et al., 1996), que avaliaram um conjunto de materiais britados de granulometria extensa e verificaram que, para valores de teor em água abaixo do óptimo, a rigidez tende a aumentar com o aumento do teor em água, aparentemente devido ao desenvolvimento de fenómenos de sucção. Para teores em água superiores ao óptimo, como o material fica mais saturado e ocorre o desenvolvimento de excesso de pressão de água nos poros, o efeito é o oposto, sendo que a rigidez do material diminui muito rapidamente.

No que diz respeito ao comportamento mecânico em laboratório, obtido através de ensaios triaxiais cíclicos, para os quais e como se referiu, se obtêm valores de módulo resiliente da ordem dos valores obtidos *in situ*, ou seja, também 3 a 4 vezes superiores aos obtidos na análise estrutural, pensa-se que aquelas diferenças se devem essencialmente às tensões aplicadas durante o ensaio, especialmente a tensão de confinamento, σ_3, como aliás tem repetidamente sido sublinhado.

Nos ensaios triaxiais cíclicos a tensão de confinamento é, de um modo geral, elevada, sendo que, no caso da norma AASHTO TP 46 (AASHTO, 1994), o menor valor de σ_3 aplicado é de 20,7 kPa, muito superior aos valores encontrados na análise estrutural (Quadro 8.1 e Quadro 8.2). Por outro lado, verifica-se que, de um modo geral e também no trabalho agora desenvolvido, o módulo resiliente evolui no mesmo sentido da tensão de confinamento, ou seja, aumenta com o aumento da tensão de confinamento e diminui com a diminuição da tensão de confinamento.

Pode finalmente dizer-se que os valores de módulo resiliente obtidos a partir dos ensaios triaxiais cíclicos segundo a norma AASHTO TP – 46 (AASHTO, 1994) são mais elevados, 3 ou 4 vezes segundo a análise estrutural realizada, do que os valores que o material apresentaria numa camada de pavimento, a menos que na mesma estejam a ocorrer fenómenos de sucção.

Do que ficou dito, parece poder concluir-se que o tipo de estado de tensão usado pela norma AASHTO TP – 46 (AASHTO, 1994) não simula o tráfego sobre um pavimento tão bem como é geralmente admitido. Isto mesmo é confirmado pelos valores de módulo resiliente encontrados nos ensaios triaxiais cíclicos não normalizados, para os quais se obtiveram valores de módulo resiliente, Quadro 8.6, da mesma ordem de grandeza dos encontrados na análise estrutural de um pavimento tipo.

8.3. Estudo Paramétrico Realizado para as Estruturas do Manual de Concepção de Pavimentos para a Rede Rodoviária Nacional

Levando em conta tudo o que se encontrou e descreveu na secção anterior e usando para todos os efeitos o método de dimensionamento empírico-mecanicista da Shell (Claessen, A. et al., 1977; Gerritsen, A. e Koole, R., 1987; SHELL, 1977) para pavimentos flexíveis, vai ver-se como seriam afectadas as estruturas propostas pelo Manual de Concepção de Pavimentos para a Rede Rodoviária Nacional. Este apresenta diferentes estruturas, num total de 26, 12 de base betuminosa e 14 de base granular, que foram estabelecidas usando aquele método de dimensionamento.

Os resultados encontrados seguindo a metodologia usada na secção anterior, isto é, fazendo corresponder os módulos (obtidos pelo modelo da Equação (8.1)) ao estado de tensão calculado, são os apresentados no Quadro 8.11 para base betuminosa, em que o módulo das misturas betuminosas considerado foi 4000 MPa e 60 MPa para classe de fundação F2 e 100 MPa para classe de fundação F3, e no Quadro 8.12 para base granular, em que o módulo das misturas betuminosas considerado foi 4000 MPa e 30 MPa para classe de fundação F1, 60 MPa para classe de fundação F2 e 100 MPa para classe de fundação F3.

QUADRO 8.11 – Módulos para as estruturas do MACOPAV, pelo modelo da equação (8.1), base betuminosa

Classe de Tráfego	T6	T5	T4	T3	T2	T1
Classe de fundação	F2					
Módulo inicial	130					
Módulo final	51	40	35	31	29	27
Classe de fundação	F3					
Módulo inicial	217					
Módulo final	75	56	49	44	40	37

Perante estes resultados foi-se calcular o dano para cada estrutura tipo, tendo-se verificado que, no caso do pavimento de base betuminosa, 1 das 12 estruturas apresentava um dano superior a 100%, correspondendo a cerca de 8%, o que após dimensionamento correspondeu a um aumento de 1 cm na espessura das misturas betuminosas, ou seja, um aumento de cerca de 8%.

Para o pavimento de base granular verificou-se que 10 das 14 estruturas apresentavam dano superior a 100%, correspondendo a cerca de 71% das estruturas, o que após dimensionamento se verificou corresponder a um aumento da espessura das misturas betuminosas a variar de 1 a 4 cm, ou seja, a um aumento médio de cerca de 14%, com um máximo de 40% e um mínimo de 4%.

QUADRO 8.12 – Módulos para as estruturas do MACOPAV,
pelo modelo da equação (8.1), base granular

Classe de tráfego	T6	T5	T4	T3	T2	T1
Classe de fundação	F1					
Módulo inicial BG	141					
Módulo inicial SbG	65					
Módulo final BG	23	27	-	-	-	-
Módulo final SbG	23	24	-	-	-	-
Classe de fundação	F2					
Módulo inicial BG	283					
Módulo inicial SbG	130					
Módulo final BG	62	48	36	32	30	27
Módulo final SbG	45	47	31	28	26	25
Classe de fundação	F3					
Módulo inicial BG	471					
Módulo inicial SbG	217					
Módulo final BG	61	53	46	40	37	34
Módulo final SbG	55	46	41	36	33	31

Após análise dos resultados pensou-se se seria legítimo considerar o módulo dos materiais da fundação igual ao módulo das camadas granulares encontrado anteriormente. Considerando esta hipótese, procedeu-se ao cálculo do dano das 26 estruturas tipo do MACOPAV (JAE, 1995), para os valores de módulo resiliente encontrados através da primeira abordagem realizada, Quadro 8.11 e Quadro 8.12, e do modelo da equação (8.1).

Verificou-se que em 19 das 26 estruturas, o que corresponde a 73%, o dano era superior a 100%, pelo que se procedeu ao dimensionamento dessas estruturas. Os resultados apresentam-se no Quadro 8.13, para base betuminosa e no Quadro 8.14, para base granular.

De referir que no caso de base granular, para F1, não foi necessário proceder ao dimensionamento dado que o dano se encontrava dentro do intervalo 80%-100%, ou era mesmo inferior a 80%. Nas situações em que tal aconteceu, optou-se por manter a espessura inicial não procedendo ao dimensionamento com vista à sua redução.

QUADRO 8.13 – Estruturas do MACOPAV, após dimensionamento, base betuminosa

Classe de Tráfego /Módulo		T6	Mr (MPa)	T5	Mr (MPa)	T4	Mr (MPa)	T3	Mr (MPa)	T2	Mr (MPa)	T1	Mr (MPa)
Classe Fundação							F2						
MB	Inicial	-	-	-	-	-	-	-	-	30	4000	32	4000
	Após Dim.	-	-	-	-	-	-	-	-	31	4000	33	4000
SbG		-	-	-	-	-	-	-	-	20	29	20	27
Fundação		-	-	-	-	-	-	-	-	-	29	-	27
Classe Fundação							F3						
MB	Inicial	12	4000	18	4000	21	4000	24	4000	26	4000	28	4000
	Após Dim.	13	4000	19	4000	23	4000	26	4000	29	4000	31	4000
SbG		20	75	20	56	20	49	20	44	20	40	20	37
Fundação		-	75	-	56	-	49	-	44	-	40	-	37

QUADRO 8.14 – Estruturas do MACOPAV, após dimensionamento, base granular

Classe de Tráfego /Módulo		T6	Mr (MPa)	T5	Mr (MPa)	T4	Mr (MPa)	T3	Mr (MPa)	T2	Mr (MPa)	T1	Mr (MPa)
Classe Fundação							F2						
MB	Inicial	12	4000	18	4000	21	4000	24	4000	26	4000	28	4000
	Após Dim.	15	4000	-	4000	22	4000	25	4000	28	4000	30	4000
BG		20	62	20	-	20	36	20	32	20	30	20	27
SbG		20	45	20	-	20	31	20	28	20	26	20	25
Fundação		-	45	-	-	-	31	-	28	-	26	-	25
Classe Fundação							F3						
MB	Inicial	10	4000	16	4000	19	4000	22	4000	24	4000	26	4000
	Após Dim.	14	4000	18	4000	23	4000	24	4000	26	4000	28	4000
BG		20	61	20	53	20	46	20	40	20	37	20	34
SbG		20	55	20	46	20	41	20	36	20	33	20	31
Fundação		-	55	-	46	-	41	-	36	-	33	-	31

Após o dimensionamento, verificou-se que o aumento de espessura de misturas betuminosas, varia, no caso de base betuminosa, de 1 cm a 3 cm, correspondendo a um aumento médio de cerca de 8%, com um máximo de 12% e um mínimo de 3%, para as classes de tráfego mais exigentes. Para base granular, o aumento da espessura varia de 1 cm a 4 cm, correspondendo a um aumento médio de cerca de 13%, com um máximo de 40% e um mínimo de 4%. Verificou-se também que, no caso da base granular, os maiores aumentos correspondem à classe de tráfego menos exigente, T6, para F2 e F3, respectivamente.

Com os resultados descritos, julga-se que o caminho a seguir relativamente ao dimensionamento de pavimentos no que respeita às camadas granulares deverá, no essencial, ser composto pelas seguintes fases ou atitudes:

- Iniciar o processo considerando que não existe nenhum fenómeno externo relacionado com a alteração do estado hídrico;
- Proceder à caracterização mecânica do material recorrendo a ensaios triaxiais cíclicos e modelar o seu comportamento mecânico resiliente, utilizando o modelo de *Pezo*, que, como se viu, é o que melhor simula aquele comportamento, nos materiais britados de granulometria extensa (caso os materiais a ser estudados sejam da mesma natureza litológica dos estudados neste trabalho e se apresentem sãos ou com grau de alteração muito baixo, poderá ser utilizado o modelo encontrado para os materiais agora estudados e apresentado na equação (8.1));
- Realizar o cálculo estrutural determinando o estado de tensão instalado a meio da camada granular, e determinar o valor do módulo resiliente para a camada recorrendo ao modelo encontrado para o material em causa;
- Se o módulo resiliente assim encontrado for menor do que o módulo resiliente estimado inicialmente, deve considerar-se aquele para a fundação e para a camada granular (porque desta forma se está a ser conservador mas não desproporcionadamente, como se avaliou), e prosseguir normalmente para o dimensionamento final.

Por fim, julga-se que carecendo as indicações dadas duma mais profunda validação, a evolução deveria ser no sentido de analisar profundamente a influência dos factores referidos no desempenho dos materiais granulares, nomeadamente fenómenos de sucção, e tentar encontrar caminhos para determinar directamente a gama de valores representativos dos diferentes fenómenos, seguindo aliás as recomendações da acção COST337 (COST 337, 2002) e do programa COURAGE (COURAGE, 1999), relativamente à influência do teor em água do material no seu comportamento mecânico.

Existem já alguns trabalhos a ser desenvolvidos nesse sentido, entre eles o iniciado por Heath et al. (Heath et al., 2004). Estes autores sugerem uma metodologia para determinação, em laboratório, do efeito da sucção no comportamento mecânico dos materiais granulares não saturados, com base, em linhas muito gerais, em ensaios triaxiais estáticos e ensaios triaxiais cíclicos e utilizando o modelo de Uzan ajustado às condições em estudo.

8.4. Considerações Finais

Depois das análises descritas e das justificações encontradas, no essencial propõe-se que o dimensionamento empírico-mecanicista de pavimentos rodoviários flexíveis passe a ser conduzido com valores iguais de módulo de deformabilidade para as camadas não aglutinadas (camadas granulares e solo de fundação), estabelecido através da sua modelação para camadas granulares ensaiadas em ensaios triaxiais cíclicos e função do estado de tensão nestas camadas calculado como é usual num processo de dimensionamento como o referido.

Realmente, julga-se que o procedimento indicado é, nesta fase do conhecimento, a forma mais segura de poder prever a contribuição das camadas não aglutinadas para a resistência global do pavimento, não parecendo excessivamente conservador, à luz dos resultados obtidos.

Tudo isso, evidentemente, antes de haver indicações mais fundamentadas sobre a forma de tratar a contribuição daquelas camadas para a resistência global do pavimento, nomeadamente no que respeita à influência do teor em água do material no seu comportamento mecânico.

8.5. Referências Bibliográficas

AASHTO (1994). "Standard test method for determining the resilient modulus of soils and aggregate materials". TP 46, American Association of State Highway and Transportation Officials, USA.

Brown, Stephen F. (1996). "Soil Mechanics in Pavement Engineering". Géotechnique 46, n.º 3, pp 383-426.

Claessen, A.; Edwards, J.; Sommer, P.; Ugé, P., 1977. *Asphalt Pavement Design Manual: the SHELL Method*. Proceedings of 4th International Conference on Structural Design of Asphalt Pavements, University of Michigan, pp 39-74, Ann Arbor – Michigan.

Cost 337 (2002). "Cost 337 – Construction with unbound road aggregates in Europe", Final Report of the Action, European Commission, Luxembourg.

COURAGE (1999). *"Construction with unbound road aggregates in Europe"*, Final Report, European Commission, Luxembourg.

Dawson, A. R., Thom, N. H., and Paute, J. L. (1996). "Mechanical characteristics of unbound granular materials as a function of condition." Flexible Pavements, Proc., Eur. Symp. Euroflex *1993*, A. G. Correia, ed., Balkema, Rotterdam, (ISBN 9054105232), The Netherlands, pp 35-44.

Gerritsen, A.; Koole, R., 1987. *Seven Years' Experience with the Structural Aspects of the Shell Pavement Design Manual*. Proceedings of 6th International Conference on Structural Design of Asphalt Pavements, University of Michigan, vol. 1, pp 94-106, Ann Arbor- Michigan.

JAE (1995). "Manual de Concepção de Pavimentos para a Rede Rodoviária Nacional". Junta Autónoma de Estradas, Lisboa.

SHELL, 1977. *Asphalt pavement design manual*. Shell International Petroleum Company (SHELL), London.

9. CONCLUSÕES GERAIS. TRABALHO FUTURO

9.1. Conclusões Gerais

O objectivo fundamental deste trabalho foi a caracterização e elaboração de modelos típicos de comportamento de materiais britados de granulometria extensa, de diferentes litologias, aflorantes em Portugal, passíveis de serem utilizados em sub-base e base de pavimentos rodoviários.

Este objectivo prendeu-se essencialmente com o facto daquele tipo de materiais continuar a ser muito utilizado em base e sub-base de pavimentos rodoviários, em detrimento de materiais reciclados, materiais ligados com ligantes hidráulicos ou outros e, noutro sentido, por o comportamento dos mesmos em camadas granulares de pavimentos e apesar dos esforços realizados nesse sentido, não se encontrar ainda suficientemente caracterizado, nomeadamente no que diz respeito ao seu comportamento mecânico.

Com vista ao cumprimento de tal objectivo procedeu-se à identificação dos materiais britados de granulometria extensa mais frequentemente utilizados naquele tipo de camadas, tendo-se concluído serem o granito e o calcário. Fez-se uma breve introdução à geologia de Portugal, onde se fez notar a grande diversidade de afloramentos destes dois tipos de litologia em Portugal continental.

De seguida, seleccionaram-se obras em que estavam a ser utilizados aqueles tipos de materiais, procedeu-se à recolha de amostras e à sua caracterização, geotécnica e mecânica, em laboratório.

Procedeu-se, ainda, à realização de ensaios de carga com o deflectómetro de impacto nas obras em que foi recolhido material, entre elas o troço Castelo Branco Sul – Fratel, da Auto-estrada A 23.

Dos ensaios realizados pode dizer-se que os materiais são não plásticos e, segundo o Guia Técnico para a Construção de Aterros e Leito do Pavimento (LCPC/SETRA, 1992), pode mesmo considerar-se que os finos são insensíveis à água, dados os valores de adsorção de azul de metileno obtidos. Para o calcário e para a fracção 0/38,1 mm obtiveram-se valores médios de adsorção de 0,05g/100g, com desvio padrão de 0,02, enquanto para as amostras de granito se obtiveram valores médios de 0,07g/100g, com desvio padrão de 0,03.

Conclui-se, por outro lado, serem materiais com boa capacidade resistente, apresentando valores de CBR médios próximos dos 90% para o calcário e 85% para o granito, bem como boa resistência ao desgaste, levando em linha de conta os resultados dos ensaios de *Los Angeles*, onde se obtiveram valores médios de desgaste de 33% e 37% para o calcário e granito, respectivamente e de micro-*Deval*, para o qual os valores médios obtidos no ensaio a seco foram 6% e 7% e no ensaio a húmido de 14% e 21%, para o calcário e para o granito, respectivamente.

Verifica-se, no entanto, que o calcário apresenta, de um modo geral, melhores características geotécnicas do que o granito.

Analisando os materiais com base nas especificações Portuguesas, verifica-se que, segundo o Manual de Concepção de Pavimentos para a Rede Rodoviária Nacional (JAE, 1995) só a amostra C5 não poderia ser utilizada como material de sub-base granular, enquanto que como base granular apenas se poderiam usar as amostras C1 e C4.

Segundo o Caderno de Encargos Tipo da Junta Autónoma de Estradas (JAE, 1998), verifica-se que nenhuma das amostras de material calcário poderia ser utilizada como base granular, dados os valores de índice de alongamento e o facto das curvas granulométricas respectivas não respeitarem o fuso granulométrico. Mais se verificando que não poderiam também ser utilizadas como sub-base granular devido, neste caso, exclusivamente, ao facto das curvas granulométricas não respeitarem o fuso granulométrico.

Verifica-se, no entanto, que qualquer dos granitos estudados poderia ser utilizada como base ou como sub-base granular, já que todos os parâmetros são verificados.

No que diz respeito ao comportamento mecânico dos materiais em laboratório, verifica-se que, para qualquer das condições de compactação, os calcários apresentam sempre valores de módulo reversível superiores e que, para os níveis de tensão considerados e para os dois tipos de materiais, os valores do módulo reversível aumentam quer com o aumento da tensão de confinamento, quer com o aumento da tensão deviatória.

Quanto às extensões verticais, constata-se que as mais elevadas se obtiveram para os granitos, sendo estas em média de 1,9% para condições de laboratório, com um desvio padrão de 0,6%, sendo o valor mais baixo, 1,2%, apresentado pela amostra G2, e também de 1,9% para a amostra G3 compactada para condições de campo.

Os calcários apresentam, para condições de laboratório, valores médios de extensão vertical de 0,8%, com desvio padrão de 0,3%, sendo o valor mais baixo apresentado pela amostra C1, 0,4%, e o mais elevado pela amostra C2, 1,4%. Para condições de campo o valor médio da extensão vertical é de 1,1%, com desvio padrão de 0,3%, sendo que o valor mais elevado corresponde à amostra C3, 1,4%, e o mais baixo à amostra C2, 0,7%.

Em termos da modelação do comportamento mecânico em laboratório, considerando os três níveis de tensão em simultâneo, 3NT, e as melhores simulações para cada modelo, verifica-se que, no que respeita ao módulo resiliente, de entre os cinco modelos usados, o que apresenta valores de módulo mais conservadores, considerando os dois tipos de materiais, é o modelo de *Pezo*, correspondente à amostra G3B, com a equação (9.1).

$$Mr = 877,37 q^{0,2384} \sigma_3^{0,3828} \qquad (9.1)$$

Considerando o modelo de Boyce e comparando os parâmetros entre materiais, verifica-se que os valores encontrados para o calcário são mais elevados para os parâmetros k_a, G_a e n, sendo o parâmetro β, mais elevado no granito.

No que respeita às relações "extensão volumétrica reversível (modelo)/extensão volumétrica reversível", "extensão distorcional reversível (modelo)/extensão distorcional reversível" e "módulo de Young/módulo resiliente" pode dizer-se que, de um modo geral, se obtiveram melhores correlações, para qualquer dos níveis de tensão, para o granito do que para o calcário, sendo que, apenas para a relação $\varepsilon_v/\varepsilon_{v1}$, para NT1, com valores inferiores a 0,9, se pode dizer que a correlação é de fraca qualidade, podendo dizer-se que se obtêm boas e muito boas correlações nas restantes relações e níveis de tensão.

No que diz respeito à extensão vertical, feita uma análise idêntica à que se fez para o módulo resiliente e considerando as melhores simulações dos seis modelos analisados, verifica-se que o modelo mais conservador é o modelo de *Veverka*, correspondente à amostra C1B, com a equação (9.2).

$$\varepsilon_{1p} = 2,69*10^{-4} \varepsilon_{1r} N^{2,0702} \qquad (9.2)$$

Considerando apenas os modelos em que não intervém a deformação resiliente axial, ε_{1r}, modelos de *Sweere, Barsksdale, Wolff* e *Visser* e *Paute*, e fazendo o mesmo de tipo de análise, para as melhores simulações de cada modelo e para os três níveis de tensão em simultâneo, 3NT, verifica-se que o modelo mais conservador é o de *Wolff* e *Visser*, correspondente à amostra G1A, com a equação (9.3).

$$\varepsilon_{1p} = (1,36*10^{-3} N - 1,4470)(1 - e^{-N}) \qquad (9.3)$$

Por comparação dos resultados dos materiais agora estudados com os de outros materiais caracterizados no âmbito dos trabalhos portugueses apresentados no capítulo 6, pode dizer-se que, de um modo geral, os valores de módulo resiliente dos calcários agora estudados são, para condições de campo, da mesma ordem de grandeza dos obtidos naqueles trabalhos, sendo que o granito apresenta, quase sempre, valores inferiores.

Fazendo a comparação com os materiais estudados nos Estados Unidos da América, verifica-se que os materiais calcários agora caracterizados apresentam, de um modo geral, valores médios de módulo resiliente superiores aos de qualquer daqueles materiais e que os granitos apresentam valores geralmente próximos dos mais elevados apresentados por esses materiais, sendo, de um modo geral, mais elevados.

No que respeita à análise da modelação do comportamento resiliente, verificou-se que o valor do módulo resiliente obtido recorrendo ao modelo encontrado para os materiais, após determinação das tensões a meio da camada granular através do Elsym 5 e do Bisar, rondava os 40 MPa, valor 3 a 4 vezes inferior aos geralmente considerados no dimensionamento de pavimentos e, de resto, encontrados com a realização dos ensaios triaxiais cíclicos. A mesma análise, feita a partir dos resultados obtidos com o deflectómetro de impacto, forneceu valores da mesma ordem de grandeza.

A explicação mais plausível para os maiores valores de módulo encontrados quer nos ensaios *in situ* quer nos ensaios de laboratório, quando comparados com os obtidos na análise estrutural, relaciona-se, no caso dos ensaios *in situ*, com fenómenos de sucção que se desenvolvem nos materiais granulares quando colocados em camadas granulares de pavimentos, mediante determinadas condições de teor em água.

No caso dos ensaios triaxiais cíclicos, aqueles valores parece serem devidos às tensões aplicadas durante o ensaio, especialmente a tensão de confinamento, σ_3, que é bastante maior do que a que é simulada pela análise estrutural baseada na teoria de Burmister. Isto é verificado com os valores de módulo resiliente encontrados nos ensaios triaxiais cíclicos não normalizados, isto é, realizados para estados de tensão mais baixos do que os indicados na norma AASHTO TP - 46 (AASHTO, 1994), com tensões de confinamento a variar de 2 kPa a 18 kPa e tensões axiais a variar de 3,8 kPa a 66,6 kPa, para os quais se obtiveram valores de módulo resiliente da mesma ordem de grandeza dos encontrados na análise estrutural de um pavimento tipo.

Depois dum estudo paramétrico sobre as estruturas do Manual de Concepção de Pavimentos para a Rede Rodoviária Nacional e das reflexões sobre os resultados encontrados, sugere-se que o dimensionamento empírico-mecanicista de pavimentos rodoviários flexíveis passe a ser conduzido, conservadoramente e até melhor definição de condições, com valores iguais de módulo de deformabilidade para as camadas não aglutinadas (camadas granulares e solo de fundação), estabelecido através da sua modelação para camadas granulares, usando ensaios triaxiais cíclicos, e, função do estado de tensão nestas camadas, calculado como é usual num processo de dimensionamento como o referido.

9.2. Trabalho Futuro

No que respeita a trabalhos futuros e tendo em conta as conclusões obtidas, pensa-se que será de todo o interesse continuar o estudo do comportamento resiliente dos materiais não aglutinados pertencentes aos pavimentos rodoviários (camadas granulares) e à sua fundação, nomeadamente no que respeita à análise da influência do teor em água do material no seu comportamento mecânico.

Assim, pensa-se que o esforço deve ser direccionado em primeiro lugar para o esclarecimento do fenómeno da sucção que está relacionado com as variações de teor em água dos materiais, acompanhando e reforçando caminhos já iniciados por outros autores, nomeadamente Heath et al. (Heath et al., 2004).

9.3. Considerações Finais

Por fim, pensa poder dizer-se que o objectivo inicialmente proposto foi atingido, tendo sido encontrado, de entre os mais frequentemente utilizados, o modelo de comportamento resiliente típico para os materiais granulares britados não tratados, objecto deste estudo.

Pensa-se, ainda, tendo em conta as características das formações litológicas de origem calcária e granítica aflorantes em Portugal, poder dizer que o modelo encontrado poderá ser aplicado a todos os materiais britados daquela natureza, desde que se trate de materiais sãos ou com grau de alteração muito baixo.

Após tudo o que se disse, pensa-se também ser mérito do presente trabalho a constatação de que a caracterização mecânica deste tipo de materiais, nos moldes em que é geralmente feita, é insuficiente para determinar o valor real de módulo resiliente que os mesmos apresentam quando colocados em camadas granulares não tratadas, dado que não se tem em conta as variações de estado hídrico e os fenómenos a elas associados e a sua influência no estado de tensão instalado. Este é também muitas vezes mal considerado nos procedimentos habituais.

9.4. Referências Bibliográficas

AASHTO (1994). "Standard test method for determining the resilient modulus of soils and aggregate materials". TP 46, American Association of State Highway and Transportation Officials, USA.

Cost 337 (2002). "Cost 337 –Construction with unbound road aggregates in Europe", Final Report of the Action, European Commission, Luxembourg.

COURAGE (1999). *"Construction with unbound road aggregates in Europe"*, Final Report, European Commission, Luxembourg.

HEATH, Andrew C.; Pestana, Juan M. Harvey, John T. and Bejerano, Manuel O. (2004). "Normalizing Behavior of Unsaturated Granular Pavement Materials". Journal of Geotechnical and Geoenvironmental Engineering, September, ASCE, pp. 896-904.

JAE (1995). "Manual de Concepção de Pavimentos para a Rede Rodoviária Nacional". Junta Autónoma de Estradas, Lisboa.

JAE (1998). "Caderno de encargos – tipo para a execução de empreitadas de construção". Junta Autónoma de Estradas, Lisboa.

LCPC/SETRA (1992). "Réalisation des Remblais et des Couches de Forme. Guide Technique". Ed. LCPC/SETRA, Paris.

BIBLIOGRAFIA

AASHTO (1993). "AASHTO guide for design of pavement structures". American Association of State Highway and Transportation Officials, (ISBN 1-56051-055-2), USA.

ALMÁSSY, K. (2002). "Examination of Mechanical Properties in Unbound Road Bases". Periodica Polytechnica Ser. Civ. Eng., vol. 46, n.° 1, 16 pp.

ANGUAS, P. G.; GARCÍA, N. P.; LÓPEZ, J. A. G. (2001). "Modulos de resiliencia en suelos finos y materiales granulares". Instituto Mexicano del Transporte, Publicação técnica n.° 142, México.

ANGUAS, P. G.; LÓPEZ, J. A. G. (2001). "Deformaciones permanentes en materiales granulares para la seccion estructural de carreteras". Instituto Mexicano del Transporte, Publicação técnica n.° 176, México.

ANGUAS, P. G.; LÓPEZ, J. A. G. M MARTÍNEZ, J. A. S. (2002). "Mecánica de materiales para pavimentos". Instituto Mexicano del Transporte, Publicação técnica n.° 197, México.

ANTUNES, M. L. B. C. (1993): "Avaliação da capacidade de carga de pavimentos utilizando ensaios dinâmicos". Tese de Doutoramento, I. S. T., Universidade Técnica de Lisboa.

ARM, M. (2003). "Mechanical properties of residues as unbound road materials – experimental tests on MSWI bottom ash, crushed concrete and blast furnace slag". Kungl. Tekniska Högskolan, (ISBN 91-7283-562-1), Estocolmo, Suécia.

ARNOLD, G.; DAWSON, A.; HUGHES, D.; ROBINSON, D. (2004). "Deformation Behaviour of Granular Pavements". Proceedings of UNBAR6, Dawson (Ed.), Balkema, Rotterdam.

BENNERT, T., PAPP, W.; MAHER, A.; GUCUNSKI, N. (2000). "Utilization of Construction and Demolition Debris under Traffic-type Loading in Base and Subbase Applications". 79th International Meeting of Transportation Research Board, USA.

BROWN, Stephen F. (1997). "Achivements and Challenges in Asphalt Pavement Engineering". 8th International Conference on Asphalt Pavements – Seattle, USA, 23 pp.

BUCIO, M. B.; ANGUAS, P. G.; RODRÍGUEZ, F. M. (2004). "Influencia de la succión en los cambios volumétricos de un suelo compactado". Instituto Mexicano del Transporte, Publicação técnica n.° 239, México.

CHANG, P.; LIU, S. (2003). "Recent Research in Nondestructive Evaluation of Civil Infrastructures". Journal of Materials in Civil Engineering, May-June, ASCE, USA, 7 pp.

COLLOP, A.; ARMITAGE, R.; THOM, N. (2001). "Assessing Variability of in situ Pavement Material Stiffness Moduli". Journal of Transportation Engineering, January-February, ASCE, USA, 8 pp.

Cordis@ (2005) «hyperlink "http://www.cordis.lu/cost-transport/src/cost-337.htm/" ». Community Research & Development Information Service (página internet oficial).

DAROUS, J. (2003). "Estudo comparativo entre sistemas de cálculo de tensões e deformações utilizados em dimensionamento de pavimentos asfálticos novos". Tese de Mestrado, Universidade Federal do Rio de Janeiro, Brasil.

DAVIES, B. O. A. (2004). "A model for the predicyion of subgrade soil resilient modulus for flexible-pavement design: influence of moisture content and climate change". Tese de Mestrado, Universidade de Toledo, Estados Unidos da América.

DAWSON, A. (2001). "Granular pavement layer materials...where are we?". ARRB Workshop, Melbourne, Austrália, 20 pp.

DAWSON, A.; BROWN, S.; LITTLE, P. (2004). "Accelerated load testing of unsealed and reinforced pavements". 2nd International conference on accelerated pavement testing, Minneapolis, Minnesota, USA, 20 pp.

ELIAS, M.; TITI, H.; HELWANY, S. (2004). "Evaluation of Resilient Modulus of Typical Wisconsin Soils". Geo Jordan 2004: Advances in Geotechnical Engineering with Emphasis on Dams, Highway Materials and Soil Improvement, ASCE, pp. 335-346.

FLINTSCH, G.; AL- QADI, I.; PARK, Y.; BRANDON, T.; APPEA, A. (2003). "Relationship between backcalculated and laboratory-measured resilient moduli of unbound materials". TRB 82th Annual Meeting, Transportation Research Board, USA, 21 pp.

FORTUNATO, E. (2003). "Caracterização de camadas de agregados não ligados em subestruturas de vias de comunicação. Seminário sobre agregados, Laboratório Nacional de Engenharia Civil, Lisboa.

FREEMAN, R.; HARR, M. (2004). "Stress Predictions for Flexible Pavement Systems". Journal of Transportation Engineering, July-August, ASCE, USA, 8 pp.

GILLET, Simon D. (2001). "Accuracy in Mechanistic Pavement Design. Consequent upon Unbound Material Test". Dissertação de Doutoramento, Universidade de Nottingham, Inglaterra.

GOMES CORREIA, A. (1996). "Flexible Pavements". Proceedings of the European Symposium Euroflex, Lisboa. A. Gomes Correia (ed.) (ISBN 90-5410-523-2), A. A. Balkema, Rótterdam.

GOMES CORREIA, A. (1999). "Unbound granular materials. Laboratory testing, in-situ testing and modelling". Proceedings of the international workshop on modelling and advanced testing for Unbound Granular Materials, Lisboa. A. Gomes Correia (ed.) (ISBN 90-5410-491-09), A. A. Balkema, Rotterdam.

GOMES CORREIA, A.;. BRANCO, Fernando E. F (2002). "Bearing Capacity of roads, railways and airfields". Proceedings of the 6 th International Conference on Bearing Capacity of Roads, Railways and Airfields, Lisboa. A. Gomes Correia e Fernando E. F. Branco (ed.), Vol. 2 (ISBN 90-5809-397-2), A. A. Balkema.

HABIBALLAH, T.; CHAZALLON, C. (2004). "An elastoplastic model based on the shakedown concept for flexible pavements unbound granular materials". International Journal for Numerical and Analytical in Geomechanics, n.° 29, 19 pp.

HANSSON, K. (2005). "Water and Heat Transport in Road Structures. Development of Mechanistic Models". Dissertação de Doutoramento, Universidade de Uppsala, Suécia

HILDEBRAND, G. (2002). "Verification of flexible pavement response from a field test". Dissertação de Doutoramento, Cornell University, Nova Iorque, USA.

IJRMPD (2005). "Shakedown Theory". International Journal of Road Materials and Pavement Design, Vol. 6, n.° 1, 134 pp.

JORGE CARVALHO, GIUSEPPE MANUPPELLA e CASAL MOURA, A. (2000). "Calcários Ornamentais Portugueses". Boletim de Minas, Vol. n.° 37 - 4, IGM/INETI, Lisboa.

LEKARP, F. (1999). "Resilient and permanent deformation behavior of unbound aggregates under repeated loading". Dissertação de Doutoramento, Kungl. Tekniska Högskolan, Royal Institute of Technology, Estocolmo, Suécia.

MAGNUSDOTTIR, B.; ERLINGSSON, S. (2002). "Repeated Load Triaxial Testing For Quality Assessment of Unbound Granular Base Course Materials". 9th Nordic Aggregate Research Conference, Reykjavik, Iceland, 5 pp.

MEHETA, Y.; ROQUE, R. (2003). "Evaluation of FWD Data for Determination of Llayer Moduli of Pavements". Journal of Materials in Civil Engineering, January-February, ASCE, 7 pp.

MOLENAAR, A.; HOUBEN, L.; ALEMGENA, A. (2003). "Estimation of Maximum Strains in Road Bases for Pavement Performance Predictions". MAIREPAV'03, 3rd Iinternational Symposium on Maintenance and Rehabilitation of Pavements and Technological Control, Guimarães, Portugal, 10 pp.

MUNDY, M. (2002). "Unbound Pavement Materials and Analytical Design". Dissertação de Doutoramento, Universidade de Nottingham, Inglaterra.

MUNDY, M.; Dawson, A. (2001). "COURGAGE – Demonstrating Efficient Use of Unbound Granular Materials in Pavement Construction". 20th Australian Road Research Board Conference, Austrália, 17 pp.

NEGRETE, C. C. (2004). "Estudio del comportamiento triaxial de materials granulares de tamaño medio con énfase in la inflencia de la succión". Dissertação de Doutoramento, Universidade Politécnica da Catalunha, Espanha.

NEVES, J. M.; GOMES CORREIA, A. (2002). "Importância do Comportamento dos materiais granulares no dimensionamento e na economia de construção de pavimentos flexíveis". 2.º Congresso Rodoviário Português, Lisboa, 11 pp.

NÓBREGA, E. (2003). "Comparação entre Métodos de Retroanálise em Pavimentos Asfálticos". Tese de Mestrado, Universidade Federal do Rio de Janeiro, Brasil.

PÉREZ, Ignacio P.; MEDINA, L. y Romana, M. G. (2005). "Permanent deformation models for a granular material used in road pavements". Journal of Construction and building materials, Elsevier, 11 pp.

RAHIM, A.; GEORGE, K. (2003). "Falling Weight Deflectometer for Estimating Subgrade Elastic Moduli". Journal of Transportation Engineering, January-February, ASCE, USA, 8 pp.

SALIM, W. (2004). "Deformation and degradation aspects of ballast and constitutive modelling under cyclic loading". Tese de Doutoramento, Universidade de Wollongong, Austrália.

SEYHAN, U.; TUTUMLUER, E.; YESILYURT, H. (2005). "Anisotropic Aggregate Base Inputs for Mechanistic Pavement Analysis Considering Effects of Moving Wheel Loads". Journal of Materials in Civil Engineering, September-October, ASCE, USA, 8 pp.

UZAN, J. (1999). "Granular Material Characterization for Mechanistic Pavement Design". Journal of Transportation Engineering, March-April, ASCE, USA, 6 pp.

UZAN, J. (2004). "Permanent Deformation in Flexible Pavements". Journal of Transportation Engineering, January-February, ASCE, USA, 8 pp.

WERKMEISTER, S.; DAWSON, A.; WELLNER, F. (2004). "Pavement Design Model for Unbound Granular Materials". Journal of Transportation Engineering, September-October, ASCE, USA, 10 pp.

WERKMEISTER, S.; NUMRICH, R.; DAWSAN, A.; WELLNER, F. (2002). "Deformation Behaviour of Granular Materials under Repeated Dynamic Load". International Workshop on

Environmental Geomechanics, Centro Stefano Franscini, Monte Verità, Ascona, Switzerland, 9 pp.
WITCZAK, M. (2004). "Laboratory determination of resilient modulus for flexible pavement design". National Cooperative Highway Research Program, Research Results Digest, n.º 285, Transportation Research Board, USA, 49 pp.
YUAN, D.; NAZARIAN, S. (2003). "Variation in Moduli of Base and Subgrade with Moisture". TRB 82th Annual Meeting, Transportation Research Board, USA, 15 pp.
ZEGHAL, M. (2003). "Effect of compaction on the resilient behaviour of granular materials: an analytical study". 16th Engineering Mechanics Conference of ASCE, Universidade de Washington, Seattle, Estados Unidos da América, 3 pp.
ZHANG, C. (2004). "The effect of high groundwater level on pavement subgrade performance". Dissertação de Doutoramento, Universidade da Flórida, USA.
ZHANG, W.; ULLIDTZ, P. (2002). "Back-calculation of pavement layer moduli and forward-calculation of stresses and strains". The 9th International Conference on Asphalt Pavements, Copenhaga, Dinamarca, 18 pp.